高等学校计算机应用规划教材

ASP.NET 动态网站开发教程
（第四版）

韩颖 卫琳 主编

清华大学出版社

北京

内 容 简 介

本书从初学者的角度出发，以通俗易懂的语言、丰富多彩的实例，详细介绍了 ASP.NET 4.5.1 Web 程序开发技术。全书共分 13 章，主要内容包括 ASP.NET 4.5.1 概述，Visual Studio 2015 集成开发环境，Web 静态网页设计基础和 C# 5.0 新增功能，使用 ASP.NET 编写网页的基础知识，常用内置对象，相关的服务器控件，数据源、数据绑定控件和 jQuery 技术，以及 ASP.NET 4.5 中的 AJAX 控件，XML 的应用和综合开发实例。

本书注重基础、讲究实用、内容丰富、结构合理、思路清晰、示例翔实，可作为高等院校计算机及相关专业的教材，还可供和想利用 Visual Studio 2015 开发平台开发 Web 应用程序的人员参考阅读，也可作为各类培训机构的培训教材。

本书配套的电子课件、实例源文件和习题答案可以到 http://www.tupwk.com.cn/downpage 网站下载，也可以扫描前言中的二维码下载。

本书封面贴有清华大学出版社防伪标签，无标签者不得销售。
版权所有，侵权必究。侵权举报电话：010-62782989 13701121933

图书在版编目(CIP)数据

ASP.NET 动态网站开发教程 / 韩颖，卫琳 主编. —4 版. —北京：清华大学出版社，2020
高等学校计算机应用规划教材
ISBN 978-7-302-54051-9

Ⅰ. ①A… Ⅱ. ①韩… ②卫… Ⅲ. ①网页制作工具—程序设计—高等学校—教材 Ⅳ. ①TP393.092.2

中国版本图书馆 CIP 数据核字(2019)第 241144 号

责任编辑：胡辰浩
装帧设计：孔祥峰
责任校对：牛艳敏
责任印制：宋　林

出版发行：清华大学出版社
网　　址：http://www.tup.com.cn，http://www.wqbook.com
地　　址：北京清华大学学研大厦 A 座　　　邮　编：100084
社 总 机：010-62770175　　　邮　购：010-62786544
投稿与读者服务：010-62776969，c-service@tup.tsinghua.edu.cn
质 量 反 馈：010-62772015，zhiliang@tup.tsinghua.edu.cn

印 装 者：三河市龙大印装有限公司
经　　销：全国新华书店
开　　本：185mm×260mm　　　印　张：22　　　字　数：563 千字
版　　次：2014 年 11 月第 1 版　2020 年 1 月第 4 版　印　次：2020 年 1 月第 1 次印刷
印　　数：1～3000
定　　价：68.00 元

产品编号：056519-01

前言

随着网络技术的飞速发展,人类的信息资源实现了高度共享,从根本上改变了人类进行信息交流的方式,展开了一场史无前例的信息革命。越来越多的人习惯从网上搜索自己需要的资料,越来越多的企业将应用系统发布成网站,以实现快捷、方便的业务处理。浏览器/服务器(B/S)结构的应用程序随着用户的这种需求而被提升到更高的地位。

在实现 B/S 结构的技术中,最具代表性的就是.NET 框架下的 ASP.NET 技术和 J2EE 框架下的 JSP 技术。如今,随着 ASP.NET 技术的方便性逐渐提高,已经有越来越多的开发人员转入.NET 开发阵营,使得这个技术领域内的初学者和急需提高技能的人员数量不断增加。2014年,微软公司发布 Visual Studio 2015 正式版本,ASP.NET 升级到 4.5 版本。为了使初学者和 ASP.NET 技术人员快速、完整地了解 ASP.NET 4.5.1 的技术特性,本书从基础到高级,由浅入深地介绍了相关知识,使读者能够全面、轻松、深刻地了解书中介绍的技术。

目前市面上有不少介绍 ASP.NET 的图书,但是要找一本适合初学者的图书也不容易。有些图书起点太高,初学者难以理解基本概念,学习起来困难重重,容易产生厌倦心理而放弃学习;有的图书又过于简单,读者在学完之后还是不会做任何实际的事情,不能达到一定的高度。而本书恰好解决了这些问题。

概括起来,本书具有以下主要特点:
- 注重基础,讲究实用,力求从入门到精通。
- 充分体现案例教学。本书以易学易用为重点,精选大量实用的示例、知识丰富、步骤详细、学习效率高,特别适合入门者。
- 配有源代码,方便上机实践。本书的所有示例均在 Visual Studio 2015 开发环境中调试通过,读者可以直接下载所有例子的源程序,并通过书中介绍的步骤学习开发要点。

本书共分 13 章,各章的主要内容如下:

第 1 章简要介绍 HTTP 协议、静态网页和动态网页等 Web 基础知识,以及 ASP.NET 的发展历史和主要特点,并且讲解了 Visual Studio 2015 的安装方法和开发 ASP.NET 应用程序的一般步骤。通过这些介绍能使读者对 ASP.NET 有一个整体的了解,为以后章节的学习打下基础。

第 2 章主要介绍 ASP.NET 网页框架语言 XHTML 的语法规则以及常用标记,这是进行页面设计的基础,分析 HTML、XML 和 XHTML 的不同,并介绍了 HTML5 新增的内容。

第 3 章主要讲述 C# 5.0 新增的特性,主要有隐式类型的局部变量、对象和集合初始值设定项、扩展方法、匿名类型、Lambda 表达式、自动实现的属性、dynamic、命名参数和可选参数、协变性和逆变性、async 和 await、调用方信息。

第 4 章介绍 ASP.NET 程序的结构,如何利用 ASP.NET 建立 Web 页面和创建 ASP.NET Web 页面所需的基础知识,包括 ASP.NET 网页代码模型和生命周期,理解 ASP.NET 网站和应用程序的区别，最后详细讲述了配置文件 web.config 的配置方法，这对读者理解 ASP.NET 的工作模式非常重要。

第 5 章介绍 ASP.NET 中常用的内置对象，包括 Request、Response、Session、Application 和 Server 的主要方法和属性，并讲解 Cookie 对象和 ViewState 的使用方法。熟练掌握这些内置对象，可以开发出功能强大的应用程序。

第 6 章介绍 Web 控件的种类和属性，包括标准控件、验证控件、导航控件的使用方法。控件为开发人员提供了高效的应用程序开发方法，开发人员无须具有专业知识就能够实现复杂的应用操作，控件是开发 ASP.NET 应用程序的基础。

第 7 章介绍使用 CSS 和母版页对 ASP.NET 应用程序进行样式控制的方法和技巧，包括 CSS 的用法、CSS 和 Div 布局的方法、主题的创建和引用以及创建母版页和内容页的方法。

第 8 章介绍使用 ADO.NET 进行数据库访问的方法，主要包括 ADO.NET 的数据提供者(Data Provider)和数据集(DataSet)的基础知识等。

第 9 章介绍数据绑定技术、ASP.NET 4.5 提供的各种数据源控件、使用数据源控件连接到各种数据源的方法，以及复杂数据绑定控件的功能和使用方法。

第 10 章介绍 jQuery 的基本语法和具体应用，包括理解什么是 jQuery、jQuery 的基本语法和如何使用 jQuery 实现动画效果。

第 11 章介绍 Ajax 的基础知识以及 ASP.NET AJAX 控件，这是微软的客户端异步无刷新页面技术。

第 12 章介绍在 ASP.NET 中使用 XML，包括 XML 的基本概念、使用 ADO.NET 访问 XML、使用.NET 的 XML 类访问 XML。

第 13 章通过一个综合开发实例将所学知识贯穿在一起，让读者有开发实际项目的体会，从而能够深刻地理解本书前面的知识并达到实战的能力。

本书由韩颖和卫琳主编，由于时间较紧，书中难免有错误与不足之处，恳请专家和广大读者批评指正。我们在编写本书的过程中参考了相关文献，在此向这些文献的作者深表感谢。我们的电话是 010-62796045，信箱是 huchenhao@263.net。

本书配套的电子课件、实例源文件和习题答案可以到 http://www.tupwk.com.cn/downpage 网站下载，也可以扫描下方的二维码下载。

作　者

2019 年 9 月

目　录

第1章　ASP.NET 4.5.1 概述与开发平台 1
1.1　Web基础知识 1
1.1.1　HTTP协议 1
1.1.2　Web服务器和浏览器 2
1.1.3　C/S模式与B/S模式 2
1.1.4　Web的访问原理 2
1.2　ASP.NET简介 4
1.2.1　ASP.NET的历史 4
1.2.2　ASP.NET的优点 6
1.2.3　其他常见的网络程序设计技术 6
1.3　ASP.NET开发环境 7
1.3.1　选择Visual Studio 2015安装版本 7
1.3.2　下载和安装Visual Studio 2015 8
1.3.3　主窗口 11
1.3.4　文档窗口 12
1.3.5　工具箱 12
1.3.6　【错误列表】窗口 13
1.3.7　解决方案资源管理器 14
1.3.8　【属性】窗口 16
1.3.9　【输出】窗口 16
1.4　ASP.NET应用程序开发基础 17
1.4.1　创建ASP.NET应用程序 17
1.4.2　运行ASP.NET应用程序 20
1.5　本章小结 21
1.6　练习 21

第2章　Web静态编程语言 22
2.1　Web基础技术 22
2.1.1　HTML 22
2.1.2　XML 23
2.1.3　XHTML 23
2.2　XHTML的基本格式 24
2.2.1　ASP.NET的文档结构 24
2.2.2　XHTML的语法规则 27
2.3　XHTML标记与标记属性 28
2.3.1　主体标记<body></body> 29
2.3.2　注释标记<!--注释内容--> 29
2.3.3　分层标记<div>…</div> 29
2.3.4　文本和格式标记 29
2.3.5　表格标记 33
2.3.6　超链接标记<a>…</a> 35
2.3.7　图像标记<img /> 38
2.3.8　表单标记<form>…</form> 39
2.4　HTML5简介 43
2.4.1　HTML5的发展史 44
2.4.2　HTML5的新改革 44
2.5　本章小结 47
2.6　练习 47

第3章　C# 5.0 新增功能 49
3.1　C#语言简介 49
3.2　C# 5.0新增功能 50
3.2.1　隐式类型局部变量 50
3.2.2　对象和集合初始值设定项 54
3.2.3　扩展方法 57
3.2.4　匿名类型 58
3.2.5　Lambda表达式 61
3.2.6　自动实现的属性 65
3.2.7　dynamic关键字 66

3.2.8 命名参数和可选参数 66
3.2.9 协变性和逆变性 67
3.2.10 async和await 67
3.2.11 调用方信息 70
3.3 本章小结 71
3.4 练习 71

第4章 ASP.NET Web 技术简介 72
4.1 ASP.NET程序结构 72
　　4.1.1 ASP.NET文件类型介绍 72
　　4.1.2 ASP.NET文件夹 74
　　4.1.3 其他文件夹 76
4.2 页面管理 77
　　4.2.1 ASP.NET页面代码模式 77
　　4.2.2 页面的往返与处理机制 78
　　4.2.3 页面的生命周期 79
　　4.2.4 页面的生命周期事件 79
　　4.2.5 ASP.NET页面指令 83
4.3 ASP.NET网站项目 84
　　4.3.1 创建ASP.NET网站 84
　　4.3.2 ASP.NET Web网站和ASP.NET Web 应用程序的区别 85
4.4 状态管理 85
　　4.4.1 视图状态 86
　　4.4.2 控件状态 87
　　4.4.3 隐藏域 87
4.5 ASP.NET配置管理 88
　　4.5.1 web.config文件介绍 88
　　4.5.2 配置文件的语法规则 89
4.6 本章小结 94
4.7 练习 94

第5章 ASP.NET 内置对象 95
5.1 ASP.NET对象的概况及其属性、方法和事件 95
5.2 Request对象 96
　　5.2.1 Request对象简介 96
　　5.2.2 使用QueryString属性 97
　　5.2.3 使用Path属性 98
　　5.2.4 使用UserHostAddress属性 99

　　5.2.5 使用Browser属性 99
　　5.2.6 ServerVariables属性 100
5.3 Response对象 101
　　5.3.1 Response对象简介 101
　　5.3.2 利用Write和WriteFile方法输出信息 102
　　5.3.3 使用Redirect方法引导客户至另一个URL位置 102
　　5.3.4 关于BufferOutput属性 103
　　5.3.5 输出缓存资料 103
5.4 Cookie对象 104
　　5.4.1 Cookie对象简介 104
　　5.4.2 Cookie对象的属性和方法 105
　　5.4.3 Cookie对象的使用 105
　　5.4.4 检测用户是否启用了Cookie 107
5.5 Session对象 108
　　5.5.1 Session对象简介 108
　　5.5.2 Session对象的使用 109
　　5.5.3 Session_Start和Session_End事件 109
　　5.5.4 Timeout属性 110
　　5.5.5 Abandon方法 110
　　5.5.6 Session对象的注意事项 110
5.6 Application对象 111
　　5.6.1 Application对象简介 111
　　5.6.2 利用Application对象存储信息 112
5.7 Server对象 112
　　5.7.1 Server对象简介 113
　　5.7.2 Server对象常用方法 113
5.8 ViewState 116
5.9 本章小结 118
5.10 练习 118

第6章 ASP.NET 常用服务器控件 120
6.1 服务器控件概述 120
　　6.1.1 控件的种类 121
　　6.1.2 在页面中添加HTML服务器控件 121
　　6.1.3 在页面中添加Web服务器控件 122
　　6.1.4 以编程方式添加服务器控件 122
　　6.1.5 设置服务器控件的属性 122

6.2 标准服务器控件……………………124
　　6.2.1 标签控件Label ………………124
　　6.2.2 文本框控件TextBox …………125
　　6.2.3 按钮控件Button、LinkButton和
　　　　　ImageButton……………………127
　　6.2.4 复选框CheckBox控件和(复选框
　　　　　列表CheckBoxList控件………130
　　6.2.5 RadioButton和RadioButtonList
　　　　　控件………………………………133
　　6.2.6 列表控件DropDownList和
　　　　　ListBox …………………………134
　　6.2.7 MultiView和View控件………137
　　6.2.8 广告控件AdRotator …………141
　　6.2.9 表格控件Table ………………143
　　6.2.10 Literal控件和Panel控件……145
6.3 验证控件…………………………148
　　6.3.1 验证控件及其作用……………149
　　6.3.2 验证控件的属性和方法………150
　　6.3.3 表单验证控件
　　　　　RequiredFieldValidator …………150
　　6.3.4 比较验证控件CompareValidator …151
　　6.3.5 范围验证控件RangeValidator …152
　　6.3.6 正则验证控件
　　　　　RegularExpressionValidator ……153
6.4 导航控件…………………………155
　　6.4.1 SiteMapPath导航控件…………156
　　6.4.2 Menu导航控件…………………158
　　6.4.3 TreeView导航控件……………161
6.5 本章小结…………………………164
6.6 练习………………………………164

第7章 样式、主题和母版页……165
7.1 CSS…………………………………165
　　7.1.1 CSS简介…………………………165
　　7.1.2 CSS基础…………………………166
　　7.1.3 创建CSS文件……………………168
　　7.1.4 CSS常用属性……………………169
　　7.1.5 DIV和CSS布局…………………170
7.2 主题…………………………………175

　　7.2.1 主题的概念………………………175
　　7.2.2 在主题中定义外观………………177
　　7.2.3 在主题中同时定义外观和样式表……178
7.3 母版页………………………………180
　　7.3.1 母版页和内容页的概念…………180
　　7.3.2 创建母版页………………………181
7.4 本章小结……………………………183
7.5 练习…………………………………183

第8章 ADO.NET 数据访问…………184
8.1 ADO.NET概述………………………184
　　8.1.1 ADO.NET简介……………………184
　　8.1.2 与数据有关的命名空间…………185
　　8.1.3 ADO.NET数据提供程序…………186
8.2 SQL Server 2014数据库平台………186
8.3 使用Connection对象连接
　　数据库………………………………192
8.4 使用Command对象执行
　　数据库命令…………………………195
　　8.4.1 使用Command对象查询数据……196
　　8.4.2 使用Command对象增加数据……197
　　8.4.3 使用Command对象删除数据……200
8.5 使用DataAdapter对象和
　　DateSet对象…………………………201
　　8.5.1 DataAdapter对象简介……………201
　　8.5.2 DataSet对象简介…………………202
　　8.5.3 查询数据库数据……………………204
　　8.5.4 修改数据库数据……………………206
　　8.5.5 增加数据库数据……………………207
　　8.5.6 删除数据库数据……………………208
8.6 本章小结……………………………209
8.7 练习…………………………………210

第9章 ADO.NET 数据库高级操作……211
9.1 数据源控件…………………………211
　　9.1.1 SqlDataSource控件………………212
　　9.1.2 ObjectDataSource控件……………212
　　9.1.3 SiteMapDataSource控件…………213
9.2 数据绑定技术………………………215
　　9.2.1 简单数据绑定技术…………………215

		9.2.2 复杂的数据绑定技术 ················ 216
		9.2.3 Eval和Bind方法 ······················ 217

9.3 数据绑定控件 ·································· 218
  9.3.1 GridView控件 ························ 218
  9.3.2 Repeater控件 ·························· 225
  9.3.3 DataList控件 ··························· 227
  9.3.4 DetailsView控件 ······················ 229
  9.3.5 FormView控件 ······················· 234
  9.3.6 ListView控件 ·························· 239
9.4 本章小结 ·· 246
9.5 练习 ··· 246

第10章 jQuery ··· 248
10.1 jQuery简介 ··································· 248
  10.1.1 什么是jQuery ························ 248
  10.1.2 包含jQuery库 ························ 249
  10.1.3 第一个jQuery程序 ················ 249
10.2 jQuery的语法 ······························· 250
  10.2.1 jQuery的核心功能 ················ 250
  10.2.2 jQuery选择器 ······················· 251
  10.2.3 jQuery过滤器 ······················· 254
  10.2.4 jQuery事件 ··························· 258
10.3 jQuery动画 ···································· 261
10.4 jQuery和有效性验证 ····················· 265
10.5 本章小结 ······································· 270
10.6 练习 ·· 270

第11章 ASP.NET AJAX ······························ 271
11.1 Ajax简介 ······································· 271
  11.1.1 Ajax与传统Web技术的区别 ······ 272
  11.1.2 Ajax的优点 ··························· 273
  11.1.3 Ajax使用的技术 ··················· 273
  11.1.4 ASP.NET AJAX ···················· 274
  11.1.5 ASP.NET AJAX简单示例 ······ 275
11.2 ASP.NET AJAX控件 ····················· 276
  11.2.1 ScriptManger(脚本管理员)控件 ······ 276
  11.2.2 Timer(时间)控件 ··················· 278
  11.2.3 UpdatePanel(区域更新)控件 ········ 279

  11.2.4 UpdateProgress(进度更新)控件 ····· 281
11.3 本章小结 ······································· 283
11.4 练习 ·· 283

第12章 在ASP.NET中使用XML ············· 285
12.1 XML概述 ······································ 285
  12.1.1 XML的应用 ·························· 285
  12.1.2 XML的基本结构 ··················· 287
  12.1.3 标记、元素以及元素属性 ······ 288
  12.1.4 XML数据的显示 ··················· 289
12.2 使用ADO.NET访问XML文档 ····· 291
  12.2.1 将数据库数据转换成XML文档 ···· 291
  12.2.2 读取XML文档 ······················ 293
  12.2.3 编辑XML文档 ······················ 293
  12.2.4 将XML数据写入数据库 ······· 295
  12.2.5 将XML数据转换为字符串 ···· 296
12.3 使用.NET的XML类访问XML ····· 297
12.4 XmlDataSource控件ⴀ······················ 300
12.5 本章小结 ······································· 305
12.6 练习 ·· 305

第13章 电子商务网站 ································ 306
13.1 系统设计 ······································· 306
  13.1.1 需求分析 ······························ 306
  13.1.2 概念结构设计 ······················ 306
  13.1.3 数据库设计 ·························· 307
  13.1.4 功能设计 ······························ 309
13.2 系统实现 ······································· 309
  13.2.1 设置数据库连接信息 ············ 309
  13.2.2 访问数据库公共类 ··············· 309
  13.2.3 添加母版页 ·························· 313
  13.2.4 前台信息模块 ······················ 314
  13.2.5 后台管理模块 ······················ 330
13.3 本章小结 ······································· 339
13.4 练习 ·· 339

参考文献 ··· 341

第 1 章
ASP.NET 4.5.1 概述与开发平台

本章将介绍网站建设的基本原理、流程和创建网站的工具,以及 ASP.NET 的基本概况。作为一种新的 Web 开发技术,ASP.NET 基于微软公司的.NET 框架,支持 C#和 VB.NET 语言,是主流的网站开发平台之一。通过本章的学习,读者将了解如何安装、使用 ASP.NET 的集成开发环境——Visual Studio 2015(以下简称 VS 2015),并能够建立简单的动态网站和页面。

本章的学习目标:
- 理解静态网页与动态网页的概念及工作原理;
- 了解 ASP.NET 的发展历史、特点以及其他常见的网站开发技术;
- 掌握安装 ASP.NET 的集成开发环境 VS 2015 的方法;
- 了解动态网站开发的一般流程并能够创建简单的动态网站。

1.1 Web 基础知识

1.1.1 HTTP 协议

WWW(World Wide Web)又称万维网,起源于 1989 年的欧洲粒子物理研究所(CERN),当时是研究人员为了互相传递文献资料用的。在 WWW 出现之前,Internet 主要用于科学研究和军事方面。自从 WWW 问世以后,Internet 迅速进入千家万户,成为人们学习、工作、交流、娱乐的一个非常重要的手段。

HTTP(HyperText Transfer Protocol,超文本传输协议)是在 Internet 中进行信息传送的协议,浏览器默认使用该协议。

从浏览器向 Web 服务器发出的访问某个 Web 网页的请求叫作 HTTP 请求。Web 服务器收到 HTTP 请求后,就会按照请求的要求,寻找相应的网页。如果找到了,就把网页以 HTML(HyperText Markup Language,超文本标记语言)代码形式通过 Internet 传回浏览器;如果没有找到,就发送错误信息给浏览器。后面的这些操作就叫作 HTTP 响应。

HTTP 协议是无状态协议,也就是说,使用 HTTP 协议时,不同的请求之间不会保存任何信息。每个请求都是独立的,我们不知道现在的请求是第一次发出的还是第二次或第三次发出的,也不知道请求的发送来源。用户请求到想要的网页后,就会断开与 Web 服务器的连接。

从程序设计角度看,无状态的特点对于 HTTP 来说是一个缺点,因为这使得某些功能很难实现。但是，由于网络本身的特点，这是没有办法改变的。可以假设一下，如果HTTP协议是有状态协议，那么就需要在Web服务器上保存用户的每一个连接，这样可能会导致服务器瘫痪。

1.1.2　Web服务器和浏览器

　　Web服务器就是一台安装了Web服务器软件的计算机，可以为发出HTTP请求的浏览器提供HTTP响应。常见的Web服务器软件有Apache和IIS。Apache是一个开放源码、采用模块化设计的Web服务器软件，具有很强的安全性和稳定性。IIS是微软公司的产品，最大的特点是图形化的管理界面，使用方便，易于维护。

　　浏览器是运行在客户机上的程序，用户可以通过它浏览服务器上的可用资源，因此称为浏览器。当客户进行网页浏览时，由客户的浏览器执行来自服务器的HTML代码，并将内容显示给客户。最初的浏览器是基于文本的，不能显示任何图形信息。1993年早期，随着Mosaic的出现，这一情况发生了改变，Mosaic是第一个具有图形用户界面的浏览器。目前，常用的浏览器是Internet Explorer(IE)和Firefox。

1.1.3　C/S模式与B/S模式

　　C/S和B/S是目前开发模式技术架构的两大主流技术。C/S模式最早是由美国Borland公司研发的，而B/S模式则是由美国微软公司研发的。

1. C/S模式

　　C/S(Client/Server，客户机/服务器)模式是一种软件系统体系结构。这种结构建立在局域网基础之上，需要针对不同的操作系统开发不同版本的软件。同时，不依赖于外网环境，无论是否能够上网都不会影响应用。

2. B/S模式

　　B/S(Browser/Server，浏览器/服务器)模式是随着Internet技术的兴起，对C/S模式的一种变化或改进。在这种模式下，用户工作界面是通过Web浏览器来实现的。B/S模式的最大好处是能够实现不同人员、从不同地点、以不同的接入方式访问和操作共同的数据，这就大大减轻了系统维护与升级的成本和工作量，降低了用户的总成本；但最大的缺点是对外网的依赖性太强。

1.1.4　Web的访问原理

　　Web应用程序是基于B/S结构的。下面首先介绍客户端和服务器端的概念，然后详述静态网页和动态网页的工作原理。

1. 客户端和服务器端

　　一般来说，提供服务的一方称为服务器端，而接受服务的一方称为客户端。例如，当用户浏览搜狐首页的时候，搜狐网站所在的服务器就称为服务器端，而用户自己的计算机就称为客户端，如图1-1所示。

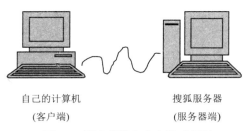

图 1-1 服务器端和客户端示意图

如果在自己的计算机上安装了 Web 服务器软件,其他浏览者通过网络就可以访问该计算机,那么它就是服务器端。很多初学者在调试程序时,往往把自己的计算机既作为服务器端,又作为客户端。

2. 静态网页的工作原理

静态网页也称为普通网页,是相对于动态网页而言的。静态并不是指网页中的元素都是静止不动的,而是指网页文件中没有程序代码,只有 HTML(超文本标记语言)标记,一般后缀为.htm、.html、.shtml 或.xml 等。在静态网页中,可以包括 GIF 动画,鼠标经过 Flash 按钮时,按钮可能会发生变化。静态网页一经制成,内容就不会再变化,不管何人何时访问,显示的内容都是一样的。如果要修改网页的内容,就必须修改源代码,然后重新上传到服务器上。

对于静态网页,用户可以直接双击打开,看到的效果与访问服务器是相同的。这是因为在用户访问网页之前,网页的内容就已经确定,无论用户何时访问,以怎样的方式访问,网页的内容都不会再改变。静态网页的工作流程可以分为以下 4 个步骤:

(1) 编写一个静态网页文件,并在 Web 服务器上发布。

(2) 用户在浏览器的地址栏中输入该静态网页的 URL(统一资源定位符)并按 Enter 键,浏览器发送访问请求到 Web 服务器。

(3) Web 服务器找到该静态网页文件的位置,并将它转换为 HTML 流传送到用户的浏览器。

(4) 浏览器收到 HTML 流,显示网页的内容。

在步骤(2)~(4)中,静态网页的内容不会发生任何变化,工作原理如图 1-2 所示。

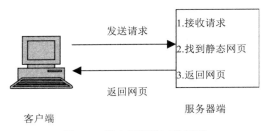

图 1-2 静态网页的工作原理

3. 动态网页的工作原理

动态网页是指在网页文件中除了 HTML 标记以外,还包括一些实现特定功能的程序代码,这些程序代码使得浏览器与服务器之间可以进行交互,即服务器端可以根据客户端的不同请求动态产生网页内容。动态网页的后缀通常根据所用的程序设计语言的不同而不同,一般为.asp、.aspx、.cgi、.php、.perl、.jsp 等。动态网页可以根据不同的时间、不同的浏览者显示不同的信息。常见的留言板、论坛、聊天室都是用动态网页实现的。

动态网页相对复杂，不能直接双击打开，动态网页的工作流程分为以下 4 个步骤：

(1) 编写一个动态网页文件，其中包括程序代码，并在 Web 服务器上发布。

(2) 用户在浏览器的地址栏中输入该动态网页的 URL 并按 Enter 键，浏览器发送访问请求到 Web 服务器。

(3) Web 服务器找到该动态网页的位置，并根据其中的程序代码动态创建 HTML 流传送到用户的浏览器。

(4) 浏览器收到 HTML 流，显示网页的内容。

从整个工作流程中可以看出，用户浏览动态网页时，需要在服务器上动态执行网页文件，将含有程序代码的动态网页转换为标准的静态网页，最后把静态网页发送给用户，工作原理如图 1-3 所示。

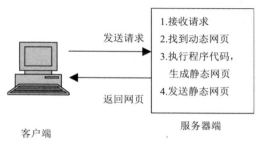

图 1-3 动态网页的工作原理

1.2 ASP.NET 简介

ASP.NET 是 Active Server Pages 的新版本，建立在微软新一代.NET 平台架构上，并且建立在公共语言运行库上，在服务器后端为用户提供了建立强大的企业级 Web 应用服务的编程框架。ASP.NET 为开发能够面向任何浏览器或设备的更安全、可升级性更强、更稳定的应用程序提供了新的编程模型和基础结构。使用 ASP.NET 提供的内置服务器控件或者第三方控件，可以创建既复杂又灵活的用户界面，大幅减少生成动态网页所需的代码。同时，ASP.NET 能够在服务器上动态编译和执行这些控件代码。

微软在发布 ASP.NET 1.0 时，根本没有期望这项技术能被广泛采用。但随着不断发展和完善，ASP.NET 很快变成用微软技术开发 Web 应用的标准，沉重回击了其他 Web 开发平台的竞争者。后来，ASP.NET 有了修正版(ASP.NET 1.1)和之后逐步升级的版本(ASP.NET 2.0、ASP.NET 3.5、ASP.NET 4.0、ASP.NET 4.5)。目前，ASP.NET 作为 Windows 平台上流行的网站开发工具，能够提供各种方便的 Web 开发模型，利用这些模型用户可以快速地开发出动态网站所需的各种复杂功能。

1.2.1 ASP.NET 的历史

早期的 Web 程序开发是一件非常烦琐的事，一个简单的动态页面就需要编写大量的代码(一般用 C 语言)才能完成。

1996年，微软推出了 ASP(Active Server Pages) 1.0。它允许使用 VBScript/JavaScript 这些简单的脚本语言编写代码，并允许将代码直接嵌入 HTML 中，从而使得设计动态 Web 页面变得简单。在进行程序设计时，ASP 能够通过内置的组件，实现了强大的功能(如 Cookie)。ASP 最显著的贡献就是推出了 ActiveX Data Objects(ADO)，它使得程序对数据库的操作变得十分简单。

1998年，微软发布了 ASP 2.0 和 IIS 4.0。与前一版本相比，ASP 2.0 最大的改进是外部的组件需要初始化。用户能够利用 ASP 2.0 和 IIS 4.0 建立各种 ASP 应用，而且每个组件都有自己单独的内存空间，可以进行事务处理。

随后，微软开发了 Windows 2000 操作系统，相应的服务器版操作系统提供了 IIS 5.0 和 ASP 3.0。此次升级，最主要的改变就是把很多事情交给 COM+ 来做，效率相比以前的版本有很大提高，而且更稳定。

ASP.NET 是微软公司于 2002 年推出的新一代体系结构——.NET 的一部分，用于在服务器端构建功能强大的 Web 应用，包括 Web 窗体(Web Form)和 Web 服务(Web Service)两部分。随着.NET 技术的出现，ASP.NET 1.0 也应运而生。ASP.NET 1.0 在结构上与前面的 ASP 截然不同，几乎完全是基于组件和模块化的。ASP.NET 1.0 允许开发者以一种非常灵活的方式创建 Web 应用程序，并把常用的代码封装到面向对象的组件中，这些组件可以由客户端用户通过事件来触发。同时，ASP.NET 提出了代码隐藏(Code Behind)的概念，把逻辑代码(.aspx.cs)和表现页面(.aspx)分离开来，使用户可以使用后台代码控制页面的逻辑功能。

2003年，微软公司发布了 Visual Studio 2003(简称 VS 2003)，提供了在 Windows 操作系统下开发各类基于.NET 框架的全新应用程序的开发平台。

2005年，.NET 框架从 1.0 升级到 2.0，微软公司发布了 Visual Studio 2005(简称 VS 2005)。相应的 ASP.NET 1.0 也升级为 ASP.NET 2.0，新版本修正了以前版本中的一些 Bug 并在移动应用程序开发、代码安全以及对 Oracle 数据库和 ODBC 的支持等方面都做了很多改进。

2008年，Visual Studio 2008(简称 VS 2008)问世了，ASP.NET 相应地从 2.0 版升级到 3.5 版。ASP.NET 3.5 最重要的新功能在于支持 AJAX 网站，改进了对语言集成查询(LINQ)的支持。这些改进提供了新的服务器控件和面向对象的客户端类型库等功能。

2010年，微软公司发布了 Visual Studio 2010，微软大中华区开发工具及平台事业部总经理谢恩伟总结了 Visual Studio 2010 的如下五大新特性和功能：

(1) 云计算架构；
(2) Agile/Scrum 开发方法；
(3) 搭配 Windows 7 与 Silverlight 4；
(4) 发挥多核并行运算威力；
(5) 更好地支持 C++。

2012年，Visual Studio 2012 和 ASP.NET 4.5 问世了，它们是在已成功发行的 Visual Studio 2010 和 ASP.NET 4 基础之上构建的，保留了很多令人喜爱的功能，并增加了一些其他领域的新功能和工具，如自动绑定程序集的重定向，可以收集诊断信息，帮助开发人员提高服务器和云应用程序的性能等。

2014年11月13日，微软宣布 Visual Studio 2015 可供开放下载。作为在纽约举办的 Connect 大会主题演讲的一部分，上述平台可帮助开发人员打造跨平台的应用程序，从 Windows 到 Linux，甚至 iOS 和 Android。

1.2.2 ASP.NET 的优点

ASP.NET 是一种建立在通用语言上的程序架构，能被用于建立强大的 Web 应用程序。ASP.NET 提供了许多相比现在的 Web 开发模式更强大的优势。

ASP.NET 可完全利用.NET 框架强大、安全、高效的平台特性。ASP.NET 是运行在服务器后端的、编译后的普通语言运行时代码，运行时早绑定、即时编译、本地优化、缓存服务、零安装配置、基于运行时代码受管与验证的安全机制等都为 ASP.NET 带来卓越的性能。对 XML、SOAP、WSDL 等 Internet 标准的支持更是为 ASP.NET 在异构网络里提供了强大的可扩展性。

- 威力和灵活性：由于 ASP.NET 基于公共语言运行库，因此，Web 应用程序开发人员可以利用整个平台的威力和灵活性。.NET 框架类库、消息处理和数据访问解决方案都可以从 Web 无缝访问。ASP.NET 与语言无关，所以可以选择最适合应用程序的语言，或跨多种语言分割应用程序。另外，公共语言运行库的交互性保证在迁移到 ASP.NET 时保留基于 COM 的开发中的现有投资。
- 简易性：ASP.NET 使执行常见任务变得容易，从简单的窗体提交和客户端身份验证，到部署和站点配置。例如，使用 ASP.NET Pages 框架可以生成将应用程序逻辑与表示代码清楚分开的用户界面，以及在类似 Visual Basic 的简单窗体处理模型中处理事件。另外，公共语言运行库利用托管代码服务(如自动引用计数和垃圾回收)简化了程序开发。
- 可管理性：ASP.NET 采用基于文本的分层配置系统，简化了应用服务器环境和 Web 应用程序的配置。由于配置信息是以纯文本形式存储的，因此可以在没有本地管理工具帮助的情况下应用新设置。这种"零本地管理"思想也扩展到了 ASP.NET 框架应用程序的部署。只需要将必要的文件复制到服务器，即可将 ASP.NET 框架应用程序部署到服务器上。即使是在部署或替换运行的编译代码时也不需要重启服务器。
- 可伸缩性：ASP.NET 在设计时考虑了可缩放性，增加了专门用于在聚集环境和多处理器环境中提高性能的功能。另外，进程受到 ASP.NET 运行库的密切监视和管理，以便当进程行为不正常(泄漏、死锁)时，可以就地创建新进程，以帮助保持应用程序始终可用于处理请求。
- 自定义性和可扩展性：ASP.NET 自带一种设计周到的结构，使开发人员可以在适当的级别"插入"代码。实际上，可以用自己编写的自定义组件，扩展或替换 ASP.NET 运行库的任何子组件。
- 安全性：借助内置的 Windows 身份验证和基于每个应用程序的配置，可以保证应用程序是安全的。

1.2.3 其他常见的网络程序设计技术

PHP

PHP 是 Rasmus Lerdorf 于 1994 年开发的,最初目的是帮助 Lerdorf 记录个人网站的访问者。1995 年, Lerdorf 开发了一个名为个人主页工具(Personal Home Page Tool)的工具包, 也就是 PHP 的第一个公开发布版本。PHP 现在是开放源代码的, 官方网站是 http://www.php.net, 用户可以自由下载。

PHP 程序可以运行在 UNIX、Linux 及 Windows 操作系统上，对客户端浏览器没有特殊要求。PHP、MySQL 数据库和 Apache Web 服务器是比较好的开发组合。

PHP 将脚本语言嵌入 HTML 文档中，大量采用了 Perl、C++和 Java 的一些特性，文件的扩展名是.php、.php3、.phtml。PHP 程序在服务器端执行，在转换为标准的 HTML 文件后被发送到客户端。

PHP 的主要优点是免费和开放源代码，对于许多要考虑成本的商业网站，这显得尤为重要。

JSP

JSP 的全称是 Java Server Pages，是 Sun 公司于 1999 年 6 月开发的一种全新的动态页面技术。JSP 是 Java 开发阵营中最具代表性的解决方案，JSP 不仅拥有与 Java 一样的面向对象、便利、跨平台等优点和特性，而且还拥有 Java Servlet 的稳定性，并且可以使用 Servlet 提供的 API、JavaBean 及 Web 开发框架技术，使页面代码与后台处理代码分离，从而提高工作效率。在目前流行的 Web 程序开发技术中，JSP 是比较热门的一种。

JSP 其实就是将 Java 程序片段和 JSP 标记嵌入普通的 HTML 网页中。当客户端访问 JSP 网页时，由 JSP 引擎解释 JSP 标记和其中的程序片段，生成所请求的内容，然后将结果以 HTML 格式返回到客户端。

JSP 的主要优点是开放性、跨平台性，几乎可以运行在所有的操作系统上，而且采用先编译后运行的方式，能够提高执行效率。

1.3 ASP.NET 开发环境

Visual Studio 系列产品被认为是世界上最好的开发环境。最新版本是 Visual Studio 2015，其中包括相当多的改进，能够快速构建 ASP.NET 应用程序并为 ASP.NET 应用程序提供所需的类库、控件和智能提示等支持。本节将介绍如何安装 Visual Studio 2015 以及 Visual Studio 2015 中各窗口的使用和操作方法。

1.3.1 选择 Visual Studio 2015 安装版本

有几个不同版本的 Visual Studio 2015 可用于 Web 开发人员。

- **Visual Studio 社区版**：Visual Studio 的免费版本，用于帮助业余爱好者、学生和其他非专业软件开发人员构建应用程序。
- **Visual Studio Web Developer Express**：另一个免费版本的 Visual Studio，只支持 ASP.NET 应用程序的开发。
- **Visual Studio 专业版**：用于为 Web、桌面、服务器、云计算和手机创建解决方案。
- **Visual Studio 测试专业版**：包含专业版的所有功能，还可以管理测试计划、创建虚拟测试实验室。
- **Visual Studio 高级版**：包含专业版的所有功能，还添加了架构师级别的功能，用于分析代码、报告单元测试和其他高级功能。
- **Visual Studio 终极版**：最完整的 Visual Studio 版本，包括开发、分析和软件测试所需的所有功能。

我们的示例应用程序将使用社区版，因为该版本提供了完整的 Visual Studio 体验。

1.3.2　下载和安装 Visual Studio 2015

下载和安装 Visual Studio 2015 很简单。下面将执行不同的步骤，下载正确的版本，选择合适的选项，完成安装。下载和安装 Visual Studio 2015 社区版的操作步骤如下：

(1) 访问 http://www.visualstudio.com/products/visual-studio-community-vs，将显示如图 1-4 所示的网站。

图 1-4　用于下载 Visual Studio 2015 社区版的网站

(2) 在该网站上搜索想要下载的版本，如图 1-5 所示。下载时可以选择软件平台的语言，本书用的是简体中文版，下载后文件为 cn_visual_studio_community_2015_x86_web_installer_6847368.exe，该文件需要在线安装。

图 1-5　下载简体中文版的 Visual Studio 2015 社区版

(3) 单击安装程序开始安装，如图 1-6 所示。

(4) 可以选中【自定义】单选按钮，选择要安装的功能，屏幕将如图 1-7 所示。也可以选中

【默认值】单选按钮，开始安装过程。

图 1-6　开始安装

图 1-7　选择要安装的功能

(5) 选完要安装的功能后，单击【下一步】，显示安装清单，如图 1-8 所示。

图 1-8　安装清单

(6) 单击【安装】之后，下载和安装过程就开始了，如图 1-9 所示。这可能需要一段时间。安装完成后，屏幕将如图 1-10 所示。一旦完成，可能需要重新启动计算机。

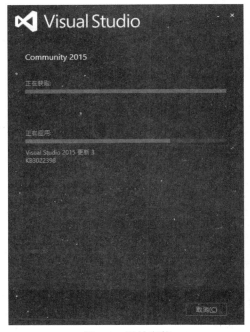

图 1-9　开始安装

图 1-10　安装完成窗口

(7) 单击【启动】，这将打开如图 1-11 所示的登录屏幕。

(8) 现在，跳过登录屏幕。这将弹出环境启动和平台界面颜色选择屏幕，如图 1-12 所示。

图 1-11　Visual Studio 的登录屏幕

图 1-12　Visual Studio 的初始配置界面

(9) 选择【Web 开发】选项和自己喜欢的颜色。配置了这些首选项后，打开 Visual Studio，如图 1-13 所示。

第 1 章　ASP.NET 4.5.1 概述与开发平台

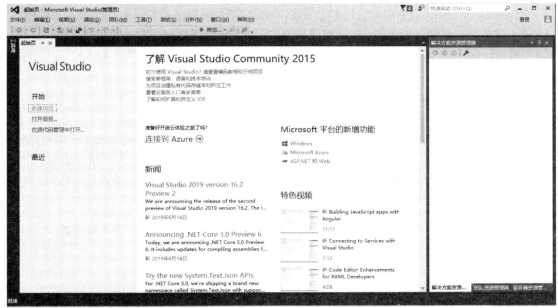

图 1-13　Visual Studio 的启动页面

1.3.3　主窗口

安装了 Visual Studio 2015 之后，就能够进行.NET 应用程序的开发了，Visual Studio 2015 极大地提高了开发人员的.NET 应用程序开发效率。为了能够快速进行.NET 应用程序的开发，首先需要熟悉 Visual Studio 2015 开发环境。启动 Visual Studio 2015 以后，将呈现 Visual Studio 2015 的主窗口，如图 1-14 所示。

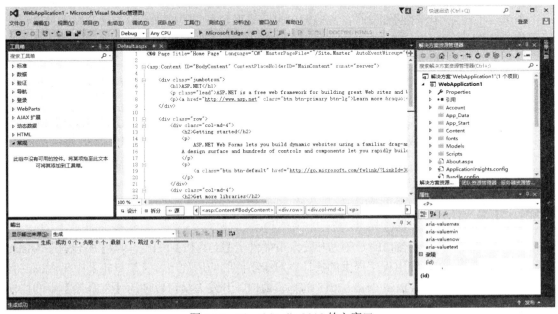

图 1-14　Visual Studio 2015 的主窗口

Visual Studio 2015 的主窗口包括多个子窗口，窗口都是可以关闭和自由拖动的。左侧是【工具箱】，用于服务器控件的存放；中间是文档窗口，用于应用程序代码的编写和样式控制；【错误列表】窗口用于呈现错误信息，【输出】窗口用于输出相关结果；右侧是【解决方案资源管理器】和【属性】窗口，用于呈现解决方案以及页面与控件的相应属性。

1.3.4 文档窗口

文档窗口用于代码的编写和样式控制。当用户开发的是基于 Web 的 ASP.NET 应用程序时，文档窗口是以 Web 形式呈现给用户的，而代码视图则是以 HTML 代码的形式呈现给用户的；当用户开发的是基于 Windows 的应用程序的，文档窗口将会呈现应用程序的窗口或代码；如图 1-15 所示。

图 1-15 文档窗口

当进行不同应用程序的开发时，文档窗口也会呈现为不同的样式，以方便开发人员进行应用程序的开发。在 ASP.NET 应用程序中，文档窗口包括 3 个部分。

开发人员可以通过这 3 部分进行高效开发，这 3 部分的功能分别如下。

- 页面标签：当同时打开多个页面时，会呈现多个页面标签，开发人员可以通过单击页面标签进行页面切换。
- 视图栏：用户可以通过视图栏进行视图的切换，总共提供了【设计】、【拆分】和【源】3 种视图，开发人员可以在不同的视图中进行页面样式的控制和代码的开发。
- 标签导航栏：通过标签导航栏能够选择标签，当用户需要选择页面代码中的<body>标签时，可以通过标签导航栏进行标签或标签内容的选择。

1.3.5 工具箱

Visual Studio 2015 主窗口的左侧为开发人员提供了【工具箱】，【工具箱】中包含了 Visual Studio 2015 专为.NET 应用程序提供的控件。对于不同的应用程序，【工具箱】中呈现的工具也不同。【工具箱】是 Visual Studio2015 的基本窗口，开发人员可以使用【工具箱】中的控件进行应用程序的开发，如图 1-16 和图 1-17 所示。

图 1-16 工具箱　　　　　　　　图 1-17 控件类别

系统默认为开发人员提供了数十种服务器控件用于应用程序的开发，用户也可以添加【工具箱】选项卡以进行自定义控件的存放。Visual Studio 2015 为开发人员提供了不同类别的服务器控件，开发人员可以按照需求进行相应类别控件的选择。开发人员还能够在【工具箱】中添加现有的控件。右击【工具箱】的空白区域，在弹出的快捷菜单中选择【选择项】命令，系统会弹出【选择工具箱项】对话框，用于自定义控件的添加，如图 1-18 所示。

控件添加完毕后，就能够在【工具箱】中显示，开发人员能够将自定义控件拖放到主窗口中，以供应用程序开发使用。

图 1-18 添加自定义组件

1.3.6 【错误列表】窗口

在应用程序的开发过程中，通常会遇到错误，这些错误会在【错误列表】窗口中呈现，开发人员可以单击相应的错误进行错误的跳转定位。如果应用程序中出现编程错误或异常，就会在【错误列表】窗口中呈现出来，如图 1-19 所示。

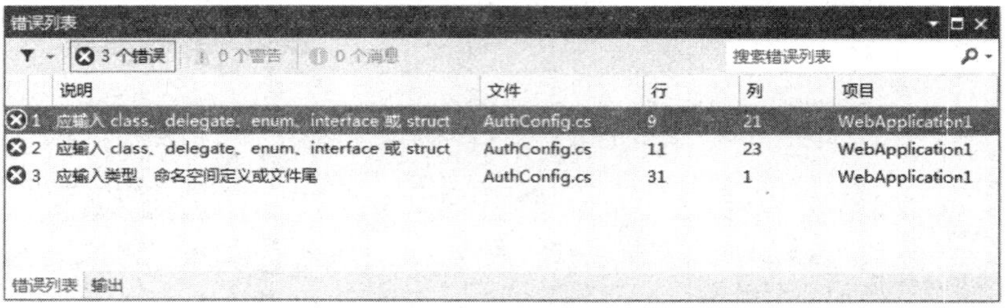

图 1-19　【错误列表】窗口

相对于传统的 ASP 应用程序编程而言，ASP 应用程序出现错误时并不能很好地将异常反馈给开发人员。这一方面是由于开发环境的原因，因为 Dreamweaver 等开发环境并不能原生地支持 ASP 应用程序的开发；另一方面是由于 ASP 本身是解释型编程语言，因而无法进行良好的异常反馈。

对于 ASP.NET 应用程序而言，在应用程序运行前，Visual Studio 2015 会编译现有的应用程序并进行程序错误的判断。如果 ASP.NET 应用程序出现错误，则 Visual Studio 2015 不会让应用程序运行起来，只有修正了所有的错误后才能够运行。

在【错误列表】窗口中包含【错误】【警告】和【消息】3 个选项卡，这些选项卡中错误的安全级别不尽相同。对于【错误】选项卡中的错误信息，通常是语法错误，如果存在语法错误，则不允许应用程序运行；【警告】和【消息】选项卡中的信息安全级别较低，只是作为警告而存在，通常情况下不会危害应用程序的运行和使用；【警告】选项卡如图 1-20 所示。

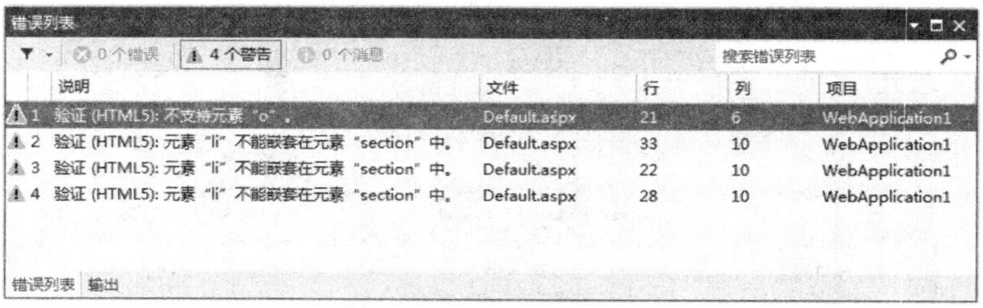

图 1-20　【警告】选项卡

应用程序中如果出现了变量未使用的情况，或者在页面布局中出现了布局错误，都可能会出现警告信息。双击相应的警告信息将会跳转到应用程序中的相应位置，方便开发人员检查错误。

1.3.7　解决方案资源管理器

在 Visual Studio 2015 中，为了方便开发人员进行应用程序开发，在 Visual Studio 2015 主窗口的右侧或左侧会呈现【解决方案资源管理器】。开发人员能够在【解决方案资源管理器】中进行相应文件的选择，双击相应文件后代码就会呈现在主窗口中，如图 1-21 所示。

图 1-21 【解决方案资源管理器】

在应用程序开发过程中，通常需要进行不同功能的开发，例如一个人开发用户界面，而另一个人进行后台开发。在开发过程中，将不同的模块分开开发或打开多个 Visual Studio 2015 进行开发是非常不方便的。【解决方案资源管理器】中可以有不止一个项目，可以创建或者将现有的项目添加到【解决方案资源管理器】中，将项目看成"解决方案"，不同的项目可以在同一个解决方案中进行协调和相互调用，如图 1-22 和图 1-23 所示。

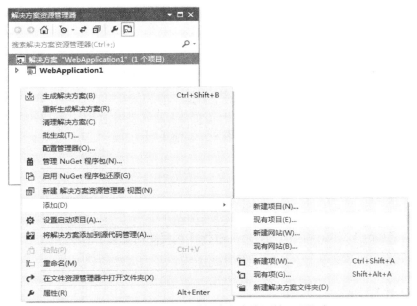

图 1-22 添加项目到【解决方案资源管理器】中

图 1-23 含有多个项目的【解决方案资源管理器】

1.3.8 【属性】窗口

Visual Studio 2015 提供了非常多的控件，以方便开发人员进行应用程序的开发。每个服务器控件都有自己的属性，通过配置不同的服务器控件的属性可以实现复杂的功能。服务器控件的属性如图 1-24 所示。

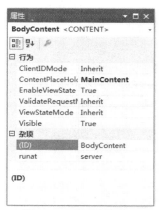

图 1-24 【属性】窗口

在控件的【属性】窗口中，可以对控件进行样式属性的配置，包括字体的大小、颜色、粗细以及 CSS 类等相关样式属性，有些控件还需要进行数据属性的配置。

1.3.9 【输出】窗口

在 Visual Studio 2015 中，系统或控制台输出的内容将呈现在【输出】窗口中，如图 1-25 所示。

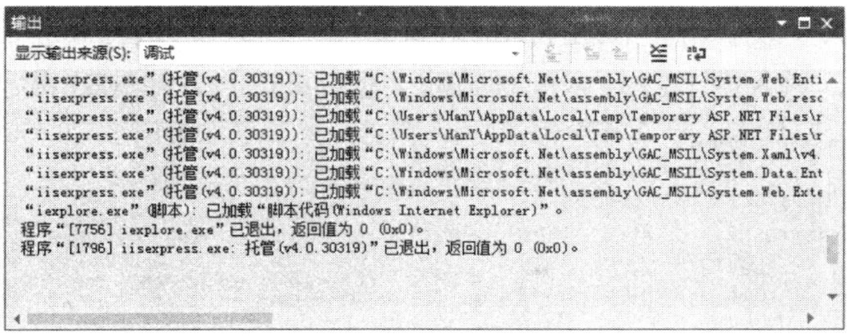

第 1 章　ASP.NET 4.5.1 概述与开发平台

图 1-25　【输出】窗口

1.4　ASP.NET 应用程序开发基础

使用 Visual Studio 2015 能够快速地进行应用程序的开发，同时能够创建负载高的 ASP.NET 应用程序。通常情况下，Visual Studio 2015 负责 ASP.NET 应用程序的开发，而 SQL Server 负责应用程序的数据存储。

1.4.1　创建 ASP.NET 应用程序

使用 Visual Studio 2015 能够进行 ASP.NET 应用程序的开发，微软提供了数十种服务器控件以方便开发人员快速地进行应用程序开发。

(1) 启动 Visual Studio 2015。选择【文件】|【新建】|【项目】命令，打开【新建项目】对话框，如图 1-26 所示。

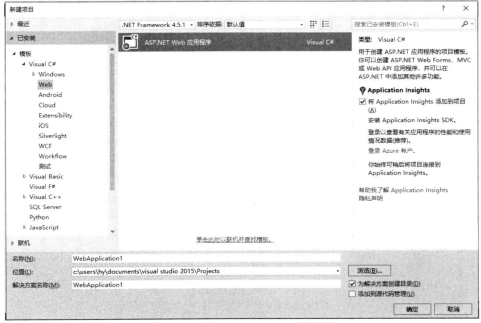

图 1-26　创建 ASP.NET Web 应用程序

(2) 可以在左侧的树型结构中选择 Visual C# | Web，然后在中间的窗口中选择【ASP.NET

17

Web 应用程序】选项，选择框架.NET Framework 4.5.1。输入项目名称，选择项目存放的位置，单击【确定】按钮，进入图 1-27 所示的对话框，显示可选的 ASP.NET 模板。

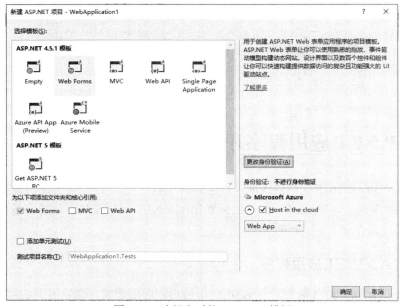

图 1-27　选择合适的 ASP.NET 模板

(3) 图 1-27 主要分 4 个部分：模板部分在左上区域，右上区域包含应用程序支持的身份验证类型，左下区域包含"文件夹和核心引用"设置以及单元测试，右下区域允许管理将项目部署到 Microsoft Azure 的方式。

身份验证选项

对于建立的每个应用程序而言，身份验证是一个重要的考虑因素。身份验证就是评估应用程序的用户是否是他所宣称的那个人的过程。如果应用程序需要能够把用户识别为特定的人，就需要使用身份验证。验证一个人是否是他所宣称的那个人的最常见方式是使用用户名和密码。

项目模板内置支持 4 种不同的身份验证选项，如图 1-28 所示。

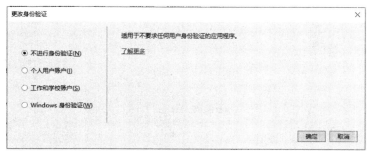

图 1-28　新项目的身份验证选项

- 【不进行身份验证】意味着应用程序不进行任何身份验证。这可以用于个人用户并不重要的 Web 站点，如信息 Web 站点或不支持在线订购的产品 Web 站点，也可以用于身份验证处理方式不同于内置的默认方法的 Web 站点。

- 【工作和学校账户】意味着使用第三方系统来处理身份验证。这些第三方系统通常是基本的 Active Directory、云中的 Active Directory(例如 Microsoft Azure Active Directory)或 Office 365。如果其他方法遵循一些身份验证标准，就支持这些方法。
- 【Windows 身份验证】是一种特殊功能，只有 Internet Explorer 支持。在这种身份验证方法中，浏览器包括一个特殊的用户令牌，服务器可以用它来确定和识别正在发出请求的用户。这不需要用户名/密码。然而，要求用户已经登录到 Active Directory 域，且该信息可用于浏览器。这不同于前面提及的组织账户方法，因为组织账户方法需要用户输入用户名和密码，然后通过网络进行身份验证；而 Windows 身份验证方法只发送标识符和确认用户已经通过身份验证的认可书。
- 【个人用户账户】是默认的身份验证设置，用于需要确定用户是谁且不想使用 Active Directory 或 Windows 身份验证方法的情形。使用这种方法时，可以使用 SQL Server 数据库来管理用户，也可以使用其他方法，例如让其他系统(如 Windows Live 或 Facebook)处理用户的身份验证。

文件夹、核心引用文件和单元测试

图 1-27 的左下区域提供了两种不同的配置设置。第一种配置是在创建项目的过程中希望添加的文件夹和核心引用：Web Forms、MVC 和 Web API。已选中的选项根据所选模板的不同而有所不同，因此，如果选择了 ASP.NET Web Forms 模板，Web Forms 复选框将被选中，如图 1-29 所示。

添加额外的文件夹和核心引用也只是添加它们而已，虽然会创建文件夹结构和任何默认文件，但不会改变从模板中创建的应用程序。例如，如果使用 Web Forms 项目，但选择添加 MVC 文件夹，就会自动创建所有 MVC 文件夹，但是其中没有内容。

图 1-29 Web Forms 已被选中

在这个区域需要完成的另一个选择，就是指定是否要创建单元测试项目。单元测试通常是一种可以重复的方式自动测试最小功能单元的方式——检查以确保特定的方法或函数是否按预期那样运行。单元测试是创建可重复运行的测试程序来验证特定的功能子集的过程。单元测试项目是 Visual Studio 项目，管理单元测试的创建、维护和运行。我们允许开发人员对应用程序运行之前创建的单元测试，以确保变更不对应用程序的其他部分产生负面影响。

如果创建的是真正的业务(line-of-business)应用程序，则创建单元测试项目势在必行。单元测试允许给应用程序的各个部分提供已知的数据集，然后比较应用程序的实际结果和以前认可的预期结果，以保证代码按预期执行。这样，就能够发现应用程序的某部分可能需要的一个变化何时会破坏应用程序的另一部分。

在 Microsoft Azure 中驻留项目

Microsoft Azure 允许将 Web 站点部署到云中，而不是直接部署到由我们控制的服务器上。

这种情况下，Microsoft Azure 是云计算平台，用于通过 Microsoft 托管的数据中心全球网络来构建、部署和管理应用程序。Microsoft Azure 允许应用程序使用许多不同的编程语言、工具和框架来构建，之后可以部署到云中。

在项目创建过程中，可指定是否将应用程序部署到 Microsoft Azure 中，并配置部署的管理方式。因为我们不会把示例应用程序部署到 Microsoft Azure 上，所以这里取消选中这个复选框，不必输入任何配置信息。

1.4.2 运行 ASP.NET 应用程序

使用 Web Forms 模板可以创建带几个示例文件的 Web 站点项目，这样项目就有了最初的开端，除了包含使用 ASP.NET 的信息，还包含主页、默认页面、关于页面和联系人页面。

创建 ASP.NET Web 应用程序后就能够进行 ASP.NET 应用程序的开发了，开发人员可以在【解决方案资源管理器】中添加相应的文件和项目，以进行 ASP.NET 应用程序和组件的开发。

完成应用程序的开发后，可以运行应用程序，选择【调试】|【开始调试】命令即可调试 ASP.NET 应用程序。开发人员也可以使用快捷键 F5 进行应用程序的调试，Visual Studio 2015 中包含虚拟服务器，开发人员无须安装 IIS 即可进行应用程序的调试。但是，一旦进入调试状态，就无法在 Visual Studio 2015 中进行 CS 文件以及类库等源代码的修改。也可以选择【调试】|【开始执行】命令，项目如果没有错误，将直接运行，页面如图 1-30 所示。

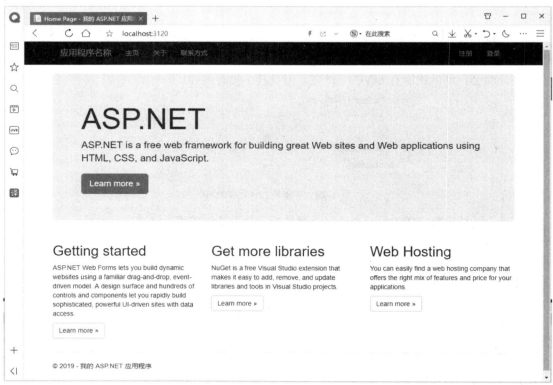

图 1-30　运行 ASP.NET 应用程序

1.5 本章小结

本章首先介绍了 Web 程序设计的一些基础知识，如 HTTP 协议的工作方式、服务器和浏览器的概念、B/S 开发模式。然后对静态网页和动态网页的工作原理进行了分析和比较，动态网页由于嵌入了程序代码，必须先由服务器把程序代码转换成静态网页才能发送给客户端。接着从 ASP.NET 的历史和优点等方面对 ASP.NET 技术进行了简单的介绍，还介绍了 ASP.NET 开发环境的获取和安装方式，为用户进一步学习奠定了基础。最后对 Visual Studio 2015 的工作界面进行了说明，并对 ASP.NET 应用程序的开发流程做了演示。

1.6 练习

(1) 简单介绍静态网页和动态网页的工作原理。
(2) 请比较 ASP、PHP 和 JSP 的优缺点。
(3) 请简述 ASP.NET 的优点。
(4) 大家使用的 QQ 属于 C/S 模式还是 B/S 模式，谁是服务器端？谁是客户端？
(5) 使用 Visual Studio 2015 创建一个 ASP.NET Web 应用程序，创建页面测试该应用程序。

第 2 章
Web静态编程语言

Web 静态编程语言包含很多种，例如 XHTML、HTML5、JavaScript、jQuery 和 Ajax 等，本章将着重对 XHTML 的概念、页面结构、语法规则和标记进行详细描述。ASP.NET 4.5 已经开始支持 HTML5，XHTML 和 HTML5 的语法很相似，本章在最后会介绍 HTML5 与之前版本相比语法上的一些区别。通过本章的学习，读者能够掌握 XHTML 的基本概念和 HTML5 新特性，并会使用 XHTML 和 HTML5 编写 ASP.NET 网页。在后面的章节中我们将对 jQuery 和 Ajax 进行讲解。

本章的学习目标：
- 理解什么是 HTML、XML 和 XHTML 以及它们三者之间的关系；
- 掌握动态网页的组成结构；
- 掌握 XHTML 的语法规则；
- 熟悉并使用 XHTML 标记；
- 熟悉 HTML5 和 XHTML 的主要区别。

2.1 Web 基础技术

互联网技术正处于高速发展中，它汇集了当前信息处理的几乎所有技术手段，以满足用户的需求。下面对 Web 基础技术进行讨论。

2.1.1 HTML

HTML(HyperText Markup Language，超文本标记语言)是制作页面文档的主要编辑语言。无论在何种操作系统下，只要有浏览器就可以运行 HTML 页面文档。作为一种标记语言，HTML 利用近 120 种标记来标识网页的结构及超链接等信息，使页面在浏览器中展示出精彩纷呈的效果。HTML 只是建议 Web 浏览器应该如何显示和排列信息，并不能精确定义格式，因此在不同的浏览器中显示的 HTML 文件效果会不同。

HTML 文件是一种纯文本文件，通常以.htm 或.html 作为文件扩展名。可以用各种类型的工具来创建或处理 HTML 页面，如记事本、写字板和 Dreamweaver 等。

HTML 由于简单易学，因而得到了广泛应用。但是，HTML 也存在着不可克服的缺陷。

首先，HTML 标记是固定的。也就是说，HTML 不允许用户创建自己的标记。所以，HTML

很难做更复杂的事情，比如无法描述矢量图形、科技符号和一些其他特殊显示效果。

其次，HTML 标记的作用只是建议浏览器用何种方式显示数据。HTML 语言无法解释数据之间的关系，以及相关结构方面的信息，因此无法适应日益增多的信息检索要求和存档要求。

通过上面的讨论可以看出，HTML 尽管简单方便，但当需要对一定量的数据进行复杂处理时，就力不从心了，而这正是 XML 可以大显身手的地方。

2.1.2 XML

HTML 是很成功的标记语言，目前很多网站是用 HTML 语言制作的。HTML 语法要求比较松散，这对网页编写者来说比较方便。但对计算机来说，语言的语法越松散，处理起来就越困难。传统的计算机能够处理松散的语法，但随着互联网的发展，对于许多新兴的联网设备，如手机，解析网页语法的难度就比较大。于是，人们开始致力于构建另一种标记语言，希望既具有 HTML 的简单性，又具有强大的功能和可扩展性，XML 应运而生。

XML(eXtensible Markup language，可扩展标记语言)将网络上的文档规范化，并赋予标记一定的含义。同时，XML 不仅是标记语言，它还提供了一个标准。用户可以利用这个标准定义新的标记语言，并为新的标记语言规定它所特有的一套标记。

XML 已经在文件配置、数据存储、基于 Web 的 B2B 交易、存储矢量图形和描述分子结构等众多方面得到广泛应用。但是，由于目前的浏览器对 XML 的支持还不够完善，XML 在互联网上完全替代 HTML 还需要很长一段时间。

在由 HTML 向 XML 过渡阶段，国际万维网组织(W3C)在 HTML 基础上，按照 XML 格式制定了新的规范 XHTML 1.0，使网络编程人员只要通过简单的更改，就能将 HTML 转为 XHTML，从而为实现由 HTML 向 XML 的过渡找到了桥梁。

2.1.3 XHTML

XHTML 是 eXtensible HyperText Markup Language 的缩写。HTML 是一种基本的 Web 网页设计语言，XHTML 则是一种基于 XML 的置标语言，看起来与 HTML 有些像，只有一些细小但重要的区别。XHTML 就是扮演着类似 HTML 角色的 XML，所以，从本质上说，XHTML 只是过渡技术，它结合了部分 XML 的强大功能以及大多数 HTML 的简单特性，是一种增强的 HTML。XHTML 的可扩展性和灵活性将适应未来网络应用的需求。虽然 XML 的数据转换功能强大，完全可以替代 HTML，但面对成千上万已有的基于 HTML 语言设计的网站，直接采用 XML 还为时过早。因此，在 HTML 4.0 的基础上，用 XML 规则进行扩展，得到了 XHTML。XHTML 是为了使 HTML 向 XML 顺利过渡而定义的标记语言，以 HTML 为基础，采用 XML 严谨的语法结构，越来越多的程序员开始利用 XHTML 设计网站结构，编写网页内容。

目前，国际上在网站设计中推崇的 Web 标准就是基于 XHTML 的应用(即通常所说的 CSS+DIV)。大部分浏览器都可以正确地解析 XHTML，即使老版本的浏览器，也将 XHTML 作为 HTML 的一个子集。因此可以说，几乎所有的网页浏览器在正确解析 HTML 的同时，都可以兼容 XHTML。

2.2 XHTML 的基本格式

XHTML 以 HTML 为基础，因此与 HTML 有很多相似之处。通过这一节的学习，读者可掌握 ASP.NET 的文档结构和 XHTML 的语法规则。

2.2.1 ASP.NET 的文档结构

下面以建立的 welcome.aspx 为例来说明 ASP.NET 的文档结构。

首先，创建一个窗体文件，在【解决方案资源管理器】中选择项目名称，右击，在弹出菜单中选择【添加】|【新建项】命令，将打开【添加新项】对话框，如图 2-1 和图 2-2 所示。

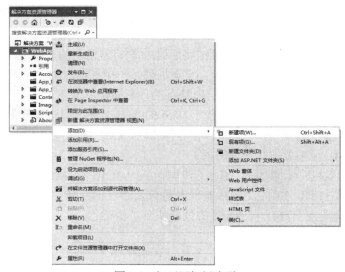

图 2-1 打开添加新建项

图 2-2 【添加新项】对话框

welcome.aspx 的 XHTML 代码如下：

```
<%@Page Language="C#" AutoEventWireup="true" CodeBehind="welcome.aspx.cs"
        Inherits="WebApplication1.welcome" %>
<!DOCTYPE html>
<html xmlns="http://www.w3.org/1999/xhtml">
<head runat="server">
<meta http-equiv="Content-Type" content="text/html; charset=utf-8"/>
    <title></title>
</head>
<body>
    <form id="form1" runat="server">
    <div>
    <p>Welcome to ASP.NET 4.5</p>
    </div>
    </form>
</body>
</html>
```

从上面的代码可以看到，完整的 ASP.NET 页面文档是由指令、文档类型声明、代码声明、服务器代码、文本和 XHTML 标记等部分组成的。

1. 指令

ASP.NET 页面通常包含一些指令，允许用户指定页面的属性和配置信息，对页面进行设置。指令指定的设置，不会出现在浏览器中。

在设计网页时，ASP.NET 提供了"代码分离"技术，能使开发者进行分工协作，分别进行网页界面代码设计和后台服务器运行代码设计。在具体实践中，将网页界面代码放在扩展名为.aspx 的文件中；将后台服务器运行代码放在另一个文件中，若此文件是用 C#编写的，则文件扩展名为.cs。这样做可以使前台 HTML 界面随着潮流不停地变化，而后台服务器端代码可以稳定地实现业务处理。

.aspx 文件和.cs 文件的相互关联是由.aspx 文件中的@page 指令连接的，例如：

```
<%@Page Language="C#" AutoEventWireup="true" CodeBehind="Welcome.aspx.cs"
        Inherits="WebApplication1.Welcome" %>
```

上述指令说明编程语言为 C#，需要连接的服务器代码文件为 welcome.aspx.cs。

2. 文档类型声明

DOCTYPE 为文档类型声明，Visual Studio 2015 已经开始支持 HTML5，并且兼容其他版本的网页语言，所以相对于以前的 ASP.NET 4.0 所使用的开发工具，这部分代码有所不同。由于 Visual Studio 默认建立的网页即为 XHTML 1.0 格式的网页，因此创建的窗体文档必须指定要遵从的 DTD(Document Type Definition，文档类型定义)标准，同时指定文档中的 XHTML 版本可以和哪些验证工具一起使用等信息，以保证文档与 Web 标准的一致。

文档类型声明是每个网页文档所必需的，如果网页文档中没有文档类型声明，浏览器就会采用默认方式，也就是使用 W3C 推荐的 HTML 4.0 来处理文档。

如果是 ASP.NET 4.0，文档类型声明部分为：

```
<! DOCTYPE html PUBLIC "-//W3C//DTD XHTML 1.0 Transitional//EN"
    "http://www.w3.org/TR/xhtml1/DTD/xhtml1-transitional.dtd">
```

W3C//DTD XHTML 1.0 Transitional 说明文档符合 W3C 制定的 XHTML 1.0 规范，文档应该按照 XML 文档规范来配对所有标记。xhtml1-transitional.dtd 中的 dtd 是文档类型定义，其中包含了文档的规则，浏览器根据页面中定义的 DTD 来解释页面内的标识，并将它们显示出来。

新的 ASP.NET 4.5.1 默认使用类似 HTML5 的规则大大简化了这部分代码，如下所示：

```
<!DOCTYPE html>
```

在 Visual Studio 2015 中，可以选择按照哪种语言版本验证目标构架，如图 2-3 所示。

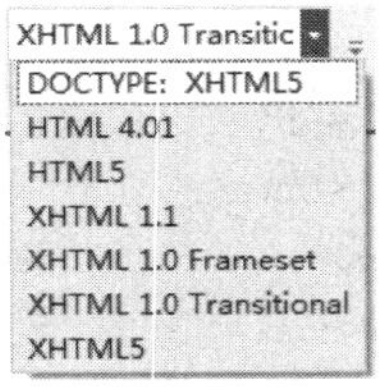

3. 代码声明

包含 ASP.NET 页面的所有应用逻辑和全局变量声明、子例程和函数。页面的代码声明位于 <script>…</script>标记中。

4. 服务器代码

图 2-3　验证目标构架

大多数 ASP.NET 页面包含处理页面时在服务器上运行的代码。服务器代码位于标记中，并且开始标记包含 runat="server" 属性。

例如本例中的<head runat="server">，说明在页面运行时，ASP.NET 将<head>标记标识为服务器控件，并使其可用于服务器代码。

5. 文本和 XHTML 标记

页面的文本部分用 XHTML 标记来实现，这一部分应完全符合 HTML 网页结构。在上面的例子中可以看到，最基本的 HTML 网页结构由以下 3 部分构成：

```
<html>
    <head>
        <title>标题内容</title>
    </head>
    <body>
        主要内容
    </body>
</html>
```

(1) <html>…</html>：整个 HTML 文件的起止标记，其他 HTML 标记都要放在这对标记之间。

在 HTML 代码中，仅有<html>…</html>，而在 XHTML 代码中则使用了<html html xmlns="http://www.w3.org/1999/xhtml">…</html>。其中的 xmlns 是 XHTML namespace 的缩写，用来声明网页内用到的标记属于哪个名称空间。本例中，指定 HTML 标记的名称空间为 http://www.w3.org/1999/xhtml，这说明整个网页标记应符合 XHTML 规范。

(2) <head>…</head>：HTML 头部文件。

头部文件中包含页面传递给浏览器的信息，这些信息作为单独的部分，不是网页的主体内容，但它们有时对于浏览器而言是很有用的。在头部文件中可以设置页面的标题、关键字、外部链接和脚本语言等内容。例如，用<title>…</title>标记来设置网页的标题，用<script>…</script>标记来插入脚本等。

(3) <body>…</body>：文档内容部分。

<body>…</body>标记之间为页面文档的主体，用来放置页面的内容，也就是在浏览器中需要显示的内容。对于最简单的网页来说，<body>和</body>是必须使用的标记。

2.2.2 XHTML 的语法规则

因为引入 XHTML 的目的是在 HTML 中使用 XML，所以 XHTML 的语法规则相比 HTML 严格很多。具体规则如下：

(1) UTF-8 之外的编码，文档必须具有 XML 声明。

当文档的字符编码是默认的 UTF-8 之外的编码时，编程人员必须在 XHTML 页面中添加一个 XML 声明并指定代码。例如：

```
<? xml version="1.0"  encoding="iso-8859-1"?>
```

(2) 页面的<html>标记必须指定名称空间。

<html>标记必须指定 XHTML 名称空间，比如例子中的<html xmlns="http://www.w3.org/1999/xhtml">…</html>。

(3) 文档必须包含完整的结构标记。

文档必须包含<head>、<title>和<body>结构标记。框架集文档必须包含<head>、<title>和<frameset>结构标记。

(4) 标记必须正确嵌套。

XHTML 要求有严谨的结构，文档中的所有标记必须按顺序正确嵌套，例如，<p>This is a <i> bad example.</p></i>是错误的，<p>This is a <i> good example.</i></p>是正确的。也就是说，一层一层的嵌套必须是严格对称的。

(5) 标记必须成对使用，对于单独不成对使用的标记，在标记最后加/>结束。例如，
是错误的，
是正确的。

(6) 所有标记和属性的名字都必须使用小写。

与 HTML 不同，XHTML 对大小写是敏感的，XHTML 要求所有标记和属性的名字都必须使用小写。<title>和<TITLE>在 XHTML 是不同的标记。

(7) 属性值必须用引号括起来。

在 HTML 中，不要求给属性值加引号，但是在 XHTML 中，属性值必须加引号。例如，<height=80>必须修改为<height="80">。

特殊情况下，若用户需要在属性值中使用双引号，可以使用'表示，例如：

```
<alt="say&apos;hello&apos;">
```

(8) 属性不允许简写，每个属性必须赋值。
XHTML 规定所有属性都必须有值，没有值的就重复本身。例如：

```
<input type="checkbox" name="shirt" value="medium" checked>
```

必须修改为：

```
<input type="checkbox" name="shirt" value="medium" checked="true">
```

(9) 使用 id 替代 name 属性。
(10) 图片必须有说明文字。
每个图片必须有说明文字，必须对<img>和<area>标记应用文字说明属性 alt。例如：

```
<img src="fish.jpg" alt="big fish" />
```

(11) 不要在注释内容中使用--。
--只能用在 XHTML 注释的开头和结束，也就是说，在内容中它们不再有效。例如，下面的代码是无效的：

```
<!--这里是注释----------这里是注释-->
```

可以用等号或空格替换内部的虚线，例如<!--这里是注释====这里是注释--> 是正确的。
以上规则的制定是为了使代码有一个统一的标准，便于以后的数据再利用，为由 HTML 向 XML 过渡打下基础。

2.3 XHTML 标记与标记属性

标记(Tag)是指定界符(一对尖括号)和定界符括起来的文本，用来控制数据在网页中的编排方式，告诉应用程序(例如浏览器)以何种格式表现标记之间的文字。当需要对网页某处内容的格式进行编排时，只要把相应的标记放置在内容之前，浏览器就会以标记定义的方式显示网页的内容。学习 XHTML 语言的重点就是学习标记的使用。

标记控制文字显示的语法为：

```
<标记名称>
   需要进行格式控制的文字
</标记名称>
```

在 XHTML 标记中，往往还可以通过设定一些属性来描述标记的外观、行为方式以及内在表现，以便对文字编排进行更细微的控制。几乎所有的标记都有自己的属性。例如 style="text-align:center"，其中，style 就是标记的属性，style 的值设置文本格式为居中对齐。

使用标记有如下一些注意事项：
- 任何标记都用<和>括起来，一般情况下，标记是成对出现的。
- 标记名与<之间不能有空格。
- 某些标记要加上属性，而属性只能位于起始标记中。格式为：

```
<标记名称  属性名=属性值   属性名=属性值  …> 网页内容 </标记名称>
```

XHTML 文件支持很多标记，不同的标记代表不同的含义。XHTML 常用的标记包括主体标记、注释标记、分层标记、文本和格式标记、列表标记、表格标记、图像标记、超链接标记、表单标记等。

2.3.1 主体标记<body>…</body>

主体标记<body>定义了网页的所有显示内容。网页默认的显示格式为：白色背景，12 像素的黑色 Times New Roman 字体。

在 XHTML 中，<body>标记用属性 style 来设置样式，如设置字体的大小、颜色以及页面的背景色和背景图片等。格式为：

<body style="样式 1:值 1；样式 2:值 2；…">

其中，样式与值用冒号分隔，如果 style 属性中包含多个样式，各个样式之间用分号隔开。style 属性常用的样式如下。

- background-color：设置网页的背景颜色，默认为白色背景。
- color：设置网页中字体的颜色，默认颜色为黑色。
- font-family：设置网页中字体的名称，如宋体、楷体、黑体等。
- font-size：设置网页中字体的大小。
- text-align：设置网页中文本的对齐方式，有 left(左对齐，默认对齐方式)、right(右对齐) 和 center (居中对齐)3 种对齐方式。

例如<body style="font-family:宋体；color:blue">，这将设置网页字体为宋体，字体的颜色为蓝色。

2.3.2 注释标记<!--注释内容-- >

浏览器会自动忽略注释标记中的文字(可以是单行，也可以是多行)而不显示。注释标记常用在比较复杂或多人合作设计的页面中，为代码部分加上说明，可方便日后修改，增加页面的可读性和可维护性。

2.3.3 分层标记<div>…</div>

分层标记用来排版大块的 XHTML 段落，为 XHTML 页面内大块(block-level)的内容提供结构和背景。可使用 style 属性在其中加入许多其他样式，以实现对其中包含元素的版面设置。

<div>标记除了具有文本编辑功能外，还可以用作容器标记，将按钮、图片、文本框等各种元素作为子对象元素处理。

2.3.4 文本和格式标记

网页中最常用的就是文字了，这里将详细介绍 XHTML 中用于对网页中的文字进行格式设计和排版的常用标记。

(1) 标题字体大小标记 <hn>…</hn>

设定网页的标题格式。由大至小，设置标题格式的标记有 6 种：<h1>、<h2>、<h3>、<h4>、

<h5>和<h6>。

(2) 字体的加粗、斜体和下画线标记

…标记：以加粗的形式输出文本。

…标记：以斜体的形式输出文本。

<u>…</u>标记：以带下画线的形式输出文本。

(3) 段落标记

- <p>…</p>

段落标记<p>…</p>的作用是将标记之间的文本内容自动组成一个完整的段落。

- 预格式化标记<pre>…</pre>

预格式化标记<pre>…</pre>使标记之间的文本信息能够在浏览器中按照原格式毫无变化地输出，可以使浏览器中显示的内容与代码中输入的文本信息格式完全一样。

(4) 换行标记

用于添加回车换行，由于没有结束标记，因此在 XHTML 中以/>结束。在编写 XHTML 时，如果在文件中用回车键分开了某段文字，那么当在浏览器中显示时，浏览器会忽略源代码中的换行，而不会显示换行效果。要显示网页中的文字换行效果，必须在文件中使用
标记。

(5) 画线标记<hr />

画线标记<hr />单独使用，可以实现段落的换行，并绘制一条水平直线，并在水平直线的上下两端留出一定的空间。可以使用 style 属性进行设置，其中包含以下两个子属性。

- width：设置画线的长度，取值可以是以像素为单位的具体数值，也可以使用相对于父标记宽度的百分比数值。
- height：设置画线的粗细，单位是像素。

(6) 文本居中标记<center>…</center>

文本居中标记用来将网页中<center>标记内的元素居中显示。

【例 2-1】建立 ASP.NET 页面，命名为 text.aspx，主体部分代码如下：

```
<body style="te xt-align:center;font-family:楷体_GB2312;color:blue">
    <!--设置整个页面的字体居中显示，字体为楷体，颜色为蓝色-->
    <form id="form1" runat="server">
    <div >
        设定标题格式示例：
        <h1>设定标题格式，此处用 h1 效果</h1>
        <h6>设定标题格式，此处用 h6 效果</h6>
        <hr style ="width:70%;height:10px;color:Black" />
            <!--画一条分隔线，宽度为整个页面的 70%，高度为 10 像素，颜色为黑色-->
        <p> 字体的特殊效果示例： </p>
        <b>粗体显示</b><br />
        <i>斜体显示</i><br />
            <hr />
    </div>
    </form>
</body>
```

由于只是一些静态的网页代码，编写完毕后，可以在代码区域的空白处右击，在弹出菜单中选择【在浏览器中查看(Internet Explorer)】命令即可，至于是什么浏览器，根据当前系统默认浏览器为准，如图 2-4 所示。

在浏览器中运行代码，结果如图 2-5 所示。

图 2-4　选择运行网页代码

图 2-5　对页面使用文本标记

(7) 列表标记

使用列表标记可以将网页中的文本设置为列表。列表标记包括有序列表标记和无序列表标记。

- 无序列表标记<ul>…</ul>和列表项标记<li>…</li>

无序列表中的各个列表项没有顺序。显示时，在各列表项的前面显示特殊符号的缩排列表。语法格式为：

```
<ul  style="list-style-type">
<li>列表项 1
<li>列表项 2
…
<li>列表项 n
</ul>
```

其中，list-style-type 可以有 3 种形式：disc(实心圆)、circle(空心圆)和 square(实心方块)。默认形式为 disc。

<li>有自动换行的作用，每个条目自动为一行。<li>创建的每一个条目可以使用 list-style-type 单独指定项目符号。

- 有序列表标记<ol>…</ol>和列表项标记<li>…</li>

有序列表是在各列表项的前面显示数字或字母的缩排列表。有序列表在显示时，会在每个条目的前面加上一定形式的有规律的项目序号。语法格式为：

```
<ol  style="list-style-type">
<li>列表项 1
<li>列表项 2
…
<li>列表项 n
</ol>
```

其中，list-style-type 可以设为 upper-alpha(大写英文)、lower-alpha(小写英文)、upper-roman(大写罗马数字)、lower-roman(小写罗马数字)和 decimal(十进制数字)等。默认的列表标识符为阿拉伯十进制数字。

同无序列表一样，<li>有自动换行功能，而且<li>创建的每一个条目可以使用 list-style-type 单独指定项目符号。

【例2-2】建立 ASP.NET 页面，名为 list.aspx，主体部分代码如下：

```
<body>
    <form id="form1" runat="server">
    <div>
        电子产品
        <ul>
            <li>数码相机</li>
            <li style ="list-style-type:disc">移动硬盘</li>
            <li style ="list-style-type:circle">MP3,MP4</li>
            <li style ="list-style-type:square">笔记本电脑</li>
        </ul>
        服装箱包
        <ol>
            <li>针织衫</li>
            <li style ="list-style-type:lower-roman">女鞋</li>
            <li style ="list-style-type:lower-alpha">男夹克</li>
            <li style ="list-style-type:upper-roman">流行男女箱包</li>
        </ol>
    </div>
    </form>
</body>
```

在浏览器中运行代码，效果如图 2-6 所示。

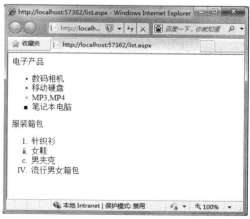

图 2-6 对页面使用列表标记

(8) 空格标记

在 XHTML 中，直接输入的多个空格仅仅会被视为一个空格，而直接输入的多个回车换行符也仅仅被浏览器解读为一个空格。为了能够显示多个空格，XHTML 保留了 HTML 中的空格标记 。一个 代表一个空格，多个 则代表相应的多个空格。

2.3.5 表格标记

通过学习上面的文本和格式标记，可以对网页内容设置字体、段落、对齐方式等，但是由于浏览器的不同，不能精确控制文本具体显示在网页的哪个位置，而使用表格标记就可以对网页中各个元素的具体位置进行控制。因此，表格在网页设计中的定位功能极其重要，同时也是所有网页设计方式中最灵活的。

表格由行与列组成，每一个基本表格单位称为单元格。单元格在表格中可以包含文本、图像、表单以及其他页面元素。

1. 表格标记<table>…</table>

表格标记用来声明表格，标志着一个表格的开始和结束，表格的所有定义在这对标记范围内都适用。<table>…</table>标记的常用属性如下。

- align：设置表格在网页中的水平对齐方式，可选值有 left、right、center。
- backGround：为表格指定背景图片。
- bgcolor：为表格设定背景色。
- border：设置表格边框厚度，如果为 0，那么表格不显示边界。
- cellpadding：设置单元格中的数据与表格边线之间的间距，以像素为单位。
- cellspacing：设置各单元格之间的间距，以像素为单位。
- valign：设置表格在网页中的垂直对齐方式，可选值有 top、middle、bottom。
- width：设置整个表格的宽度。

2．行起止标记<tr>…</tr>

行起止标记表明表格中一行的开始和结束，具有以下属性。

- align：设置行中文本在单元格中的水平对齐方式，可选值有 left、right、center。
- backGround：为一行单元格指定背景图片。
- bgcolor：为一行单元格设定背景色。

3. 单元格起始标记<td>…</td>

单元格起始标记用于设置行中某个单元格的开始和结束。

【例 2-3】建立 ASP.NET 页面，名为 table.aspx，主体部分代码如下：

```
<body>
    <form id="form1" runat="server">
    <div>
      <table border="5">
        <tr align ="center" >
          <td bgcolor="red"> 第一行第一列，背景红色 </td>
          <td bgcolor="blue">第一行第二列，背景蓝色 </td>
```

```
                <td bgcolor="green">第一行第三列, 背景绿色 </td>
            </tr>
                <!--以上设置第一行, 文字居中-->
            <tr>
            <td align="left"> 第二行第一列, 左对齐 </td>
            <td align="center">第二行第二列, 居中 </td>
            <td align="right">第二行第三列, 右对齐 </td>
            </tr>
                <!--以上设置第二行-->
        </table>
    </div>
    </form>
</body>
```

在浏览器中查看运行结果, 如图 2-7 所示。

图 2-7 对页面使用表格标记

【例 2-4】设置表格的边框和间距。

使用<table>标记的 border 属性设置表格边框为 5 像素, 使用 cellspacing 属性设置单元格之间的间距为 8 像素, 使用 cellpadding 属性设置单元格内数据与单元格边框之间的边距为 10 像素, 创建页面 table1.aspx, 相关代码如下:

```
<table width="300" border="5" cellpadding="10" cellspacing="8">
    <tr>
        <td>第一行第一列</td>
        <td>第一行第二列</td>
    </tr>
    <tr>
        <td>第二行第一列</td>
        <td>第二行第二列</td>
    </tr>
</table>
```

运行结果如图 2-8 所示。

在设计网页时, 有时需要设置跨行、跨列的表格, 让一个单元格占用多行或多列。

(1) <td>标记的 rowspan 属性: 用于设置单元格在水平方向上跨越的单元格个数。

(2) <td>标记的 colspan 属性: 用于设置单元格在垂直方向上跨越的单元格个数。

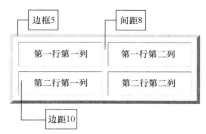

图 2-8　设置表格的边框和间距

【例 2-5】设置跨行、跨列的表格。

通过<td>标记的 rowspan、colspan 属性分别设置跨行、跨列的单元格，创建页面 table2.aspx，相关代码如下：

```
<table width="300" border="1">
  <tr>
    <td width="85" rowspan="2">跨两行</td>
    <td colspan="2">跨两列</td>
  </tr>
  <tr>
    <td width="128">data1</td>
    <td width="65">data2</td>
  </tr>
  <tr>
    <td>data3</td>
    <td>data4</td>
    <td>data5</td>
  </tr>
</table>
```

运行结果如图 2-9 所示。

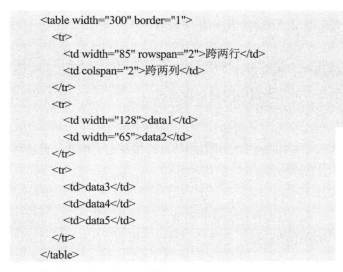

图 2-9　设置跨行、跨列的表格

2.3.6　超链接标记<a>…</a>

使用超链接可通过文字、图像等载体对文件进行链接，引导文件的阅读。互联网的魅力就在于可以通过超链接使任何一个网页，可以任意链接到世界上任何角落的其他网页文件。超链接往往使用不同的颜色或下画线以与网页中的其他文字相区别，在阅读文件时，用户通过单击超链接，能够随时查阅文件相关的详细信息。

1. 超链接的语法格式

<a href="URL" id="设置锚点" target="链接目标网页打开的窗口"> 锚点 </a>

各参数含义如下。

- 锚点：实现链接的源点，通常当鼠标移动到锚点上会变成小手的形状，浏览者通过在锚点上单击就可以到达链接目标点。

- href 属性：设定要链接到的文件的名称，为必选项。若文件与页面不在同一个目录，则需要加上适当的路径，一般路径的格式为 href="域名或 IP 地址/文件路径/文件名#锚点名称"。
- id 属性：用来定义页面内创建的锚点，在实现页面内部链接的时候使用。
- target 属性：设定链接目标网页所要显示的窗口，默认为在当前窗口中打开链接目标，可选值有_blank、_parent、_self、_top 及窗体名称。
    - target="_blank"：将链接的目标内容在新的浏览器窗口中打开。
    - target="_parent"：将链接的目标内容在父浏览器窗口中打开。
    - target="_self"：将链接的目标内容在本浏览器窗口中打开(默认值)。
    - target="_top"：将链接的目标内容在顶级浏览器窗口中打开。
    - target="窗体名称"：常用于框架或浮动框架，将链接的目标内容在指定的框架窗体中打开，框架窗体已经事先在框架或浮动框架标记中命名。

例如：

```
<a href="http://www.taobao.com" target="_self"> 淘宝网</a>
```

上述代码运行后，单击超链接，会在本浏览器窗口中访问淘宝网。

2. 超链接的形式

XHTML 支持的超链接有以下几种形式：不同网页之间的跳转、链接至电子邮件、链接跳转到具体的锚点等。不同的超链接形式有不同的格式.

(1) 链接到其他网页，基本格式如下：

```
< a href="URL"> 锚点 </a>
```

此处表示链接的是指定网页。运行时单击超链接，将跳转到另一个页面。

(2) 链接到图像上，基本格式如下：

```
< a href="image_name.jpg" >锚点 </a>
```

运行时，单击超链接，将跳转到一幅图片。

(3) 链接到电子邮件，基本格式如下：

```
< a href="mailto:邮件地址"> 锚点 </a>
```

其中，邮件地址形式为 name@site.come。

例如，<a href="mailto: administrator@sohu.com" >与搜狐网管理员联系</a>。运行后，单击超链接"与搜狐网管理员联系"，将跳转到向搜狐网管理员邮箱发信的页面。

(4) 页内链接。有的页面文本内容很多，浏览器打开页面时往往从页面顶端开始显示，若用户需要的信息不在页面的起始部分，用户将必须费时费力地从上向下进行搜索。此时，设置页内链接是很有必要的。

实现页内链接时，需要先使用 id 属性定义一个锚点，格式为：

```
< a id="锚点名称">被链接后显示的部分</a>
```

再使用 href 属性指向该锚点，格式为：

```
<a    href="#锚点名称"> </a>
```

#表示链接目标与<a>标记属于同一个页面。

【例2-6】建立 ASP.NET 页面,通过<a>标记,使用"相对路径"和"绝对路径"指定 href 属性的值,名为 hyperlink.aspx,主体部分代码如下:

```
<head runat="server">
<title>建立超链接</title>
</head>
<body>
<font size="20"><b>建立超链接:</b></font>
<p align="center">
<a href="sub_01.htm">了解链接标记 A</a><br/><br/>
<a href="sub_02.htm" target="_blank">练习建立内部链接</a><br/><br/>
<a href="http://www.sina.com.cn" target="_blank">实践建立外部链接</a>
</p>
</body>
```

在浏览器中查看运行结果,如图 2-10 所示。

图 2-10　对页面使用超链接标记

【例2-7】建立 ASP.NET 页面,名为 hyperlink2.aspx,主体部分代码如下:

```
<body>
    <form id="form1" runat="server">
    <div>
    第 2 章 XHTML 基础知识
    <ul>
        <li>2.1 Web 基本技术</li>
        <li><a href="#html">2.1.1 HTML</a></li>
        <li><a href="#xml">2.1.2 XML</a></li>
        <li><a href="#xhtml">2.1.3 XHTML</a></li>
    </ul>
    <!--在网页头部设定指向锚点的超链接-->
        <p>
            <a id="html">2.1.1    HTML</a><br/>
            <!--创建锚点 HTML-->
            HTML(HyperText Markup Language 超文本标记语言)是制作网页文档的……<br/>
```

```
            </p>
            <p>
                <a id="xml">2.1.2    XML </a><br/>
                <!--创建锚点 XML-->
                HTML 是很成功的标记语言……<br/>
            </p>
            <p>
                <a id="xhtml">2.1.3    XHTML </a><br/>
                <!--创建锚点 XHTML-->
                XML 虽然数据转换功能强大……<br/>
            </p>
        </div>
    </form>
</body>
```

以上代码的运行结果如图 2-11 所示。

除了创建文本超链接之外，还可以创建图像超链接，只需要将<a>和</a>这对标记放在图片两端即可，如下所示：

```
<a href=" flower.htm" ><img src=" flower.jpg"> </a>
```

当单击图片 flower.jpg 时，页面将跳转到网页 flower.htm。

图 2-11   在页面内部使用超链接标记

2.3.7   图像标记<img />

Web 页面中的图像可以使网页更加生动、直观。常见的图像格式有 GIF、JPEG 和 PNG 等。其中，GIF 和 JPEG 格式能被大多数浏览器支持。网页中的图像一般使用 72 ppi 分辨率、RGB 色彩模式，XHTML 中使用<img />标记来向页面中插入图像。

图像标记的语法格式为：

```
<img   src="图像文件名"    [alt="提示文本"]    [border="边框宽度"]    [align="对齐方式"]    [width="宽度像素大小"]    [height="高度像素大小"]    alt="说明">
```

其中各属性的含义如下。

- src：这个属性是必需的，用来链接图像的来源。若图像文件与 XHTML 页面文件处于同一目录下，则只写文件名称；若图像文件与 XHTML 页面不在同一目录下，则需要加上合适的路径，相对路径和绝对路径均可。
- align：设置图像旁边文字的位置。可以控制文字出现在图片的上方、中间、底端、左侧和右侧。可选值为 top、middle、bottom、left 和 right，默认值为 bottom。
- alt：有别于 HTML，每个图像标记必须有说明文字。若用户使用文字浏览器，由于浏览器不支持图像，这些文字会替代图像显示出来；若用户使用支持图像显示的浏览器，当鼠标移动至图像上时这些文字也会显现出来。

【例2-8】建立 ASP.NET 页面，名为 picture.aspx，插入图片 apple.jpg，主体部分代码如下：

```
<body>
    <form id="form1" runat="server">
    <div>
        <img src="apple.jpg" align="left" width="150"    alt="apple" /> 图片左对齐，宽150像素
    </div>
    <p>
    </p>
    <div align="center">
    <img / src="apple.jpg" align="middle"     height="100" alt="apple" /> 图片居中，长100像素<br />
    </div>
    </form>
</body>
```

在浏览器中查看运行结果，如图2-12所示。

注意：

当鼠标移至图片上时，会显示出 alt 属性的内容 apple。

2.3.8 表单标记<form>…</form>

表单在网页中起着非常重要的作用，是与用户进行信息交互的主要手段。无论是提交要搜索的信息，还是网上注册等，都需要使用表单。表单相当于容器，它把需要向服务器传送的信息搜集到一起，以便提交到服务器进行处理。

图 2-12 对页面使用图像标记

1. <form>标记

在 HTML 中，只要在需要使用表单的地方插入成对的<form>和</form>标记，就可以插入表单。语法格式如下：

```
<form   name=" "   method=" "   action=" " >
    ……
    表单元素(如文本框、单选按钮、复选框、列表框、文本区域等)
    ……
</form>
```

上述语法格式包括<form>标记的以下基本属性。

(1) name：该属性表示表单的名称。

(2) method：该属性用于定义提交信息的方式，取值为 post 或 get，默认为 get。两者的区别如下：

- 使用 get 方式提交信息时，表单中的信息会作为字符串自动附加在 URL 的后面，URL 和后面的参数信息会显示在浏览器的地址栏中。以 get 方式传输的数据量通常非常小，

一般限制在 2KB 左右，但执行效率比较高。例如：

http://www.domain.com/test.aspx?name=myname&password=mypassword

- 使用 post 方式提交信息时，需要对输入的信息进行包装，存入单独的文件中(不附在 URL 的后面)，等待服务器取走，这种方式对信息量大小没有限制。

(3) action：该属性用来指定处理表单数据的程序文件所在的位置，当单击"提交"按钮后，就将表单信息提交给该属性指定的文件进行处理。

如下是一个建立表单的例子：

```
<form  name="form1"  method="post"  action=" login.aspx" >
</form>
```

这是一个没有任何内容的表单，还需要向表单中添加各种表单元素。

2. <input>标记

使用该标记可以在表单中定义单行文本框、单选按钮、复选框等表单元素，基本语法格式如下：

```
<input  name=" "  type=" "  size=" " >
```

不同的表单元素有不同的属性，具体属性如表 2-1 所示。

表 2-1 <input>标记的属性

属　　性	功　　能
type	插入表单的元素类型，具体取值如表 2-2 所示
name	表单元素的名称
size	单行文本框的长度，取值为数字，表示有多少个字符长
maxlength	单行文本框可以输入的最大字符数，取值为数字，表示有多少个字符。当大于 size 属性的值时，用户可以移动光标来查看整个输入内容
value	对于单行文本框，表示输入文本框的默认值，为可选属性 对于单选按钮或复选框，则指定单选按钮被选中后传送到服务器的实际值，为必选属性 对于按钮，则指定按钮上的文本，为可选属性
checked	若被加入，则默认选中

表 2-2 type 属性的值

属　性　值	说　　明
text	表示单行文本框
password	表示密码框，输入的字符以*或•显示
radio	表示单选按钮
checkbox	表示复选框
submit	表示"提交"按钮，单击后将把表单信息提交到服务器
reset	表示"重置"按钮，单击后将清除输入的内容
image	表示图像域，此时<input>标记还有一个重要属性 src，用来指定图像域的来源
hidden	隐藏文本域，类似于 text 属性，但不可见，常用于传递信息

3. <select>标记

复选框和单选按钮是收集用户多重选择数据的有效方式。但是,如果可供选择的项比较多,那么表单将变得很长而难以显示。在这种情况下,就需要使用下拉菜单,下拉菜单用<select>和</select>标记来定义。

<select>标记是和<option>标记配合使用的,一个<option>标记就是下拉菜单中的一个选项。<select>标记和<option>标记的属性分别如表 2-3 和表 2-4 所示。

表 2-3 <select>标记的属性

属性	功能
name	下拉菜单的名称
size	指定下拉菜单中显示的菜单项数目,取值为数字
multiple	若被加入,表示可同时选中下拉菜单中的多个菜单项,否则只能选中一个,没有属性值,多选时,按住 Ctrl 键逐个选取

表 2-4 <option>标记的属性

属性	功能
value	指定菜单项被选中后传送到服务器的实际值,可选属性,如果省略,则将显示的内容传到服务器
selected	若被加入,则表示默认选中,没有属性值

4. <textarea>标记

有些情况下需要能够输入多行文本的区域,<textarea>和</textarea>标记用于定义多行文本域,常用在需要输入大量文字的地方,如留言、自我介绍等。由<textarea>创建的文本域对输入的文本长度没有任何限制,并且在垂直方向和水平方向上都可以有滚动条。<textarea>标记的属性如表 2-5 所示。

表 2-5 <textarea>标记的属性

属性	功能
name	多行文本域的名称
rows	多行文本域的行数,取值为数字
cols	多行文本域的列数,取值为数字

【例 2-9】建立表单。

建立表单并应用表格布局来制作个人简历,在表单中插入文本框、单选按钮、下拉菜单、复选框、多行文本域、"提交"按钮、"重置"按钮等表单元素,创建页面 form.aspx,代码如下:

```
<head runat="server">
<meta http-equiv="Content-Type" content="text/html; charset=utf-8"/>
<title></title>
<style type="text/css">
<!--
```

```html
body{font-size:14px}
-->
</style>
</head>
<body >
<form name="form1" method="post" action="form.aspx"enctype="multipart/form-data">
  <table width="550"    border="0" align="center" cellpadding="2" cellspacing="1" bgcolor="#3399FF">
    <tr align="center" valign="middle" bgcolor="#FFFFFF">
      <td height="30" colspan="4" bgcolor="#B7DAF9">个人简历</td>
    </tr>
    <tr bgcolor="#FFFFFF">
      <td width="16%" height="30">真实姓名:</td>
      <td height="30" colspan="3"><input name="name" type="text" id="name" maxlength="50"></td>
    </tr>
    <tr bgcolor="#FFFFFF">
      <td height="30">年龄:</td>
      <td width="36%" height="30"><input name="age" type="text" id="age" size="10" maxlength="10"/></td>
      <td width="9%" height="30">性别:         </td>
      <td width="39%" height="30">
<input name="sex" type="radio" value="0" checked="checked"/>男
        <input type="radio" name="sex" value="1"/>女
</td>
    </tr>
    <tr bgcolor="#FFFFFF">
      <td height="30">毕业院校:</td>
      <td height="30" colspan="3"><input name="school" type="text" id="school" maxlength="50"></td>
    </tr>
    <tr bgcolor="#FFFFFF">
      <td height="30">所学专业:</td>
      <td height="30" colspan="3"><select name="spe" id="spe">
        <option value="0">选择专业</option>
        <option value="1">计算机应用</option>
        <option value="2">土木工程</option>
        <option value="3">软件工程师</option>
        <option value="4">注册会计师</option>
      </select></td>
    </tr>
    <tr bgcolor="#FFFFFF">
      <td height="30">联系方式:</td>
      <td height="30" colspan="3"><input name="tel" type="text" id="tel"></td>
    </tr>
    <tr bgcolor="#FFFFFF">
      <td height="30">爱 好:</td>
      <td height="30" colspan="3">
        <input name="favorite" type="checkbox" id="favorite" value="0"/> 计算机
          <input name="favorite" type="checkbox" id="Checkbox1" value="1"/>英语
```

```
            <input name="favorite" type="checkbox" id="Checkbox2" value="2"/>体育
            <input name="favorite" type="checkbox" id="Checkbox3" value="3"/>旅游
        </td>
    </tr>
    <tr bgcolor="#FFFFFF">
        <td height="30">工作简历:</td>
        <td height="30" colspan="3"><textarea name="summery" cols="60" rows="8"
            id="summery"></textarea></td>
    </tr>
    <tr bgcolor="#FFFFFF">
        <td height="30"> </td>
        <td height="30" colspan="3" align="center"><input type="submit" name="Submit" value="提交">
                     <input type="reset" name="Submit2"
            value="重置"></td>
    </tr>
</table>
</form>
</body>
```

运行结果如图 2-13 所示。

图 2-13 建立表单

2.4 HTML5 简介

HTML5 是下一代 HTML，HTML5 将成为 HTML、XHTML 以及 HTML DOM 的新标准。

目前，HTML5 仍处于完善之中，不过大部分现代浏览器已经具备某些 HTML5 支持。HTML5 规定了两种序列化形式：一种是宽松的 HTML 风格，另一种是严格的 XML/XHTML 风格。人们有时把 XML/XHTML 风格的 HTML5 序列化称作 XHTML5，但这种 XHTML 只剩下名号了，和 XHTML 1/2 的独立规范不一样，应当避免混淆。

2.4.1 HTML5 的发展史

HTML5 的第一份正式草案于 2008 年 1 月 22 日公布。

2012 年 12 月 17 日，万维网联盟(W3C)正式宣布凝结了大量网络工作者心血的 HTML5 规范已经正式定稿。W3C 的发言稿称"HTML5 是开放的 Web 网络平台的奠基石"。

2013 年 5 月 6 日， HTML 5.1 正式草案公布。该草案定义了第五次重大版本，第一次要修订万维网的核心语言：超文本标记语言(HTML)。在这个版本中，新功能不断推出，以帮助 Web 应用程序的开发者努力提高新元素的互操作性。

这次草案的发布，从 2012 年 12 月 27 日至今，进行了多达近百项的修改，包括 HTML 和 XHTML 的标记以及相关的 API、Canvas 等，同时对 HTML5 的图像标记<img>及 SVG 进行了改进，性能能得到进一步提升。

支持 HTML5 的浏览器包括Firefox(火狐浏览器)、IE9及其更高版本、Chrome(谷歌浏览器)、Safari、Opera、Maxthon 以及基于 IE 或Chromium(Chrome 的工程版或称实验版)推出的360 浏览器、搜狗浏览器、QQ 浏览器、猎豹浏览器等国产浏览器。

2.4.2 HTML5 的新改革

HTML5 提供了一些新的元素和标记，如<nav>(网站导航块)和<footer>。这些标记将有利于搜索引擎的索引整理，同时更好地帮助小屏幕装置和视障人士使用。除此之外，还为其他浏览要素提供了新的标记，如<audio>和<video>标记。

(1) 取消了一些过时的 HTML4 标记，其中包括纯粹显示效果的标记，如<font>和<center>，它们已经被 CSS 取代。

HTML5 吸取了 XHTML 2 的一些建议，包括一些用来改善文档结构的功能，如新的 HTML 标记<header>、<footer>、<dialog>、<aside>、<figure>等的使用，将使内容创作者更加容易地创建文档，之前的开发者在实现这些功能时一般都是使用 div。

以下标记已从 HTML5 中删除：<acronym>、<applet>、<basefont>、<big>、<center>、<dir>、<font>、<frame>、<frameset>、<noframes>、<strike>、<tt>。

(2) 将内容和展示分离。

<b>和<i>标记依然保留，但它们的意义已经和之前有所不同，这些标记的意义只是为了将一段文字标识出来，而不是为它们设置粗体或斜体样式。<u>、<font>、<center>、<strike>这些标记则被完全废弃了。

(3) 一些全新的表单输入对象。

HTML5 拥有多种新的表单输入类型。这些新类型提供了更好的输入控制和验证，包括日期、URL、email 地址，还增加了对非拉丁字符的支持。HTML5 引入了微数据，这种使用机器可以识别的标记标注内容的方法，使 Web 的处理更为简单。总的来说，这些与结构有关的改进使内容创建者可以创建更干净、更容易管理的网页。这样的网页对搜索引擎、读屏软件等更为友好。

新的输入类型如表 2-6 所示。

表 2-6　type 属性的新增取值

属 性 值	说　　　明
email	用于应该包含 email 地址的输入域。在提交表单时，会自动验证 email 的值
url	用于应该包含 URL 地址的输入域。在提交表单时，会自动验证 URL 的值
number	用于应该包含数字的输入域。用户还能够设定对所接收数字的限定，参考表 2-7
range	用于应该包含一定范围内数字的输入域，显示为滑动条。用户还能够设定对所接收数字的限定：参考表 2-7
日期选择器	表示 HTML5 拥有多种可供选取日期和时间的新输入类型。 ● date：选取日、月、年 ● month：选取月、年 ● week：选取周和年 ● time：选取时间(小时和分钟) ● datetime：选取时间、日、月、年(UTC 时间) ● datetime-local：选取时间、日、月、年(本地时间)
search	用于搜索域，如站点搜索或 Google 搜索，显示为常规的文本域

当 type 属性的值是 number 或 range 时，可以使用一些属性对接收的数字加以限定，如表 2-7 所示。

表 2-7　当 type 属性的值是 number 或 range 时

属　　性	说　　　明
max	值是数字，规定属性 number 或 range 允许的最大值
min	值是数字，规定属性 number 或 range 允许的最小值
step	值是数字，规定合法的数字间隔(如果 step="3"，则合法的数字是-3、0、3、6 等)
value	规定默认值

【例 2-10】HTML5 表单示例。

使用 HTML5 制作表单，在表单中插入 fieldset、文本框、单选按钮、时间、数字框、电子邮件框、颜色、range、URL、"提交"按钮、"重置"按钮等表单元素，创建页面 form.html，代码如下：

```
<!DOCTYPE HTML>
<html>
<head>
<title>form example 1</title>
</head>
<body>
<form>
  <fieldset>
    <legend>HTML5 表单实例</legend>
```

```
            姓　名：
            <input type="text" name="txt_name" autofocus="autofocus" required="required" />*必填
            <br /><br />
            性　别：
            <input type="radio" name="radiogroup1" value="男"　/>男
            <input type="radio" name="radiogroup1" value="女" checked="checked"/>女<br /><br />
出生年月：<input type="date" name="txt_birth" value="2000-05-01" /><br /><br />
身高(100cm-220cm):<input type="number" name="txt_height" value="165" min="100" max="220" />
<br /><br />
电子邮件：<input type="email" name="user_email" placeholder="请输入电子邮件"/> <br /><br />
颜色偏好：<input type="color" name="select_color" /><br /><br />
外语水平：低<input type="range" name="txt_grade" min="0" max="100" />高<br /><br />
个人空间：<input type="url" name="user_url" placeholder="请输入个人空间"/><br /><br />
    <input type="submit" value="提交"><input type="reset" value="重置">
    </fieldset>
</form>
</body>
</html>
```

运行结果如图 2-14 所示。

图 2-14　建立表单

(4) 全新的、更合理的标记。

多媒体对象将不再全部绑定在对象或嵌入的标记中，而是视频有视频标记<video>，音频有音频标记<audio>。

(5) 本地数据库。

HTML5 内嵌了本地的 SQL 数据库以加速交互式搜索、缓存以及索引功能。同时，那些离线 Web 程序也将因此获益匪浅。不需要额外安装插件就可以实现交互数据。

(6) Canvas 对象。

Canvas 对象给浏览器带来了直接绘制矢量图的能力，这意味着用户可以脱离 Flash 和 Silverlight，直接在浏览器中显示图形或动画。

(7) HTML5 将取代 Flash 在移动设备中的地位。

2.5 本章小结

很多网页开发工具都在兼容使用 HTML 和 XHTML 语言。本章主要介绍了一些常用的 XHTML 标记的用法，从而为学习动态网页制作技术打下良好的基础。

首先介绍了 HTML、XML 和 XHTML 语言的特点。接下来，着重介绍了 XHTML 的文档结构和语法规则。XHTML 文档至少由以下 3 对标记组成：<html>…</html>、<head>…</head>和<body>…</body>。

然后通过具体的例子分别讲述了文字标记、图像标记、超链接标记、表格标记和表单标记等 HTML 标记的用法。

- <p>标记和
标记：段落标记和换行标记，在进行文字的排版时会经常用到。
- <a>标记：用于创建超链接，最重要的属性是 href，用于设置目标网页的 URL 地址。
- <img>标记：图像插入标记，需要注意 src 属性的设置。如果图像显示不出来，一般就是 src 属性设置不对。
- <table>标记：表格创建标记，表格在网页中常用于页面的布局，几乎所有的网页都会用到。<table>标记用于创建表格，<tr>标记和<td>标记分别用于创建表格中的行和单元格。
- <form>标记：表单标记，表单常用于和用户交互。应熟练掌握在表单中插入文本框、单选按钮、复选框、下拉菜单等表单控件的方法。

最后，本章对 HTML5 的发展史和主要改进做了简要介绍。

2.6 练习

1. 简要回答什么是 HTML 和 XHTML。
2. 段落标记<p>与换行标记
的区别是什么？
3. 表格的基本标记有哪些？
4. 使用 XHTML 语言编写符合以下要求的页面。标题为 An example of image，在浏览器窗口中显示一幅图像。图像的宽度为 200 像素、高度为 150 像素、边框宽度为 10 像素。
5. 请根据图 2-15 创建一个表单。

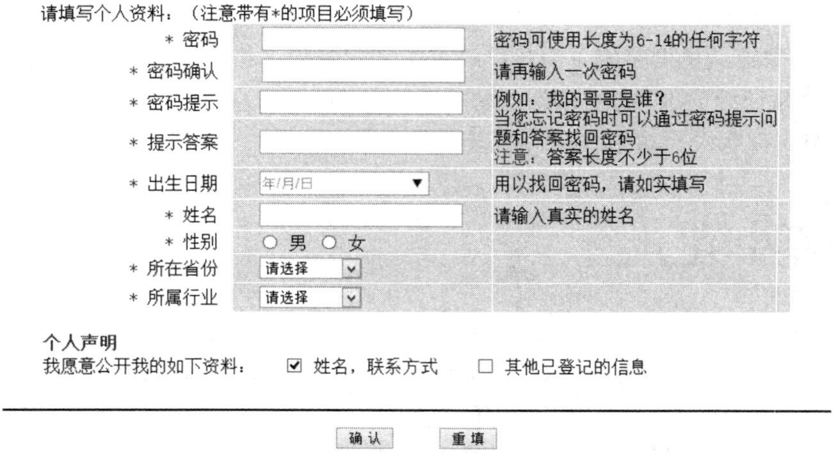

图 2-15 示例表单

6. 在网页中制作一张课程表，要求所有的文字居中，背景为黄色，表格居中，宽度为 500 像素，单元格间距与单元格边距为 20 像素。

第3章 C# 5.0新增功能

C#是微软公司推出的一种面向对象编程语言。利用这种面向对象的、可视化的编程语言，结合事件驱动的模块设计，将使程序设计变得轻松快捷。本书不会对C#语言的所有语法进行详尽讲解，因为本书使用的是 Visual Studio 2015 和.NET Framework 4.5.1，对应的是 C# 5.0，所以本章只对 C# 5.0 相比 C# 2.0 新增的主要特性和功能进行详细介绍。

本章的学习目标：
- 了解 C#语言；
- 掌握 C#程序设计方法；
- 熟悉和掌握 C# 5.0 新增的几大新特性。

3.1 C#语言简介

C#(发音为 C Sharp)是由微软公司开发的一种面向对象且运行于.NET Framework 之上的高级程序设计语言。C#是.NET 公共语言运行环境的内置语言。C#看似基于 C++写成，但又融入了其他语言(如 Delphi、Java、VB 等)的特性。C#完美地结合了 C/C++的强大功能、Java 的面向对象特征和 Visual Basic 的易用性，是一种简单的、类型安全的、面向对象的编程语言。C#旨在设计成为一种"简单、现代、通用"以及面向对象的程序设计语言。C#也是微软专门为.NET应用开发的语言，这从根本上保证了 C# 与.NET 框架的完美结合。.NET 框架是微软提出的新一代 Web 软件开发模型，C#语言是.NET 框架中新一代的开发工具。C#是一种面向对象的现代编程语言，它简化了 C++语言在类、命名空间、方法重载和异常处理等方面的操作，摒弃了 C++的复杂性，更易使用，更少出错。C#使用组件编程，和 VB 一样容易使用。C#语法和 C++和 Java语法非常相似，如果读者用过 C++和 Java，学习 C#语言应该是比较轻松的。

用C#语言编写的源程序，必须用C#编译器将C#源程序编译为中间语言(MicroSoft Intermediate Language，MSIL)代码，形成.exe或.dll文件。中间语言代码不是CPU可执行的机器码，在程序运行时，必须由通用语言运行环境(Common Language Runtime，CLR)中的即时编译器(Just In Time，JIT)将中间语言代码翻译为CPU可执行的机器码，由CPU执行。CLR为C#语言中间语言代码的运行提供了一种运行时环境，C#语言的CLR和Java语言的虚拟机类似。这种执行方法使运行速度变慢，但也带来其他一些好处。

- 通用语言规范(Common Language Specification，CLS)：.NET 系统包括 C#、C++、VB、

J#语言，它们都遵循通用语言规范。任何遵循通用语言规范的语言源程序，都可编译为相同的中间语言代码，由 CLR 负责执行。只要为其他操作系统编制相应的 CLR，中间语言代码也可在其他系统中运行。
- 自动内存管理：CLR内建了垃圾收集器，当实例的生命周期结束时，垃圾收集器负责收回不被使用的实例占用的内存空间。不必像C和C++语言，用语句在堆中建立的实例，必须用语句释放实例占用的内存空间。也就是说，CLR具有自动内存管理功能。
- 交叉语言处理：由于任何遵循通用语言规范的语言源程序，都可编译为相同的中间语言代码，因此使用不同语言设计的组件，可以互相通用，可以从其他语言定义的类派生出该语言的新类。由于中间语言代码由 CLR 负责执行，因此异常处理方法是一致的，这在调试使用一种语言调用另一种语言的子程序时，显得特别方便。
- 增强安全性：C#语言不支持指针，对内存的一切访问都必须通过对象的引用变量来实现，只允许访问内存中允许访问的部分，这就防止病毒程序使用非法指针访问私有成员。也避免了因为指针的误操作产生的错误。CLR 执行中间语言代码前，要对中间语言代码的安全性和完整性进行验证，防止病毒对中间语言代码进行修改。
- 版本支持：系统中的组件或动态链接库可能要升级，由于这些组件或动态链接库都要在注册表中注册，由此可能带来一系列问题。例如，安装新程序时自动安装新组件替换旧组件，有可能使某些必须使用旧组件才可以运行的程序，使用新组件后运行不了。在.NET 中这些组件或动态链接库不必在注册表中注册，每个程序都可以使用自带的组件或动态链接库，只要把这些组件或动态链接库放到运行程序所在文件夹的子文件夹 bin 中，运行程序就会自动使用 bin 文件夹中的组件或动态链接库。由于不需要在注册表中注册，软件的安装也变得容易了，一般将运行程序及库文件复制到指定文件夹中就可以了。
- 完全面向对象：不像 C++语言，既支持面向过程程序设计，又支持面向对象程序设计，C#语言是完全面向对象的，在 C#中不再存在全局函数、全局变量，所有的函数、变量和常量都必须定义在类中，避免了命名冲突。C#语言不支持多重继承。

3.2 C# 5.0 新增功能

.NET Framework 的每一个新版本都给用户带来许多让.NET 变得更强大和易用的新特性，本书以.NET Framework 4.5.1 作为开发版本，该版本对应的是 C# 5.0。当关注一个个单独的新特性时，就会看到微软为兑现"联合发展"的诺言，正在 C#和 VB.NET 之间相互取长补短。接下来，本章将详细地介绍 C# 5.0 相比 C# 2.0 增加了哪些新特性，进而简化 C#语法的复杂性。

3.2.1 隐式类型局部变量

隐式类型局部变量允许在定义局部变量时，事先不知道变量真正指向的对象类型，由编译器在对变量初始化时自动根据初始化对象的类型来决定变量的类型。从 C# 3.0 开始，增加了变量声明关键字 var，虽然与 JavaScript 的 var 类似，但也有不同。相同点是可以用 var 声明任何类型的局部变量；不同点是仅仅负责告诉编译器，变量需要根据初始化表达式来推断类型，而且只能是局部变量。

```
void DeclareImplicitVars()
{
    //隐式地根据对变量进行的初始化自动决定变量的类型。
    var myInt = 0;                    //现在变量 myInt 的类型是整型
    var myBool = true;                //现在变量 myBool 的类型是布尔型
    var myString = "Time";            //现在变量 myString 的类型是字符串型
    var Numbers = new int[] { 1, 3, 5 };    //现在变量 Numbers 的类型是 int 型数组
}
```

以上声明语句等价于：

```
void DeclareImplicitVars()
{
    int myInt = 0;
    boolean myBool = true;
    string myString = "Time";
    int Numbers = new int[] { 1, 3, 5 };
}
```

隐式类型局部变量的使用有如下限制：

(1) var 只能用在方法的局部变量上，而不能用在类成员上。

(2) 变量必须在定义的时候明确初始化，不能让编译器无法决定变量的类型，因为定义变量依赖于赋值运算符右边的表达式。

例如，创建一个控制台应用程序，名为 test，如图 3-1 所示。

图 3-1　创建控制台应用程序

对于下面的语句：

```
using System;
using System.Collections.Generic;
using System.Linq;
using System.Text;
namespace test
{
    class Program
    {
        static void Main(string[] args)
        {
            var integer;
            integer = 13;
        }
    }
}
```

Visual Studio 2015 会即时报错，如图 3-2 所示。

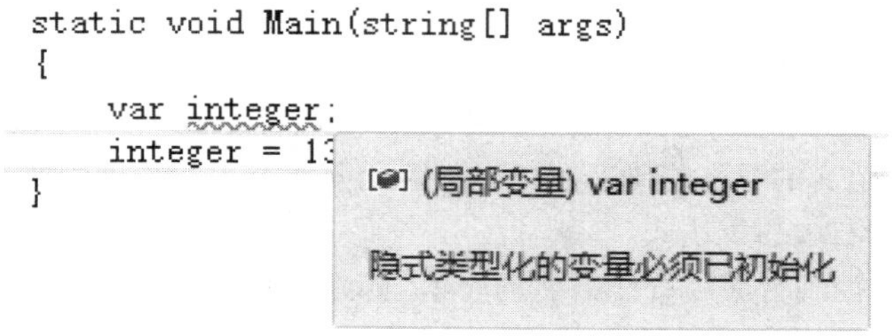

```
static void Main(string[] args)
{
    var integer;
    integer = 13;
}
```

[●] (局部变量) var integer
隐式类型化的变量必须已初始化

图 3-2 编译报错

(3) 在使用 var 声明一个局部变量后，仍然具有强类型，可以做如下测试，在 main 函数中添加如下代码：

```
var integer = 13;
integer = " endofmonth";
```

编译时会报错："错误 CS0029，无法将类型 string 隐式转换为 int。"

(4) 初始化表达式的编译期类型不可以是空(null)类型，编译器无法根据 null 来推断出局部变量的类型，例如下面的语句：

```
var integer = null;
```

编译时会报错："错误 CS0815，无法将<null>赋予隐式类型局部变量。"

(5) 不能将 var 变量作为方法的参数签名，方法的返回类型不可以是 var。var 仅仅是关键字，而不是 C# 3.0 中新的类型，var 负责告诉编译器，变量需要根据初始化表达式来推断类型。

(6) 初始化语句必须是表达式，初始化表达式不能包含自身，但可以是包含对象或集合初始化器的 new 表达式(即匿名类型)。例如，可以这样声明变量：

```
var myCar = new SpecialCar();    //现在变量 myCar 的类型是 SpecialCar
```

(7) var 声明并不仅限于局部变量，也可以包含在 foreach、for、using 语句中。下面的用法是错误的：

```
class Program
{
    private var i = 10;        //全局私有变量
    static void Main(string[] args)
    { }
}
```

编译时会报错："错误 CS0825，上下文关键字 var 只能出现在局部变量的声明中。"

【例 3-1】演示在 foreach 循环中使用隐式声明。在项目 test 的 Program.cs 文件的 Main 函数中添加如下代码：

```
using System;
using System.Collections.Generic;
using System.Linq;
using System.Text;
namespace test
{
    class Program
    {
        static void Main(string[] args)
        {
            var NumbersArray = new string[] { "One", "Two", "Three", "Four", "Five" };
            //这里在 foreach 循环中使用隐式类型的变量
            foreach (var number in NumbersArray)
            {
                Console.WriteLine("当前的类型为{0}，值为{1}", number.GetType().ToString(),number);
            }
        }
    }
}
```

程序的运行结果如图 3-3 所示，编译器正确推断出了变量的类型。

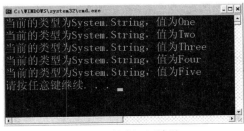

图 3-3　程序运行结果

【例 3-2】隐式类型的局部数组。
创建一个控制台应用程序，名为 implicitlyArrays，添加如下代码：

```
using System;
using System.Collections.Generic;
```

```
using System.Linq;
using System.Text;
namespace implicitlyArrays
{
    class Program2
    {
        static void Main(string[] args)
        {
            //整型数组
            var DoubleVar = new[] { 1.0, 4.4, 6.6, 8.0 };
            Console.WriteLine("DoubleVar 的类型：{0}", DoubleVar.ToString());
            //字符串数组
            var strVar = new[] { "隐式", null, "类型", "数组" };
            Console.WriteLine("strVar 的类型：{0}", strVar.ToString(),strVar);
            //二维数组
            var intArray = new[]{
            new[]{1,2,3,4},
            new[]{5,6,7,8}
            };
            Console.WriteLine("intArray 的类型：{0}", intArray.ToString(),intArray);
            // 字符串类型的二维数组
            var strArray = new[]{
            new[]{"One","Two","Three","Four"},
            new[]{"Five", "Six", "Seven"}
            };
            Console.WriteLine("strArray 的类型：{0}", strArray.ToString(),strArray);
        }
    }
}
```

程序的运行结果如图 3-4 所示。

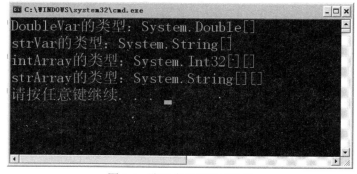

图 3-4　隐形类型的局部数组

3.2.2　对象和集合初始值设定项

使用对象和集合初始值设定项，可以对创建的对象直接赋值，这明显简化了代码。

1. 对象初始值设定项

C# 5.0 允许包含一个初始化符,从而指定一个新创建的对象或集合的初始值。这使得开发人员能够进一步结合声明和初始化。例如,可以这样定义 Point 类:

```
public class Point
{
    public int x;
    public int y;
}
```

可以使用一个对象初始化符来声明和初始化 Point 对象,如下所示:

```
var myCoOrd = new Point{ x = 0, y= 0} ;
```

但是不能像下面这样创建对象并初始化:

```
var myCoOrd = new Point(0, 0) ;
```

因为 Point 类没有定义能接收两个参数的构造函数。事实上,使用一个对象初始化符来初始化对象等同于调用一个无参(默认)构造函数并且给相关变量赋值。

使用对象初始化器,可以让程序员在实例化对象的时候就能直接进行赋值操作。例如,添加代码以扩展上面的 Point 类:

```
public class Point
{
    private int x;
    private int y;
    public int count;
public int X
    {
        get { return this.x; }
        set { this.x = value; }
    }
public int Y
    {
        get { return this.y; }
        set { this.y = value; }
    }

 public Point()
 {
this.x=0;
this.y=0;
 }
 public Point(int xPos, int yPos)
     {
        this.x = xPos;
        this.y = yPos;
```

        }
    }

现在实例化一个 Point 对象,并对其中的成员进行初始化,方法有以下两种。

(1) 使用空构造函数,手动对可访问的成员进行初始化。代码如下:

```
static void Main(string[] args)
    {
        Point p1 = new Point();
        p1.X = 1;
        p1.Y = 1;
        p1.count = 1;
    }
```

(2) 使用用户自定义的构造函数,对部分成员进行初始化,手动修改可访问成员的值。代码如下:

```
static void Main(string[] args)
{
    Point p2 = new Point(1, 1);
    p2.X = 2;
    p2.Y = 2;
    p2.count = 1;
}
```

C# 5.0 提供了新的对象初始化器,使得程序员能够更加方便地初始化对象:

Point p1 = new Point { X = 1, Y = 1, count = 1 };//实际作用同第一种方法

或者

Point p1 = new Point() { X = 1, Y = 1, count = 1 };
Point p2 = new Point(1, 1) { X = 2, Y = 2, count = 1 };//实际作用同第二种方法

2. 集合初始值设定项

类似地,在 C# 5.0 中可以轻松地用一种更加简洁的方式给 collection 赋值,如下所示:

```
List<string> animals = new List<string>();
animals.Add("monkey");
animals.Add("donkey");
animals.Add("cow");
animals.Add("dog");
animals.Add("cat");
```

可以缩写为:

List<string> animals = new List<string> {"monkey", "donkey", "cow", "dog", "cat" };

3.2.3 扩展方法

一旦某个类被定义并编译后，除了重新编写这个类并且编译以外，无法再往其内部添加、更新或移除成员。C# 5.0 提供了扩展方法来帮助达到这样的目的。使用扩展方法可以为现有类型添加方法。现有类型既可是基本数据类型(如 int、String 等)，也可以是用户自定义类。

例如，有一个 Car 类，它拥有 speed 成员和 SpeedDown 方法。

```
public class Car
{
    private double speed;
    public double SpeedDown(double down)
    {
        speed = speed -down;
        return speed;
    }
}
```

如果以后有了加速需求，必将希望重写这个类，这可以使用扩展方法来实现。代码如下：

```
// 扩展基本类型
// 必须创建一个静态类，用来包含要添加的扩展方法
public static class ExtendedCar()
{
    //要添加的扩展方法必须为静态方法
    public static double FastUp(this Car car, double up)
    {
        car.speed = car.speed +up;
        return car.speed;
    }
}
```

需要注意的是：

(1) ExtendedCar 类必须是静态的。

(2) 扩展方法(如 FastUp)必须是静态方法。对于静态方法，这并不算什么要求，因为静态方法可以在静态类或普通类中存在。

(3) 扩展方法的第一个参数必须是需要进行方法扩展的类型，并且必须有 this 关键字。定义了扩展方法后，就可以使用扩展方法了。使用方法有以下两种：

① 直接使用扩展类型的成员调用扩展方法，代码如下：

```
static void Main(string[] args)
{
    Car c = new Car();
    c.SpeedDown(10.0);
    c.FastUp(5.0);
}
```

② 静态调用，代码如下：

```
static void Main(string[] args)
{
    Car c = new Car();
    c.SpeedDown(10.0);
    ExtendedCar.FastUp(c,5.0);
}
```

(4) 扩展方法会给现有类型添加方法。

(5) 扩展方法要通过对象来调用。尽管扩展方法本质上仍是静态的，但是只能针对实例调用。在类中调用它们将会引发编译错误。调用它们的类实例是由声明中的第一个参数决定的，也就是使用关键字 this 修饰的那个参数。

(6) 扩展方法可以带参数。有了普通的静态类和实例类之后，为什么还需要使用扩展方法呢？简单地说，就是为了操作方便，系统对扩展方法提供了智能提示功能。例如，开发人员在过去的一段时间内开发了很多函数并且形成了一个函数库，那么当其他程序员或客户想要使用这个函数库时，就必须知道定义了所需静态方法的类名。

3.2.4 匿名类型

匿名类型提供了一种方便的方法，可以用来将一组只读属性封装到单个对象中，而无须首先显式定义一个类。

在某些情况下，程序员只需要临时地使用一个类来表达一些信息，这个类只需要保存一些只读信息，此时，程序员不用显式地定义一个类，可以使用匿名类型。类型名由编译器生成，并且不能在源代码中使用。匿名类型是直接从对象派生的引用类型。尽管应用程序无法访问匿名类型，但编译器仍会为其提供名称。如果两个或更多个匿名类型以相同的顺序具有相同数量和种类的属性，编译器会将这些匿名类型视为相同的类型，并且它们共享编译器生成的相同类型信息。

- 匿名类型通常用在查询表达式的 select 子句中，以便返回源序列中每个对象的属性子集。
- 匿名类型是使用 new 运算符和对象初始值设定项(初始化器)创建的。
- 匿名类型是由一个或多个公共只读属性组成的类类型，不允许包含其他种类的类成员(如方法或事件)。如果需要记录某些对象的状态和使用这些对象提供的功能，将会设计一个符合需要的类。但如果仅仅临时需要某个对象，在不需要考虑重用的情况下，并且对象也非常简单，就没有必要设计一个类，而是使用匿名类型。

例如，在 C# 2.0 中，只能显式构建 Book 类，然后在程序中进行实例化并赋值，代码如下：

```
using System;
using System.Collections.Generic;
using System.Linq;
using System.Text;
namespace AnonymousTypesDemo
{
    class Program
```

```csharp
    {
        static void Main(string[] args)
        {
            //初始化 Book 类的一个实例
            Book book = new Book();
            book.BookName = "ASP.NET 3.5";
            book.Publish = "清华大学出版社";
            book.Price = 70.5;
            //在控制台窗口中进行显示
            Console.WriteLine("书名是：{0}，出版社是：{1}，价格是：{2}", book.BookName,
                        book.Publish, book.Price);
        }
    }
    //定义一个简单的 Book 类
    public class Book
    {
        public string BookName { get; set; }
        public string Publish { get; set; }
        public double Price { get; set; }
    }
}
```

使用匿名类型后，可以大大简化代码，如下所示：

```csharp
using System;
using System.Collections.Generic;
using System.Linq;
using System.Text;
namespace AnonymousTypesDemo
{
    class Program
    {
        static void Main(string[] args)
        {
            var book = new { BookName = "ASP.NET 3.5", Publish = "清华大学出版社", Price = 70.5 };
            Console.WriteLine("书名是：{0}，出版社是：{1}，价格是：{2}", book.BookName, book.Publish, book.Price);
        }
    }
}
```

编译器会从匿名类型推断出一种严格的类型，编译器可以对类型进行判定，只是类型的名字不知道而已。例如下面的语句：

```csharp
var   p1= new { x=1, y=2 };     //匿名类型
var   p2= new { x=3, y=4 };
var   p3= new { x=5, y=6 };
p1=p2;
p2=p3;
```

上述代码中的第一条语句给 p1 赋予了匿名类型，在编译时，编译器使用对象初始化器推断的属性来创建新的匿名类型，该类型拥有 x 和 y 两个 int 属性。在运行时，会创建新类型的一个实例，同时 x 和 y 属性将会被设置为对象初始化器中指定的值 1 和 2。编译器里封装了一些处理，下面这段代码描述了编译器针对匿名类型语句具体做了哪些工作：

```
class __Anonymous1
{
    private int x;
    private int y;
    publicint X{ get { return x; } set { x = value; } }
    public int Y { get { return y; } set { y = value; } }
}
__Anonymous1 noname = new __Anonymous1();
P1.x=1;
P1.y=2;
```

这段代码演示了编译器在后台根据匿名类型解析类型，创建新类，初始化对象；如果创建了多个相似的匿名类型，C#编译器会发现这种情况，但是只生成一个类和该类的多个实例。

匿名类型不能像属性一样包含不安全类型。语句 p1=p2 没有任何问题，因为编译器可以自动判断它们的类型是相同的，从而可以赋值；语句 p2=p3 则会报错：Cannot implicitly convert type 'AnonymousType#1' to 'AnonymousType#2'(不能隐式地转换匿名类型#1 到匿名类型#2)。因此，仅当同一匿名类型的两个实例的所有属性都相等时，这两个实例才相等。

定义匿名类型的时候，还需要注意，不能用 null 赋初值。下面的语句

```
var p1 = new { x=null, y = 5 };
```

将报错：Cannot assign <null> to anonymous type property(不能给匿名类型属性赋 null)。

另外，匿名类型是由一个或多个只读属性组成的类类型，例如，p1 可以通过 p1.x 和 p1.y 来访问，但是下面的语句

```
p1.y = 26;
```

将报错：Property or indexer 'AnonymousType#1.Y' cannot be assigned to -- it is read only(匿名类型的属性 Y 不能被设置，只能只读)。

最常见的匿名类型使用方式是用其他类型的一些属性初始化它们：

```
MyObject[] ojbset = new MyObject[12];
var vaobj =from obj in ojbset
    select new { obj.Name, obj.Number };
foreach (var v in vaobj)
{
    Console.WriteLine("Name={0}, Number={1}", v.Name, v.Number);
}
```

这里的 MyObject 可能不止拥有 Name 和 Number 两个属性，但我们只选了 Name 和 Number 这两个属性来初始化 vaobj 变量。另外，将匿名类型分配给变量时，必须使用 var 初始化变量，因为匿名类型不能使用某个类型来定义，而只能使用 var。

匿名类型具有方法范围。也就是说，声明或定义的匿名类型，只能在声明或定义它们的那个方法中使用。实际上，定义匿名成员类型根本做不到，例如：

```
private var ame;
private var hehe = new { namea = "yyao", age = 24 };
```

我们通过这样的方式，将它们定义为某个类的成员，但是会报错：The contextual keyword 'var' may only appear within a local variable declaration。

3.2.5 Lambda 表达式

Lambda 表达式是匿名函数，是一种高效的类似于函数式编程的表达式，Lambda 简化了开发中需要编写的代码量，可以包含表达式和语句，并且可用于创建委托或表达式目录树类型，支持带有可绑定到委托或表达式树的输入参数的内联表达式。所有 Lambda 表达式都使用 Lambda 运算符=>。Lambda 运算符的左边是输入参数(如果有的话)，右边是表达式或语句块。可以将 Lambda 表达式分配给委托类型，如下所示：

```
delegate int del(int i);
del myDelegate = x => x * x;
int j = myDelegate(5); //j = 25
```

Lambda 表达式是由.NET 2.0 演化而来的，也是 LINQ 的基础，熟练地掌握 Lambda 表达式能够快速地上手 LINQ 应用开发。

Lambda 表达式在一定程度上就是匿名方法的另一种表现形式。为了方便对 Lambda 表达式的解释，首先需要创建 People 类，示例代码如下：

```
public class People
{
    public int age { get; set; }              //设置属性
    public string name { get; set; }          //设置属性
    public People(int age,string name)        //设置属性
    {
        this.age = age;                       //初始化属性 age
        this.name = name;                     //初始化属性 name
    }
}
```

上述代码定义了 People 类，并且包含一个默认的构造函数，它能够对 People 对象进行年龄和名字的初始化。在应用程序设计中，很多情况下需要创建对象的集合，创建对象的集合有利于对对象进行搜索和排序，以便在集合中筛选相应的对象。使用 List 进行泛型编程，可以创建对象的集合，示例代码如下：

```
List<People> people = new List<People>();      //创建泛型对象
People p1 = new People(21,"guojing");          //创建一个对象
People p2 = new People(21, "wujunmin");        //创建一个对象
People p3 = new People(20, "muqing");          //创建一个对象
People p4 = new People(23, "lupan");           //创建一个对象
people.Add(p1);                                //添加一个对象
```

```
people.Add(p2);                    //添加一个对象
people.Add(p3);                    //添加一个对象
people.Add(p4);                    //添加一个对象
```

上述代码创建了 4 个 People 对象，并且为这 4 个 People 对象分别初始化了年龄和名字，然后添加到列表中。当应用程序需要对列表中的对象进行筛选时，例如筛选年龄大于 20 岁的人，就需要从列表中进行筛选，示例代码如下：

```
//匿名方法
IEnumerable<People> results = people.Where(delegate(People p) { return p.age > 20; });
```

上述代码通过使用 IEnumerable 接口创建了一个 results 集合，并且在该集合中填充的是年龄大于 20 岁的 People 对象。细心的读者能够发现这里使用了一个匿名方法进行筛选，因为该方法没有名称，通过使用 People 对象的 age 属性进行筛选。

虽然上述代码中执行了筛选操作，但是使用匿名方法往往不太容易理解和阅读，Lambda 表达式则更容易理解和阅读，示例代码如下：

```
IEnumerable<People> results = people.Where(People => People.age > 20);
```

上述代码同样返回一个 People 对象的集合给变量 results，但是，我们编写的方法更加容易阅读。从这里可以看出，Lambda 表达式在编写格式上和匿名方法非常相似。其实，当编译器开始编译并运行时，Lambda 表达式最终也表现为匿名方法。

使用匿名方法并不是创建没有名称的方法，实际上编译器会创建一个方法，这个方法对于开发人员来说是不可见的，该方法会将 People 对象中符合 people.age>20 的对象返回并填充到集合中。相同地，使用 Lambda 表达式，当编译器编译时，Lambda 表达式同样会被编译成一个匿名方法以进行相应的操作，但是与匿名方法相比，Lambda 表达式更容易阅读，Lambda 表达式的格式如下：

```
(参数列表)=>表达式或语句块
```

上述代码中，参数列表就是 People 类，表达式或语句块就是 people.age>20，使用 Lambda 表达式能够让人很容易地理解语句究竟是如何执行的。匿名方法虽然提供了同样的功能，但却不容易理解。相比之下，people => people.age > 20 却能够很好地理解为"返回一个年龄大于 20 岁的人"。其实，Lambda 表达式并不是什么高深的技术，Lambda 表达式可以看作匿名方法的另一种表现形式。Lambda 表达式经过反编译后，与匿名方法并没有什么区别。

下面比较 Lambda 表达式和匿名方法。在匿名方法中，圆括号()内是方法的参数集合，这对应了 Lambda 表达式中的"(参数列表)"；而匿名方法中，花括号{}内是方法的语句块，这对应了 Lambda 表达式中=>符号右边的表达式或语句块。Lambda 表达式也包含一些基本的格式，这些基本格式如下。

Lambda 表达式可以有一个参数、多个参数或者没有参数。参数类型可以是隐式或显式的。示例代码如下：

```
(x, y) => x * y              //多参数，隐式类型=>表达式
x => x * 5                   //单参数，隐式类型=>表达式
x => { return x * 5; }       //单参数，隐式类型=>语句块
(int x) => x * 5             //单参数，显式类型=>表达式
```

```
(int x) => { return x * 5; }    //单参数，显式类型=>语句块
() => Console.WriteLine()       //无参数
```

上面都是 Lambda 表达式的合法格式，在编写 Lambda 表达式时，可以忽略参数的类型，因为编译器能够根据上下文直接推断参数的类型，示例代码如下：

```
(x, y) => x + y       //多参数，隐式类型=>表达式
```

Lambda 表达式的主体可以是表达式，也可以是语句块，这样就节约了代码的编写时间。

【例 3-3】对比传统方法、匿名方法和 Lamdba 表达式。

(1) 创建控制台应用程序 LamdbaPractice。

(2) 在程序中添加 3 个函数，这 3 个函数分别使用传统的委托调用、匿名方法和 Lamdba 表达式完成同一功能，对比有什么不同。代码如下：

```csharp
using System;
using System.Collections.Generic;
using System.Linq;
using System.Text;
namespace LambdaDemo
{
    class Program3
    {
        static void Main(string[] args)
        {
            Console.WriteLine("传统的委托代码示例：");
            FindListDelegate();
            Console.Write("\n");
            Console.WriteLine("使用匿名方法的示例：");
            FindListAnonymousMethod();
            Console.Write("\n");
            Console.WriteLine("使用 Lambda 的示例：");
            FindListLambdaExpression();

        }
        //传统的委托调用示例
        static void FindListDelegate()
        {
            //先创建一个 List 泛型类
            List<string> list = new List<string>();
            list.AddRange(new string[] { "ASP.NET 课程", "J2EE 课程", "PHP 课程", "数据结构课程" });
            Predicate<string> findPredicate = new Predicate<string>(IsBookCategory);
            List<string> bookCategory = list.FindAll(findPredicate);
            foreach (string str in bookCategory)
            {
                Console.WriteLine("{0}\t", str);
            }
        }
```

```csharp
//谓词方法，这个方法将被传递给 FindAll 方法以进行书籍分类的判断
static bool IsBookCategory(string str)
{
    return str.EndsWith("课程") ? true : false;
}
//使用匿名方法进行搜索过程
static void FindListAnonymousMethod()
{
    //先创建一个 List 泛型类
    List<string> list = new List<string>();
    list.AddRange(new string[] { "ASP.NET 课程", "J2EE 课程", "PHP 课程", "数据结构课程" });
    //在这里，使用匿名方法直接为委托创建一个代码块，而不用创建单独的方法
    List<string> bookCategory = list.FindAll
        (delegate(string str)
        {
            return str.EndsWith("课程") ? true : false;
        }
        );
    foreach (string str in bookCategory)
    {
        Console.WriteLine("{0}\t", str);
    }
}
//使用 Lambda 表达式实现搜索过程
static void FindListLambdaExpression()
{
    //先创建一个 List 泛型类
    List<string> list = new List<string>();
    list.AddRange(new string[] { "ASP.NET 课程", "J2EE 课程", "PHP 课程", "数据结构课程" });
    //在这里，使用 Lambda 表达式创建一个委托方法
    List<string> bookCategory = list.FindAll((string str) => str.EndsWith("课程"));
    foreach (string str in bookCategory)
    {
        Console.WriteLine("{0}\t", str);
    }
}

}
}
```

程序的运行结果如图 3-5 所示。

图 3-5 运行结果

3.2.6 自动实现的属性

自动实现的属性指的是当属性访问器中不需要其他逻辑时,自动实现的属性可使属性声明变得更加简洁。在以前的 C# 中,一般这样使用类的属性:

```
public class Sample
{
private string sProperty;
    private string SProperty
    {
        get{return this.sProperty;}
        set {this.sProperty=value;}
    }
}
```

从上面的代码可以看出,属性 sProperty 只有存(set)取(get)逻辑,没有其他诸如动态分配或按条件存取的逻辑,在 C# 5.0 中,完全可以写成下面的形式:

```
public class Sample
{
    public string SProperty
    {
        get; set;
    }
}
```

从而不需要创建与 sProperty 属性对应的私有变量。自动实现的属性必须同时声明 get 和 set 访问器。为了创建 readonly 自动实现属性,需要赋予 private set 访问器。

在没有给属性赋值之前,编译器会根据类型赋默认值。使用自动实现的属性也有一些限制,例如:

(1) 不能使用自动实现的属性定义只读或只写的属性,也就是说,下面的语句是错误的。

```
public string SampleProperty { get; } //编译错误
public string SampleProperty { set; } //编译错误
```

(2) 如果需要使 get 访问器和 set 访问器的访问级别不同，可以在 set 或 get 前加上相应的访问控制符。例如：

```
public string SampleProperty { get; protected set; }
```

3.2.7 dynamic 关键字

为了支持动态变量声明，C#引入了关键字 dynamic。在 C#中，var 和 dynamic 关键字提供了本地类型含义，不需要在赋值运算符的左边指定数据类型，系统会动态绑定正确的类型。但与 dynamic 关键字不同的是，使用 var 时，必须在赋值运算符的右边指定类型。使用 dynamic 关键字时，不用指定任何类型，所有类型绑定都在运行时完成。

可以认为 dynamic 类型是 object 类型的特殊版本，指出了对象可以动态使用。选择是否使用动态行为很简单——任何对象都可以隐式转换为 dynamic 类型，"挂起信任"直到运行时。反之，从 dynamic 类型到任何其他类型都存在"赋值转换"，类似于赋值中进行的隐式转换。

```
dynamic d = 7;
int i = d;
```

3.2.8 命名参数和可选参数

命名参数和可选参数已出现在 VB.NET 中相当长一段时间，现在 C#终于也支持了。顾名思义，可选参数可以选择性地向方法或构造函数传递参数。如果选择不传递参数，那么被调用的这个方法就会使用之前定义的默认值。在 C#中，要把一个方法的参数变成可选参数，只需要赋默认值就可以了。另外，在传入任何参数时都可以按照参数名而不是位置进行传递。

例如：

```
public void CreateBook(string title="No Title", int pageCount=0, string isbn = "0-00000-000-0")
{
    this.Title = title;
    this.PageCount = pageCount;
    this.ISBN = isbn;
}
```

可以用下面几种形式调用上面定义的 CreateBook 方法：

```
CreateBook();
CreateBook("ASP.NET");
CreateBook("ASP.NET ", 300);
CreateBook("ASP.NET ", 300, "9-55555-555-5");
```

这里需要注意的是，可选参数的位置是很重要的。在这个例子中，title 必须以第一个参数出现，pageCount 作为第二个参数，然后 isbn 作为第三个参数。如果想调用 CreateBook 方法，但只传递 ISBN，那么有两种方案可以实现。第一种方案是创建一个以 ISBN 为参数的重载方法，这是很经典的办法，但是较为烦琐。第二种方案是使用命名参数(named parameter)，这种方案比前一种简洁得多。命名参数可以任何顺序传递参数，只要提供参数的名字就可以了。这时可以用以下几种形式调用 CreateBook 方法：

```
CreateBook(isbn: "9-55555-5555-5");
CreateBook("Book Title", isbn: "9-55555-5555-5");
CreateBook(isbn: "9-55555-5555-5", title: "Book Title", pageCount: 300);
```

3.2.9 协变性和逆变性

以前，如果有一个支持IEnumerable<String>的对象，随后想把它传递给一个需要IEnumerable<object>类型参数的方法，这根本无法做到。首先得生成一个新的支持 IEnumerable<object>的对象，使用从IEnumerable实例中获得的字符串填充它，然后把它传递给方法。大家都知道，字符串是比对象更具体的类型，因此，大家理所当然地认为 List<string>应该支持IEnumerable<string> 接口和IEnumerable<object>。但编译器并不会这样做。不过，在.NET 4.0 中，这个问题已经得到了解决，因为现在泛型已经支持协变和逆变。

协变和逆变关乎程序的类型安全和性能。粗略地说，协变表示可以认为某个对象具有弱派生性，只要在常规类型的参数前加上 out 关键字就表示协变。协变类型被限制在输出位置上使用，也就是说，它们只在调用方法或者访问属性的结果中出现。这些就是协变类型能称得上"安全"的唯一地方，或者说在编译时不需要进行额外的类型检查的唯一地方。在.NET 4.0 中，IEnumerable<T>接口也就等同于 IEnumerable<out T>，因为 IEnumerable 是协变的，这也意味着下面的例子是完全有效的：

```
IEnumerable< string> strings = GetStrings();
IEnumerable< object> objects = strings;
```

逆变表示可以认为某个对象具有强派生性，可以通过在普通参数类型前加上 in 关键字来修饰表示。逆变类型被限制在输入位置上使用，也就是说，只能出现在方法的参数中或者说必须拥有只写属性。在.NET 4.0 中，IComparer<T>接口现在变成了 IComparer<in T>，因为 IComparer 是逆变的。这个概念理解起来不太容易，但是领会了它们的含义之后，就能够免去泛型转换中的许多麻烦。

3.2.10 async 和 await

对于代码的同步，大家肯定都不陌生，因为平常写的代码大部分都是同步的，然而同步代码却存在一个很严重的问题。例如，在向 Web 服务器发出请求时，如果发出请求的代码是同步实现的话，应用程序就会处于等待状态，直到收到响应信息为止。然而，在等待状态下，用户不能操作任何 UI 界面，也没有任何消息。如果试图操作界面，就会看到类似"应用程序未响应"的信息。如果应用程序中的任何进程被阻塞，整个应用程序将被阻塞，应用程序将停止响应，直到整个任务完成。相信大家在平常使用桌面软件或者访问网络的时候，肯定都遇到过类似的情况。原因就在于代码是同步实现的，所以在没有得到响应消息之前，界面处于"卡死"状态，这样的用户体验是很不好的。在这种情况下，异步编程将非常有用。通过使用异步编程，应用程序可以继续进行不依赖于整个任务完成的其他工作。

C# 5.0 提供了 async 和 await 两个关键字，这两个关键字简化了异步编程。在 async 和 await 关键字的帮助下，异步编程将变得很简单，而且能获得传统异步编程的所有好处。可以理解为：

- async 声明了一个包含异步执行代码的函数，该函数在执行时不会阻塞调用线程。

- await 存在于 async 函数中,它声明了一个异步执行入口,程序在动态运行时会从该入口创建并进入异步线程环境。
- 在一个 async 函数中声明多个 await 关键字时,程序将顺序创建并进入异步子线程,执行任务实例并到达下一个 await 声明处,最后一个 await 声明之后的代码会在最后一个异步子线程中执行。
- await 标记的右侧代码返回或定义了一个任务实例,该任务实例由需要异步执行的目标耗时函数初始化,并在最终定义处触发异步执行。

【例 3-4】async 和 await 异步编程方法。

创建一个控制台应用程序,名为 test。主函数 Main 循环等待用户输入;计算函数 Cal 负责计算大量数据;为了在 Main 函数中调用 Cal 函数,同时不让 Cal 函数阻塞 Main 函数的循环,可以考虑增加 CalAsync 函数以使 Cal 函数异步执行。代码如下:

```csharp
using System;
using System.Collections.Generic;
using System.Linq;
using System.Text;
using System.Threading;
using System.Threading.Tasks;
namespace test
{
    class Program
    {
        static void Main(string[] args)
        {
            string tid = Thread.CurrentThread.ManagedThreadId.ToString();
            Console.WriteLine($"Main1 tid {tid}");
            Task<int> t = CalAsync();
            Console.WriteLine($"Main after CalAsync");
            Console.Read();
        }
        public static int Cal()
        {
            string tid = Thread.CurrentThread.ManagedThreadId.ToString();
            Console.WriteLine($"Cal tid {tid}");
            int sum = 0;
            for (int i = 0; i < 9876; i++)
            {
                sum = sum + i;
            }
            Console.WriteLine($"sum={sum}");
            return sum;
        }
        public static async Task<int> CalAsync()
        {
            string tid = Thread.CurrentThread.ManagedThreadId.ToString();
```

```
            Console.WriteLine($"CalAsync1 tid {tid}");
            int result = await Task.Run(new Func<int>(Cal));
            tid = Thread.CurrentThread.ManagedThreadId.ToString();
            Console.WriteLine($"CalAsync2 tid {tid}, result={result}");
            return result;
        }
    }
}
```

程序的运行结果如图 3-6 所示。

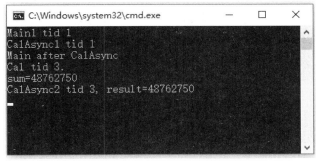

图 3-6　运行结果(一)

可以看出，在 CalAsync 函数中，在 await 标记之前，代码在主线程中执行，而在 await 标记之后，代码在子线程中执行。在 C#中，async 标记了一个包含异步执行的函数，使用 async 标记的函数若在主线程中直接调用，则函数一开始仍在主线程中执行；使用 aysnc 标记的函数内部必须包含 await 标记需要异步执行的函数。若当前函数在主线程中直接调用，则 await 标记之前的代码在主线程中执行，await 标记之后的代码在异步子线程中执行；使用 async 标记的函数的返回值必须为 void、Task、Task<TResult>类型，可以理解为使用 async 标记的函数返回的是"空""即将执行的任务""带结果的即将执行的任务"实例；使用 async 标记的函数可以继续往下调用 async 标记函数，从调用逻辑可以理解为 await 实际上用来触发所标记任务的异步执行，并最后获取异步执行的返回值。从运行过程看，触发应该仅对最终的任务有效，在之前的代码中添加函数 CallCalAsync，代码如下：

```
public static async Task<int> CallCalAsync()
        {
            string tid = Thread.CurrentThread.ManagedThreadId.ToString();
            Console.WriteLine($"CallCalAsync1 tid {tid}");
            int result = await CalAsync();
            tid = Thread.CurrentThread.ManagedThreadId.ToString();
            Console.WriteLine($"CallCalAsync2 tid {tid}, result={result}");
            return result;
        }
```

将 Main 函数中的如下代码

```
Task<int> t = CalAsync();
```

替换成

Task<int> t = CallCalAsync();

程序的运行结果如图 3-7 所示。

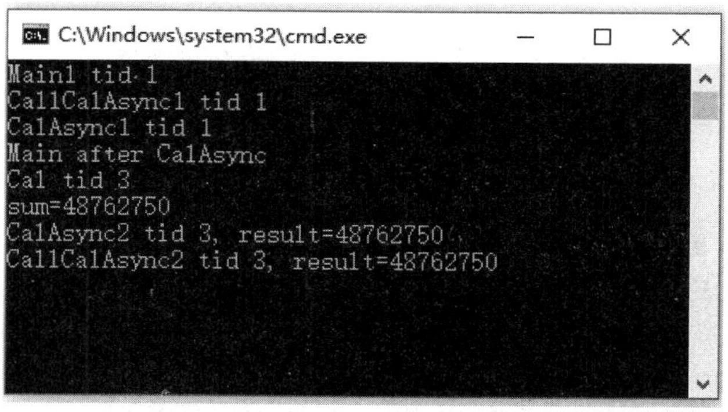

图 3-7　运行结果(二)

3.2.11　调用方信息

很多时候，需要在运行过程中记录一些调测的日志信息，如下所示：

```
public void DoProcessing()
{
    TraceMessage("Something happened.");
}
```

为了调测方便，除了事件信息外，我们往往还需要知道发生事件的代码位置以及调用栈信息。在 C++中，我们可以通过定义宏，然后在宏中使用__FILE__和__LINE__来获取当前代码的位置，但 C#并不支持宏，往往只能通过 StackTrace 来实现这一功能，但 StackTrace 又不是很靠谱，常常获取不了我们想要的结果。

针对这个问题，.NET 引入了三个特性：CallerMemberName、CallerFilePath 和 CallerLineNumber。在编译器的配合下，分别可以获取到调用函数(准确地讲应该是成员)名称、调用文件及调用行号。上面的 TraceMessage 函数可以如下实现：

```
public void TraceMessage(string message,
    [CallerMemberName] string memberName = "",
    [CallerFilePath] string sourceFilePath = "",
    [CallerLineNumber] int sourceLineNumber = 0)
{
    Trace.WriteLine("message: " + message);
    Trace.WriteLine("member name: " + memberName);
    Trace.WriteLine("source file path: " + sourceFilePath);
    Trace.WriteLine("source line number: " + sourceLineNumber);
}
```

3.3 本章小结

本章简要介绍了 C# 5.0 相比以前的 C# 2.0 都有哪些新增特性，主要有：隐式类型局部变量、对象和集合初始值设定项、扩展方法、匿名类型、Lambda 表达式、自动实现的属性、dynamic、命名参数和可选参数、协变性和逆变性、async 和 await、调用方信息。

3.4 练习

(1) C#中的值类型与引用类型之间的区别是什么？

(2) C#定义了哪些数据类型？

(3) 分别写出下列语句的执行结果。

① Console.WriteLine("{0}--{0:p}good",12.34F);
② Console.WriteLine("{0}--{0:####}good",0);
③ Console.WriteLine("{0}--{0:00000}good",456);

(4) 什么是类？类包括哪些成员？简述类与对象的关系。

(5) 什么是接口？C#接口中可以包含哪些成员？

(6) 编写一个控制台程序，完成下列功能，并回答提出的问题。

① 创建类 A，在构造函数中输出 A，创建类 B，在构造函数中输出 B。
② 从类A派生名为C的新类，并在类C的内部创建成员B。不要为类C创建构造函数。
③ 在 Main 函数中创建类 C 的一个对象，写出程序的运行结果。
④ 如果在类 C 中也创建一个构造函数以输出 C，程序的运行结果又将是什么？

(7) 编写一个控制台应用程序，定义类 MyClass，其中包含公有的、私有的以及受保护的数据成员及方法。然后定义一个从 MyClass 类继承的类 MyMain，将 Main 函数放在 MyMain 类中，在 Main 函数中创建 MyClass 类的一个对象，并分别访问其中的数据成员及方法。要求注明在试图访问所有类成员时哪些语句会产生编译错误。

(8) 编写一个控制台应用程序，接收一个长度大于 3 的字符串，完成下列功能：

① 输出字符串的长度。
② 输出字符串中出现字母 a 的第一个位置。
③ 在字符串的第 3 个字符后面插入子串 hello，输出新字符串。
④ 将字符串 hello 替换为 me，输出新字符串。
⑤ 以字符 m 为分隔符，将字符串分离，并输出分离后的字符串。

第 4 章
ASP.NET Web技术简介

在使用 ASP.NET 创建的网站中，最基本的网页是以.aspx 作为后缀的网页，这种网页简称为 ASPX 网页(或 Web 窗体页)。本章将介绍创建 ASPX 网页所需的基础知识，这些知识有助于运用 ASP.NET 的强大功能来创建 Web 站点。

本章的学习目标：
- 掌握 ASP.NET 程序结构；
- 了解 ASP.NET 页面的运行机制和生命周期；
- 理解 ASP.NET 网站和应用程序的区别；
- 了解 ASP.NET 状态管理的方式；
- 了解配置文件 web.config 的配置方法。

4.1　ASP.NET 程序结构

4.1.1　ASP.NET 文件类型介绍

ASP.NET 使用特定的文件类型。在 ASP.NET 开发中，应用程序可能包含如下类型的一个或多个文件。

- .aspx：包含代码分离(code-behind)文件的 Web 窗体。这些文件是所有 ASP.NET Web 站点都要用到的文件。Web Form 是用户在浏览器中浏览的页面。AJAX Web Form 类似于常规 Web Form，但是已完全可以用于后面第 11 章将提到的 Ajax 控件。
- .asax：这种文件允许开发人员编写代码以处理全局 ASP.NET 程序事件。每个应用程序中都包括一个无法更改的 Global.asax 文件。

作为网络应用程序，程序在执行之前有时需要初始化一些重要的变量，而且这些工作必须发生在所有程序执行之前，ASP.NET 的 Global.asax 文件便是为此目的而设计的。每个 ASP.NET 应用程序都有一个 Global.asax 文件。一旦放在适当的虚拟目录中，ASP.NET 就会把它识别出来并且自动使用该文件。另外，由于 Global.asax 在网络应用程序中的特殊地位，它的存放位置也是固定的：必须存放在当前应用所在虚拟目录的根目录下。如果放在虚拟目录的子目录中，Global.asax 文件将不会起任何作用。

按照模板添加的 Global.asax 文件结构如下所示：

```
<%@ Application Language="C#"%>
<script runat="server">
    void Application_Start(object sender,EventArgs e)
    {
        //在应用程序启动时运行的代码
    }
    void Application_End(object sender, EventArgs e)
    {
        //在应用程序关闭时运行的代码
    }
     void Application_Error(object sender, EventArgs e)
    {
        //在出现未处理的错误时运行的代码
    }
    void Session_Start(object sender, EventArgs e)
    {
        //在新会话启动时运行的代码
    }
    void Session_End(object sender, EventArgs e)
    {
        // 在会话结束时运行的代码
        // 注意: 只有当 web.config 文件中的 sessionstate 模式设置为 InProc 时才会引发 Session_End 事件
        // 如果会话模式设置为 StateServer 或 SQLServer，则不会引发 Session_End 事件
    }
</script>
```

在窗体页中，只能处理单个页面的事件，而在 Global.asax 文件中可以处理整个应用程序的事件。除了上述代码模板中列举的事件外，在 Global.asax 文件中还可以加入其他事件的处理函数。表 4-1 列出了可以在 Global.asax 中处理的事件。

表 4-1 可以在 Global.asax 中处理的事件

事件	说明
Application_Start	在应用程序接收到第一个请求时调用，通常定义应用程序级的变量或状态
Session_Start	类似于 Application_Start，不过是在针对每个客户端第一次访问应用程序时调用
Application_BeginRequest	虽然在代码模板中没有该事件的处理代码，不过可以在 Global.asax 中添加。该事件在每个请求到达服务器之后，并且在处理请求之前触发
Application_AuthenticateRequest	每个请求都会触发该事件，并且可以设置自定义验证
Application_Error	在应用程序中抛出任何错误时都会触发该事件。通常提供应用程序级的错误处理或者记录错误事件
Session_End	以进程内模式使用会话状态时，如果用户离开应用程序，将会触发该事件
Application_End	在应用程序关闭时触发该事件。该事件很少使用，因为 ASP.NET 可以很好地关闭和清除内存对象

与页面指令一样，Global.asax 文件也可以使用应用程序指令，这些指令都可以包含特定于指令的一个或多个属性/值对。下面列出了 ASP.NET 支持的应用程序指令。

(1) @Application：定义 ASP.NET 应用程序编译器要使用的应用程序特定的属性，只能在 Global.asax 文件中使用。

(2) @Import：显式地将命名空间导入应用程序中。

(3) @Assembly：在分析时将程序集链接到应用程序。

- .ashx：执行通用句柄的页面。
- .asmx：一种 ASP.NET Web 服务，包括相应的代码分离文件。可以被其他系统调用，包括浏览器，可以含有能在服务器上执行的代码。
- .ascx：Web 用户控件。最大的优势是含有可重复用在站点的多个页面中的页面片段。
- .config：含有用于整个站点的全局配置信息，本章后面将介绍如何使用 web.config。
- .htm：一种标准的 HTML 页面。可用来显示 Web 站点中的静态 HTML。
- .css：一种在站点上使用的样式表，含有允许定制 Web 站点的样式和格式的 CSS 代码。
- .sitemap：一种用于 Web 程序的站点地图，含有层次结构，表示站点中 XML 格式的文件。站点地图用于导航。
- .skin：用于指定 ASP.NET 主题的文件，含有 Web 站点中控件的设计信息。
- .browser：浏览器定义文件。
- .disco：一种可选择的文件。

也可以使用上述列表中没有的其他文件，这取决于程序的编译与配置方式。

4.1.2 ASP.NET 文件夹

开发者在对程序进行设计时，应该将特定类型的文件存放在某些文件夹中，以方便今后开发中的管理和操作。ASP.NET 保留了一些文件名称和文件夹名称，程序开发人员可以直接使用，并且还可以在应用程序中增加任意多个文件和文件夹，如图 4-1 所示，而无须每次在给解决方案添加新文件时重新编译它们。ASP.NET 4.5.1 能够自动、动态地预编译 ASP.NET 应用程序，并为应用程序定义好文件夹结构，这些定义好的文件夹就可以自动编译代码，在整个应用程序中访问应用程序主题，并在需要时使用全局资源。下面介绍这些定义好的文件夹及其工作方式。

1. App_Data 文件夹

App_Data 文件夹用于保存应用程序使用的数据库，它是集中存储应用程序所用数据库的地方。App_Data 文件夹可以包含 Microsoft SQL Express 文件(.mdf)、Microsoft Access 文件(.mdb)、XML 文件等。

应用程序使用的用户账户具有对 App_Data 文件夹中任意文件的读写权限。用户账户默认为 ASP.NET 账户。在该文件夹中存储所有数据文件的另一个原因是，许多 ASP.NET 系统，从成员和角色管理系统到 GUI 工具，如 ASP.NET MMC 插件和 ASP.NET Web 站点管理工具，都被构建为使用 App_Data 文件夹。

图 4-1 添加 ASP.NET 规定的特殊文件夹

2. Bin 文件夹

Bin 文件夹包含应用程序所需的，用于控件、组件或者需要引用的任何其他代码的可部署程序集。该文件夹中存在的任何 .dll 文件都将自动链接到应用程序。可以在 Bin 文件夹中存储编译的程序集，并且 Web 应用程序任意处的其他代码会自动引用该文件夹。典型的示例是为一个自定义类编译好的代码，然后可以将编译后的程序集复制到 Web 应用程序的 Bin 文件夹中，这样所有页都可以使用这个自定义类。

Bin 文件夹中的程序集无须注册。只要 .dll 文件存在于 Bin 文件夹中，ASP.NET 就可以识别它。如果更改了 .dll 文件，并将它的新版本写入 Bin 文件夹中，则 ASP.NET 会检测到更新，并对随后的请求使用新版本的 .dll 文件。

将编译后的程序集放入 Bin 文件夹会带来安全风险。如果是开发人员自己编写和编译的代码，那么开发人员自己了解代码的功能。但是，必须像对待任何可执行代码一样来对待 Bin 文件夹中已编译的代码。在完成代码测试并确信已了解代码功能之前，要对已编译的代码保持谨慎的态度。Bin 文件夹中程序集的作用范围为当前应用程序。因此，它们无法访问当前 Web 应用程序之外的资源或调用当前 Web 应用程序之外的代码。此外还应该注意，在运行时，程序集的访问级别由本地计算机上指定的信任级别确定。

3. App_Code 文件夹

App_Code 文件夹在 Web 应用程序的根目录下，它存储所有应当作为应用程序的一部分动态编译的类文件。这些类文件自动链接到应用程序，而不需要在页面中添加任何显式指令或声明来创建依赖性。App_Code 文件夹中放置的类文件可以包含任何可识别的 ASP.NET 组件——自定义控件、辅助类、build 提供程序、业务类、自定义提供程序、HTTP 处理程序等。

在开发网站时，对 App_Code 文件夹的更改将导致整个应用程序重新编译。对于大型项目，这可能不受欢迎，而且很耗时。为此，鼓励大家将代码模块化处理到不同的类库中，按逻辑上相关的类集合进行组织。应用程序专用的辅助类大多应当放置在 App_Code 文件夹中。

App_Code 文件夹中存放的所有类文件应当使用相同的语言。如果类文件使用两种或多种语言编写，则必须创建特定语言的子目录，以包含用多种语言编写的类。一旦根据语言组织这些类文件，就要在 web.config 文件中为每个子目录添加设置，关于 web.config 文件将在 4.5.1 节中进行介绍。

App_Code 文件夹和 Bin 文件夹是 ASP.NET 网站中的共享代码文件夹，如果 Web 应用程序是要在多个页面之间共享的代码，就可以将代码保存在 Web 应用程序根目录下的这两个特殊文件夹的某个子文件夹中。当创建这些子文件夹并在其中存储特定类型的文件时，ASP.NET 将使用特殊方式进行处理。

4.1.3 其他文件夹

1. App_Themes 文件夹

主题是为站点上的每个页面提供统一外观和操作方式的一种新方法。通过 skin 文件、CSS 文件和站点上服务器控件使用的图像可实现主题功能。所有这些元素都可以构建主题，并存储在解决方案的 App_Themes 文件夹中。把这些元素存储在 App_Themes 文件夹中，就可以确保解决方案中的所有页面都能利用主题。

2. App_GlobalResources 文件夹

资源文件是一些字符串表，当应用程序需要根据某些事情进行修改时，资源文件可用于这些应用程序的数据字典。可以在该文件夹中添加程序集资源文件(.resx)，它们会动态编译，成为解决方案的一部分，供程序中的所有.aspx 页面使用。在使用 ASP.NET 1.0/1.1 时，必须使用 resgen.exe 工具，把资源文件编译为.dll 或.exe，才能在解决方案中使用。而在 ASP.NET 4.0 中，资源文件的处理就容易多了。除了字符串之外，还可以在资源文件中添加图像和其他文件。

3. App_LocalResources 文件夹

App_GlobalResources 文件夹用于合并可以在应用程序范围内使用的资源。如果对构造应用程序范围内的资源不感兴趣，而对只能用于一个.aspx 页面的资源感兴趣，就可以使用 App_LocalResources 文件夹。可以把专用于页面的资源文件添加到 App_LocalResources 文件夹中，方法是构建.resx 文件，如下所示：

Default.aspx.resx
Default.aspx.fi.resx

Default.aspx.ja.resx
Default.aspx.en-gb.resx

现在，可以从 App_LocalResources 文件夹的相应文件中检索 Default.aspx 页面上使用的资源声明。如果没有找到匹配的资源，就默认使用 Default.aspx.resx 资源文件。

4. App_Browsers 文件夹

该文件夹包含 ASP.NET 用于标识个别浏览器并确定其功能的浏览器定义文件(.browser)。.browser 文件是 XML 文件，可以标识向应用程序发出请求的浏览器，并理解这些浏览器的功能。C:\Windows\Microsoft.NET\Framework\v4.0.30319\CONFIG\Browsers 下有一个可全局访问的.browser 文件列表。另外，如果要修改这些默认的浏览器定义文件，只需要将 Browsers 文件夹中对应的.browser 文件复制到应用程序的 App_Browsers 文件夹中，修改定义即可。

4.2 页面管理

ASP.NET 页面是扩展名为.aspx 的文本文件，可以部署在 IIS 虚拟目录树之下，在任何浏览器中向客户提供信息，并使用服务器端代码来实现应用程序的功能。页面由代码和标签组成，它们在服务器上动态地编译并执行，为提出请求的客户端浏览器(或设备)生成显示内容。对于 Web 开发人员来说，如果想提高页面的运行效率，首先需要了解 ASP.NET 页面是如何组织和运行的。

4.2.1 ASP.NET 页面代码模式

ASP.NET 页面包含两部分：一部分是可视化元素，包括标签、服务器控件以及一些静态文本等；另一部分是页面的程序逻辑，包括事件处理句柄和其他程序代码。ASP.NET 提供了两种模式来组织页面元素和代码：一种是单一文件模式，另一种是后台代码模式。这两种模式的功能是一样的，可以在这两种模式中使用同样的控件和代码，但要注意使用的方式不同。

1. 单一文件模式

在单一文件模式下，页面的标签和代码在同一个.aspx 文件中，代码包含在<script runat="server"></script>服务器程序脚本代码块中，并且可以实现对一些方法和属性以及其他代码的定义，只要在类文件中可以使用的都可以在此处进行定义。运行时，单一页面被视为继承自 Page 类。

2. 后台代码模式

后台代码模式将可视化元素和程序代码分别放置在不同的文件中。如果使用的是 C#，则可视化页面元素为.aspx 文件，程序代码为.cs 文件。根据使用语言的不同，代码文件的后缀也不同，这种模式也被称为代码分离模式。

ASP.NET 在代码分离模式上有很大改进，简单易用且十分健壮，一个典型的代码分离模式的例子如下：

```
<%@ Page Title="主页" Language="C#" MasterPageFile="~/Site.master" AutoEventWireup="true"
    CodeBehind="Default.aspx.cs" Inherits="WebApplication1._Default" %>
<asp:Content ID="HeaderContent" runat="server" ContentPlaceHolderID="HeadContent">
</asp:Content>
<asp:Content ID="BodyContent" runat="server" ContentPlaceHolderID="MainContent">
    <h2>
        欢迎使用 ASP.NET!
    </h2>
    <p>
        要了解关于 ASP.NET 的详细信息，请访问 <a href="http://www.asp.net/cn" title="ASP.NET 网站">www.asp.net/cn</a>。
    </p>
    <p>
        还可以找到<a href="http://go.microsoft.com/fwlink/?LinkID=152368"
            title="MSDN ASP.NET 文档">MSDN 上有关 ASP.NET 的文档</a>。
    </p>
</asp:Content>
```

ASP.NET 的代码分离模式会把一个程序文件分为一个.aspx 文件和一个对应的.aspx.cs 文件，前者是界面代码(主要用 HTML 编写)，后者则是一些控制代码(在 ASP.NET 4.0 中可以选择使用 C#或 Visual Basic 编写)，.aspx 文件顶部的页面设置把两个文件联系在了一起。在进行程序设计时，每一个控件都可以触发事件，事件的代码单独放在一个文件中，而网页的页面设计单独放在另一个文件中，基本上是分离的，代码文件更简洁。

4.2.2 页面的往返与处理机制

ASP.NET 页面的处理过程如下：

(1) 用户通过客户端浏览器请求页面，页面第一次运行。如果程序员通过编程执行初步处理，比如对页面进行初始化操作等，那么可以在 Page_load 事件中进行处理。

(2) Web 服务器在硬盘中定位请求的页面。

(3) 如果 Web 页面的扩展名为.aspx，就把这个文件交给 aspnet-isapi.dll 进行处理。如果以前没有执行过这个页面，那么就由 CLR 编译并执行，得到纯 HTML 结果；如果已经执行过，那么就直接执行编译好的程序并得到纯 HTML 结果。

(4) 把 HTML 流返回给浏览器，浏览器解释并执行 HTML 代码，显示 Web 页面的内容。

(5) 当用户输入信息、从可选项中进行选择或单击按钮后，页面可能会再次被发送到 Web 服务器，这在 ASP.NET 中被称为"回发"。更确切地说，页面发送回自身。例如，如果用户正在访问 default.aspx 页面，那么单击该页面上的某个按钮可以将该页面发送回服务器，发送的目标还是 default.aspx。

(6) 在 Web 服务器上，该页面再次被运行，并执行后台代码指定的操作。

(7) 服务器将执行操作后的页面以 HTML 形式发送至客户端浏览器。

只要用户访问同一个页面，该循环过程就会继续。用户每次单击某个按钮时，页面中的信息就会发送到 Web 服务器，然后该页面再次运行。每次循环称为一次"往返行程"。由于页面处理发生在 Web 服务器上，因此页面可以执行的每个操作都需要一次到服务器的往返行程。

有时，可能需要代码仅在首次请求页面时执行，而不是每次回发时都执行，这时就可以使用 Page 对象的 IsPostBack 属性来避免对往返行程执行不必要的处理。

4.2.3 页面的生命周期

ASP.NET 页面在运行时将经历生命周期，在生命周期中将执行一系列处理步骤。这些步骤包括初始化、实例化控件、还原和维护状态、运行事件处理程序以及呈现给用户。了解页面的生命周期非常重要，因为这样做就能在生命周期的合适阶段编写相应的代码，以达到预期效果。此外，如果要开发自定义控件，就必须熟悉页面的生命周期，以便正确进行控件的初始化、使用视图状态数据填充控件属性以及运行所有控件的行为代码。

ASP.NET 页面的生命周期如下。

(1) 页面请求：页面请求发生在页面的生命周期开始之前。当用户请求页面时，ASP.NET 将确定是否需要分析和编译页面(从而开始页面的生命周期)，或者是否可以在不运行页面的情况下发送页面的缓存版本以进行响应。

(2) 开始：在开始阶段，将设置页面属性。在此阶段，还将确定当前请求是回发请求还是新请求，并设置 IsPostBack 属性。

(3) 初始化：在初始化期间，可以使用页面中的控件，并设置每个控件的 UniqueID 属性。此外，任何主题都将应用于页面。如果当前请求是回发请求，回发数据尚未加载，并且控件属性值尚未还原为视图状态中的值。

(4) 加载：在加载期间，如果当前请求是回发请求，那么使用从视图状态和控件状态恢复的信息加载控件属性。

(5) 验证：在验证期间，将调用所有验证程序控件的 Validate 方法，此方法将设置各个验证程序控件和页面的 IsValid 属性。

(6) 回发事件处理：如果当前请求是回发请求，那么调用所有事件处理程序。

(7) 呈现：在呈现之前，会针对页面和所有控件保存视图状态。在呈现阶段，页面会针对每个控件调用 Render 方法，提供一个文本编写器，用于将控件的输出写入页面的 Response 属性的 OutputStream 中。

(8) 卸载：在完全呈现页面并且已将页面发送至客户端，准备丢弃页面时，将进入卸载阶段。此时，将卸载页面属性(如 Response 和 Request)并执行清理操作。

4.2.4 页面的生命周期事件

在页面的生命周期的每个阶段，将引发相应的处理事件。表 4-2 列出了常用的生命周期事件。

表 4-2 页面的生命周期事件

事 件 名 称	使 用 说 明
Page_PreInit	检查 IsPostBack 属性，确定是不是第一次处理页面；创建或重新创建动态控件；动态设置主控页；动态设置 Theme 属性；读取或设置配置文件属性值
Page_Init	读取或初始化控件属性
Page_Load	读取和更新控件属性

(续表)

事件名称	使用说明
控件事件	可使用这些事件来处理特定控件的事件，如 Button 控件的 Click 事件或 TextBox 控件的 TextChanged 事件
Page_PreRender	可使用该事件对页面或控件的内容进行最后的更改
Page_Unload	可使用该事件执行最后的清理工作，例如：关闭打开的文件和数据库连接，完成日志记录或其他特定请求任务

【例 4-1】验证 ASP.NET 页面的生命周期事件的触发顺序。

(1) 选择【文件】|【新建】|【文件】命令，在弹出的对话框中选择【Web 窗体】，或者在【解决方案资源管理器】中右击当前项目，从弹出的快捷菜单中选择【添加新项】命令，创建 Default2.aspx 页面，如 4-2 所示。

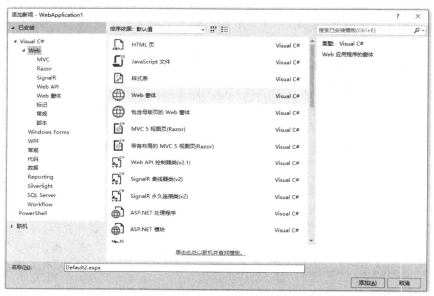

图 4-2　创建 Default2.aspx 页面

(2) 在 Default2.aspx 中添加代码，创建一个 Label 控件，名为 lbText，代码如下：

```
<asp:Label ID="lbText" runat="server" Text="Label"></asp:Label>
```

(3) 在 Default2.aspx.cs 中，添加如下代码：

```
protected void Page_Load(object sender, EventArgs e)
{
    lbText.Text += "Page_Load <hr> ";
}
protected void Page_PreInit(object sender, EventArgs e)
{
    lbText.Text +=  "Page_PreInit <hr>";
}
protected void Page_Init(object sender, EventArgs e)
```

```
{
    lbText.Text += "Page_Init <hr>";
}
protected void Page_PreLoad(object sender, EventArgs e)
{
    lbText.Text += "Page_PreLoad <hr>";
}
protected void Page_PreRender(object sender, EventArgs e)
{
    lbText.Text += "Page_PreRender <hr>";
}
```

程序运行后,在浏览器中将呈现如图 4-3 所示的效果。

图 4-3　ASP.NET 页面的生命周期事件的触发顺序

1. 页面加载事件(Page_PreInit)

每当页面被发送到服务器时,页面就会重新被加载,启动 Page_PreInit 事件,执行 Page_PreInit 事件代码块。当需要对页面中的控件进行初始化时,可以使用此事件,示例代码如下:

```
protected void Page_PreInit(object sender, EventArgs e)     //Page_PreInit 事件
    {
        Label1.Text = "OK";      //标签赋值
    }
```

在上述代码中,当触发 Page_PreInit 事件时,就会执行该事件的代码,上述代码将 Lable1 的初始文本值设置为 OK。Page_PreInit 事件能够让用户在页面处理中,当服务器加载时只执行一次,而当网页被返回给客户端时不被执行。这在 Page_PreInit 事件中可以使用 IsPostBack 属性来实现,当网页第一次加载时 IsPostBack 属性为 false,当页面再次被加载时,IsPostBack 属性将被设置为 true。IsPostBack 属性的使用会影响到应用程序的性能。

2. 页面加载事件(Page_Init)

Page_Init 事件与 Page_PreInit 事件基本相同,区别在于 Page_Init 事件不能保证完全加载各个控件。虽然在 Page_Init 事件中,依旧可以访问页面中的各个控件,但是当页面回送时,Page_Init 事件依然执行所有的代码并且不能通过 IsPostBack 属性来执行某些代码,示例代码如下:

```
protected void Page_Init(object sender, EventArgs e)//Page_Init 事件
{   if (!IsPostBack)                    //判断是否第一次加载
    {   Label1.Text ="OK";              //将成功信息赋值给标签
    }
    else
    {
        Label1.Text = "IsPostBack";     //将回传的值赋值给标签
    }
}
```

3. 页面载入事件(Page_Load)

大多数初学者认为 Page_Load 事件是当页面第一次访问时触发的事件，其实不然，在 ASP.NET 页面的生命周期中，Page_Load 远远不是第一次触发的事件。通常情况下，ASP.NET 事件顺序如下：

(1) Page_Init
(2) 加载 ViewState(视图状态)
(3) 加载回送数据
(4) Page_Load
(5) 处理控件事件
(6) Page_PreRender
(7) Page_Render
(8) 卸载事件
(9) 忽略方法调用

Page_Load 是在网页加载时一定会被执行的事件。在 Page_Load 事件中，一般需要使用 IsPostBack 来判断用户是否执行了操作，因为 IsPostBack 用来指示页面是否为响应客户端回发而加载，或者是否正被首次加载和访问，示例代码如下：

```
protected void Page_Load(object sender, EventArgs e)//Page_Load 事件
{
    if (!IsPostBack)
    {
        Label1.Text = "OK";              //第一次执行的代码块
    }
    else
    {
        Label1.Text = "IsPostBack";      //如果用户提交表单等
    }
}
```

上述代码使用了 Page_Load 事件，在页面被创建时，系统会自动在代码隐藏模型的页面中增加该事件。如果用户执行了操作，并且页面响应了客户端回发，则 IsPostBack 为 true，于是执行 else 部分的操作。

4. 页面卸载事件(Page_Unload)

在页面执行完毕后，可以通过 Page_Unload 事件来执行页面卸载时的清除工作。当页面被卸载时，执行该事件。以下情况都会触发 Page_Unload 事件：
- 页面被关闭。
- 数据库连接被关闭。
- 对象被关闭。
- 完成日志记录或者其他的程序请求。

4.2.5 ASP.NET 页面指令

页面指令用来通知编译器在编译页面时需要做出的特殊处理。当编译器处理 ASP.NET 应用程序时，可以通过这些特殊指令要求编译器做特殊处理，例如缓存、使用命名空间等。当需要执行页面指令时，通常的做法是将页面指令包括在文件的开头，示例代码如下：

```
<%@ Page  Language="C#" AutoEventWireup="true" CodeBehind="Default.aspx.cs" Inherits="MyWeb._Default" %>
<!DOCTYPE html PUBLIC "-//W3C//DTD XHTML 1.0 Transitional//EN"
 "http://www.w3.org/TR/xhtml1/DTD/xhtml1-transitional.dtd">
```

上述代码中，使用@Page 页面指令来定义 ASP.NET 页面分析器和编译器使用的特定属性。当创建代码隐藏模型的页面时，系统会自动增加@Page 页面指令。

ASP.NET 页面支持多个页面指令，常用的页面指令有如下 8 个。

- @Page：定义 ASP.NET 页面分析器和编译器使用的页特定(.aspx 文件)属性，语法格式为<%@Page attribute="value" [attribute="value"…]%>。
- @Control：定义 ASP.NET 页面分析器和编译器使用的用户控件(.ascx 文件)特定属性，只能为用户控件配置。语法格式为<%@Control attribute="value" [attribute="value"…]%>。
- @Import：将命名空间导入当前页，使导入的命名空间中的所有类和接口可用于当前页。导入的命名空间可以是.NET Framework 类库或用户自定义的命名空间的一部分。语法格式为<%@Import namespace="value" %>。
- @Implements：提示当前页或用户控件实现指定的.NET Framework 接口。语法格式为<%@Implements interface="ValidInterfaceName" %>。
- @Reference：以声明的方式将页面或用户控件链接到当前页或用户控件。语法格式为<%@Reference page | control="pathtofile" %>。
- @OutputCache：以声明的方式控制 ASP.NET 页面或用户控件的输出缓存策略。
- @Assembly：在编译过程中将程序集链接到当前页，以使程序集的所有类和接口都可以用在当前页上。语法格式为<%@Assembly Name="assemblyname" %>或<%@Assembly Src="pathname" %>。
- @Register：将别名与命名空间以及类名关联起来，以便在自定义服务器控件的语法中使用简明的表示法。

4.3 ASP.NET 网站项目

ASP.NET 网页由以下两部分组成。
- 可视元素：包括标记、服务器控件和静态文本。
- 页面逻辑元素：包括事件处理程序和其他代码。

在 ASP.NET 中，可以创建 ASP.NET 网站和 ASP.NET 应用程序，ASP.NET 网站的网页元素包含可视元素和页面逻辑元素。

4.3.1 创建 ASP.NET 网站

选择【文件】|【新建】|【网站】命令，打开【新建网站】对话框，如图 4-4 所示。

图 4-4 【新建网站】对话框

在【Web 位置】下拉列表中，一般选择【文件系统】，地址为本机的本地地址，也可按实际需求进行选择，如图 4-5 所示。

图 4-5 选择站点的存放位置

创建了 ASP.NET 网站后，系统会自动创建代码隐藏模型页面 Default.aspx。

4.3.2　ASP.NET Web 网站和 ASP.NET Web 应用程序的区别

在 ASP.NET 中，可以创建 ASP.NET Web 网站和 ASP.NET Web 应用程序，在这两类项目中都可以新建 ASPX 网页和 ASP.NET 文件夹(包括 App_Browsers、App_Data、App_GlobalResources、App_LocalResources 和 App_Themes 文件夹)。但 ASP.NET Web 网站和 ASP.NET Web 应用程序的开发及编译过程是有区别的。

(1) Web 应用程序的 Default.aspx 有两个原有文件 Default.aspx.cs 和 Default.aspx.designer.cs，Web 网站的 Default.aspx 只有原有文件 Default.aspx.cs。

(2) Web 应用程序有重新生成和发布两项，Web 网站只有发布一项。

(3) Web 应用程序和一般的 Windows 窗体没有什么区别，引用的都是命名空间等；Web 网站在引用后会在 Bin 文件夹那里存放 DLL 和 PDB 文件。

(4) Web 应用程序可以作为类库被引用，Web 网站则不可以作为类库被引用。

(5) Web 应用程序可以添加 ASP.NET 文件夹，其中不包括 Bin、App_Code 文件夹；Web 网站可以添加 ASP.NET 文件夹，其中包括 Bin、App_Code 文件夹。

(6) Web 应用程序还可添加组件和类，Web 网站则不可以。

(7) 源文件虽然都是 Default.aspx.cs，但是 Web 应用程序有命名空间，多了一项 System.Collections 空间引用。

ASP.NET Web 应用程序主要有以下特点：
- 可以将 ASP.NET Web 应用程序拆分成多个项目，以方便开发、管理和维护。
- 可以从项目和源代码管理中排除文件或项目。
- 支持 Team Build，方便每日构建。
- 可以对编译前后的名称、程序集等进行自定义。
- 对 App_GlobalResources 中的资源提供强力支持。

ASP.NET Web 网站具有以下特点：
- 动态编译页面，而不用编译整个站点。
- 当一部分页面出现错误时不会影响到其他的页面或功能。
- 不需要项目文件，可以把目录当作 Web 应用来处理。

总的来说，ASP.NET Web 网站适用于较小网站的开发，因为动态编译的特点，无须整站编译；而 ASP.NET Web 应用程序则更适用于大型网站的开发、维护等。

4.4　状态管理

状态管理是对同一页面或不同页面的多个请求维持状态以及页面信息的过程。由于 HTTP 协议是无状态协议，因此服务器每处理完客户端的一个请求后就认为任务结束，当客户端再次发出请求时，服务器会视为一次新的请求处理，即使相同的客户端也是如此。此外，到服务器的每一次往返过程都将销毁并重新创建页面，因此，如果超出单个页面的生命周期，页面信息将不存在。

ASP.NET 提供了几种在服务器与客户端往返过程之间维持状态的方式,它们分别应用于不同的目的。
- 视图状态:用于保存窗体页的状态。
- 控件状态:用于存储控件状态数据。
- 隐藏域:呈现为<input type= "hidden"/>元素,用于存储值。
- 应用程序状态:用于保存整个应用程序的状态,状态存储在服务器端。
- 会话状态:用于保存单一用户的状态,状态存储在服务器端。
- Cookie 状态:用于保存单一用户的状态,状态存储在浏览器端。

下面分别介绍前 3 种状态,其他 3 种状态将在第 5 章中介绍。

4.4.1 视图状态

什么是视图状态?简单地说,视图状态就是窗体页的状态,保持视图状态就是在反复访问窗体页的时候,能够保持状态的连续性。

为什么要保持视图状态呢?ASP.NET 的目标之一是尽量使网站的设计与桌面系统一致。ASP.NET 中的事件处理模型是实现本目标的重要措施,该模型是基于服务器处理事件的,当服务器处理完事件后,通常会再次返回到窗体页以继续后面的操作。如果不保持视图状态,那么当窗体页返回时,窗体页中原有的状态(数据)就不再存在,这种情况下怎样继续窗体的操作?

当输入完数据并单击"提交"按钮时,在提交数据的同时,网页被重新启动,网页中原有的数据都不见了。这就是不保持视图的结果。如果将这些控件都改为标准控件,再按照前面的方法执行操作,当单击"提交"按钮提交后数据仍然可以保持。

系统采用什么方法来保持视图状态呢?原来,微软在这里采用了一种比较特殊的方式,只要从浏览器端打开网页的源文件查看一下,就会发现在源代码中已经自动增加了一段代码。如下所示:

```
<input type="hidden" name="__VIEWSTATE" id="__VIEWSTATE" value="/wEPDwUKMTI1MTk2NDQzM2RktqBBkQfTn3tE+bfKS0ehcOwAmqo=" />
```

这说明在网页中已经自动增加了一个隐藏(type="hidden")控件,控件的名字为_VIEWSTATE。由于这个新控件是隐藏控件,因此增加它并不会改变页面的布局。控件的 value 属性就是窗体页中各个控件以及控件中的数据(状态)。为了安全,这些数据被序列化为使用 Base64 编码的字符串,已经变得难以辨认。当提交网页时,它们会以"客户端到服务端"的形式来回传递一次,当处理完成后,最后会以处理后的新结果作为新的视图状态存储到页面的隐藏字段中,并与页面内容一起返回到客户端,从而恢复窗体页中各控件的状态。

使用视图状态的优点如下。
- 不需要任何服务器资源:视图状态包含在页面代码内。
- 实现简单:视图状态无须使用任何自定义编程。
- 增强的安全功能:视图状态中的值经过哈希计算和压缩,并且针对 Unicode 实现进行了编码,安全性要高于使用隐藏域。

虽然使用视图状态可以带来很多方便,但是要注意以下问题:
- 视图状态提供了特定 ASP.NET 页面的状态信息。如果需要在多个页面上使用信息,或访问网站时保留信息，则应使用另一种方法(如应用程序状态、会话状态或个性化设置)来维护状态。
- 视图状态信息将序列化为 XML，然后使用 Base64 编码进行编码，这将生成大量的数据。将页面回发到服务器时，视图状态信息将作为页面回发信息的一部分发送。如果视图状态包含大量信息，则会影响页面的性能。
- 虽然使用视图状态可以保存页面和控件的值，但在某些情况下，需要关闭视图状态。例如使用 GridView 控件显示数据，单击 GridView 控件的【下一页】按钮，GridView 控件呈现的数据已经不再是前一页的数据，此时如果使用视图状态将前一页的数据保存下来，不仅没有必要而且还会生成大量的隐藏字段，增大页面的体积，所以应当关闭视图状态以移除由 GridView 控件生成的大量隐藏字段。假设此处的 GridView 控件名为 gv，那么下面的代码将禁用 gv 控件的视图状态：

```
gv.EnableViewState = false;
```

如果整个页面控件都不需要维持视图状态，那么可以设置整个页面的视图状态为 false：

```
<%@ Page EnableViewState="false"%>;
```

- 某些移动设备不允许使用隐藏字段。因此，视图状态对于这些设备无效。

4.4.2 控件状态

ASP.NET 框架提供了 ControlState 属性作为在服务器往返过程中存储自定义控件数据的方法。控件的状态数据现在能通过控件状态而不是视图状态被保持，控件状态是不能够被禁用的。如果控件中需要保存控件之间的逻辑，比如选项卡控件要记住每次回发时当前已经选中的索引时，就适合使用控件状态。当然，ViewState 属性完全可以满足此需求。如果视图状态被禁用的话，自定义控件就不能正确运行。控件状态的工作方式与视图状态完全一致，并且默认情况下，在页面中它们都存储在同一个隐藏域中。

使用控件状态的优点主要有以下 3 点。
- 不需要任何服务器资源：默认情况下，控件状态存储在页面的隐藏域中。
- 可靠性：因为控件状态不像视图状态那样可以关闭，所以控件状态是管理控件的可靠方法。
- 通用性：可以编写自定义适配器来控制如何存储控件状态数据以及存储位置。

使用控件状态的缺点主要是需要进行一些编程。虽然 ASP.NET 框架为控件状态提供了基础，但控件状态是一种自定义的状态保持机制。为了充分利用控件状态，程序员必须自己编写代码来保存和加载控件状态。

4.4.3 隐藏域

在 ASP 中，通常使用隐藏域来保存页面信息。在 ASP.NET 中，同样使用隐藏域来保存页面信息。但是隐藏域的安全性并不高，最好不要在隐藏域中保存过多的信息。

隐藏域具有以下优点。
- 不需要任何服务器资源。隐藏域在页面上存储和读取。

- 拥有广泛的支持。几乎所有浏览器和客户端设备都支持具有隐藏域的窗体。
- 实现简单。隐藏域是标准的 HTML 控件，不需要复杂的编程逻辑。

使用隐藏域的缺点主要有：

- 潜在的安全风险。隐藏域可以被篡改。如果直接查看输出源，可以看到隐藏域中的信息，这将导致潜在的安全问题。
- 简单的存储结构。隐藏域不支持复杂数据类型。隐藏域只提供一个字符串值域来存放信息。如果需要将复杂数据类型存储在客户端，可以使用视图状态。视图状态内置了序列化，并且将数据存储在隐藏域中。
- 性能注意事项。由于隐藏域存储于页面本身，因此，如果存储较大的值，显示和发布页面时的速度可能会减慢。
- 存储限制。如果隐藏域中的数据量过大，某些代理和防火墙将阻止对包含这些数据的页面的访问。

以上几种维持状态的方法都属于客户端状态管理，虽然使用客户端状态并不占用服务器资源，但是这些状态都具有潜在的安全隐患。下面总结了一些客户端状态的优缺点和使用情况。

- 视图状态：当需要存储少量回发到自身的页面信息时使用。
- 控件状态：需要在服务器的往返过程中存储少量控件状态信息时使用。不需要任何服务器资源，控件状态是不能被关闭的，提供了控件管理的更加可靠、更通用的方法。
- 隐藏域：实现简单，当需要存储少量回发到自身或另一个页面的页面信息时使用，也可以在不存在安全问题时使用。

4.5 ASP.NET 配置管理

使用 ASP.NET 配置系统的功能，可以配置整个服务器上的所有 ASP.NET 应用程序、单个 ASP.NET 应用程序以及各个页面或应用程序子目录，也可以配置各种具体的功能，如身份验证模式、页面缓存、编译器选项、自定义错误、调试和跟踪选项等。

4.5.1 web.config 文件介绍

ASP.NET 提供了丰富而可行的配置系统，以帮助管理人员轻松快捷地建立自己的 Web 应用环境。

Web 配置文件 web.config 是 Web 应用程序的数据设置文件，它是一份 XML 文件，内含 Web 应用程序相关设定的 XML 标记，可以用来简化 ASP.NET 应用程序的相关设置。它用来存储 ASP.NET 应用程序的配置信息(如最常用的设置 ASP.NET Web 应用程序的身份验证方式)，它可以出现在应用程序的每一个目录中，统一命名为 web.config，并且可以出现在 ASP.NET 应用程序的多个目录中。ASP.NET 配置层次结构具有下列特征：

- 使用应用于配置文件所在的目录及其所有子目录中的资源的配置文件。
- 允许将配置数据放在将使它们具有适当范围(整台计算机、所有的 Web 应用程序、单个应用程序或应用程序中的子目录)的位置。
- 允许重写从配置层次结构中的较高级别继承的配置设置，还允许锁定配置设置，以防止它们被较低级别的配置设置重写。
- 将配置设置的逻辑组织成节点的形式。

在运行状态下，ASP.NET 会根据远程 URL 请求，把访问路径下的各个 web.config 配置文件叠加，产生唯一的配置集合。

举例来说，对 URL 为 http://localhost/website/ownconfig/test.aspx 的访问，ASP.NET 会根据以下顺序来决定最终的配置情况：

(1) .\Microsoft.NET\Framework\{version}\web.config(默认配置文件)

(2) .\webapp\web.config(应用的配置)

(3) .\webapp\ownconfig\web.config(自己的配置)

web.config 是 ASP.NET 有别于 ASP 的一个方面，可以用这个文件配置很多信息。ASP.NET 允许配置内容与静态内容、动态页面和商业对象放置在同一应用的目录结构下。当管理人员需要安装新的 ASP.NET 应用时，只需要将应用目录拷贝到新的机器上即可。在运行时，对 web.config 文件所做的修改不需要重启服务就可以生效。当然，web.config 文件是可以扩展的。用户可以自定义新的配置参数并编写处理程序以进行处理。

ASP.NET 的配置系统具有以下优点：
- ASP.NET 的配置内容以纯文本方式保存，可以使用任意标准的文本编辑器、XML 解析器和脚本语言解释、修改配置内容。
- ASP.NET 提供了用于扩展配置内容的架构，以支持第三方开发者配置自己的内容。
- ASP.NET 配置文件的更改被系统自动监控，无须管理人员手动干预。

4.5.2 配置文件的语法规则

自定义 web.config 配置文件的过程分为以下两步：

(1) 在配置文件顶部的<configSections>和</configSections>标记之间声明配置节的名称和处理配置节中配置数据的.NET Framework 类的名称。格式如下：

```
<configuration>
配置内容
...
</configuration>
```

(2) 在<configSections>区域之后为声明的配置节进行实际的配置设置。

下面具体定义配置的内容，以供应用使用。web.config 配置文件是一个 XML 文件，XML 标记中的属性就是设定值，标记名称和属性值的格式是字符串，第一个开头字母是小写，之后每个单词的首字母大写，例如<appSetting>。下面是一个 web.config 配置文件示例：

```
<?xml version="1.0" encoding="utf-8"?>
<!--
  有关如何配置 ASP.NET 应用程序的详细信息，请访问 http://go.microsoft.com/fwlink/?LinkId=169433
  -->
<configuration>
  <configSections>
    <!-- 有关 Entity Framework 配置的详细信息，请访问 http://go.microsoft.com/fwlink/?LinkID=237468 -->
```

```xml
    <section name="entityFramework" type="System.Data.Entity.Internal.ConfigFile.EntityFrameworkSection, EntityFramework, Version=6.0.0.0, Culture=neutral, PublicKeyToken=b77a5c561934e089" requirePermission="false" />
  </configSections>
  <connectionStrings>
    <add name="DefaultConnection" connectionString="Data Source=(LocalDb)\MSSQLLocalDB;AttachDbFilename=|DataDirectory|\aspnet-WebApplication1-20190702043018.mdf;Initial Catalog=aspnet-WebApplication1-20190702043018;Integrated Security=True" providerName="System.Data.SqlClient" />
  </connectionStrings>
  <system.web>
    <authentication mode="None" />
    <compilation debug="true" targetFramework="4.5.1" />
    <httpRuntime targetFramework="4.5.1" />
    <pages>
      <namespaces>
        <add namespace="System.Web.Optimization" />
        <add namespace="Microsoft.AspNet.Identity" />
      </namespaces>
      <controls>
        <add assembly="Microsoft.AspNet.Web.Optimization.WebForms" namespace=
            "Microsoft.AspNet.Web.Optimization.WebForms" tagPrefix="webopt" />
      </controls>
    </pages>
    <membership>
      <providers>
        <!--
        已在此模板中禁用 ASP.NET 成员身份。请访问链接 http://go.microsoft.com/fwlink/?LinkId=301889，以了解此模板中的 ASP.NET 成员身份支持情况
        -->
        <clear />
      </providers>
    </membership>
    <profile>
      <providers>
        <!--
        已在此模板中禁用 ASP.NET 成员身份配置文件。请访问链接 http://go.microsoft.com/fwlink/?LinkId=301889，以了解此模板中的 ASP.NET 成员身份支持情况
        -->
        <clear />
      </providers>
    </profile>
    <roleManager>
      <!--
        已在此模板中禁用 ASP.NET 成员身份角色。请访问链接 http://go.microsoft.com/fwlink/?LinkId=301889，以了解此模板中的 ASP.NET 成员身份支持情况
      -->
      <providers>
```

```xml
        <clear />
      </providers>
    </roleManager>
    <!--
            如果要部署到具有多个 Web 服务器实例的云环境，那么应将会话状态模式从 InProc 更改为
            自定义。此外，还应将名为 DefaultConnection 的连接字符串更改为连接到 SQL Server (包括
            SQL Azure 和 SQL Compact)实例，而不是连接到 SQL Server Express 实例。
    -->
    <sessionState mode="InProc" customProvider="DefaultSessionProvider">
      <providers>
        <add name="DefaultSessionProvider"
type="System.Web.Providers.DefaultSessionStateProvider, System.Web.Providers, Version=2.0.0.0,
Culture=neutral, PublicKeyToken=31bf3856ad364e35" connectionStringName="DefaultConnection" />
      </providers>
    </sessionState>
    <httpModules>
      <add name="ApplicationInsightsWebTracking"
          type="Microsoft.ApplicationInsights.Web.ApplicationInsightsHttpModule, Microsoft.AI.Web" />
    </httpModules>
  </system.web>
  <system.webServer>
    <modules>
      <remove name="FormsAuthentication" />
      <remove name="ApplicationInsightsWebTracking" />
      <add name="ApplicationInsightsWebTracking"
type="Microsoft.ApplicationInsights.Web.ApplicationInsightsHttpModule, Microsoft.AI.Web"
preCondition="managedHandler" />
    </modules>
    <validation validateIntegratedModeConfiguration="false" />
  </system.webServer>
  <runtime>
    <assemblyBinding xmlns="urn:schemas-microsoft-com:asm.v1">
      <dependentAssembly>
        <assemblyIdentity name="Newtonsoft.Json" culture="neutral"
                    publicKeyToken="30ad4fe6b2a6aeed" />
        <bindingRedirect oldVersion="0.0.0.0-6.0.0.0" newVersion="6.0.0.0" />
      </dependentAssembly>
      <dependentAssembly>
        <assemblyIdentity name="WebGrease" culture="neutral"
                    publicKeyToken="31bf3856ad364e35" />
        <bindingRedirect oldVersion="0.0.0.0-1.5.2.14234" newVersion="1.5.2.14234" />
      </dependentAssembly>
      <dependentAssembly>
        <assemblyIdentity name="EntityFramework" publicKeyToken="b77a5c561934e089" />
        <bindingRedirect oldVersion="0.0.0.0-6.0.0.0" newVersion="6.0.0.0" />
      </dependentAssembly>
```

```xml
    <dependentAssembly>
      <assemblyIdentity name="Microsoft.Owin" culture="neutral"
                publicKeyToken="31bf3856ad364e35" />
      <bindingRedirect oldVersion="0.0.0.0-3.0.1.0" newVersion="3.0.1.0" />
    </dependentAssembly>
    <dependentAssembly>
      <assemblyIdentity name="Microsoft.Owin.Security.OAuth" culture="neutral"
                publicKeyToken="31bf3856ad364e35" />
      <bindingRedirect oldVersion="0.0.0.0-3.0.1.0" newVersion="3.0.1.0" />
    </dependentAssembly>
    <dependentAssembly>
      <assemblyIdentity name="Microsoft.Owin.Security.Cookies" culture="neutral"
                publicKeyToken="31bf3856ad364e35" />
      <bindingRedirect oldVersion="0.0.0.0-3.0.1.0" newVersion="3.0.1.0" />
    </dependentAssembly>
    <dependentAssembly>
      <assemblyIdentity name="Microsoft.Owin.Security" culture="neutral"
                publicKeyToken="31bf3856ad364e35" />
      <bindingRedirect oldVersion="0.0.0.0-3.0.1.0" newVersion="3.0.1.0" />
    </dependentAssembly>
  </assemblyBinding>
</runtime>
<entityFramework>
  <defaultConnectionFactory type="System.Data.Entity.Infrastructure.LocalDbConnectionFactory, EntityFramework">
    <parameters>
      <parameter value="mssqllocaldb" />
    </parameters>
  </defaultConnectionFactory>
  <providers>
    <provider invariantName="System.Data.SqlClient"
          type="System.Data.Entity.SqlServer.SqlProviderServices, EntityFramework.SqlServer" />
  </providers>
</entityFramework>
<system.codedom>
  <compilers>
    <compiler language="c#;cs;csharp" extension=".cs"
type="Microsoft.CodeDom.Providers.DotNetCompilerPlatform.CSharpCodeProvider, Microsoft.CodeDom.Providers.DotNetCompilerPlatform, Version=1.0.0.0, Culture=neutral, PublicKeyToken=31bf3856ad364e35" warningLevel="4" compilerOptions="/langversion:6 /nowarn:1659;1699;1701" />
    <compiler language="vb;vbs;visualbasic;vbscript" extension=".vb"
type="Microsoft.CodeDom.Providers.DotNetCompilerPlatform.VBCodeProvider, Microsoft.CodeDom.Providers.DotNetCompilerPlatform, Version=1.0.0.0, Culture=neutral, PublicKeyToken=31bf3856ad364e35" warningLevel="4" compilerOptions="/langversion:14 /nowarn:41008 /define:_MYTYPE=\&quot;Web\&quot; /optionInfer+" />
```

```
        </compilers>
      </system.codedom>
</configuration>
```

可以看到，这段配置信息来自一个基于 XML 格式的文件，根标记是<configuration>，所有的配置信息均包括在<configuration>和</configuration>标记之间，其子标记<appSettings>、<connectionsStrings>和<system.web>是各设定区段。<system.web>下的设定区段属于 ASP.NET 相关设定，在 web.config 配置文件中，通常可以看到多个<system.web>配置块，用户也可以根据需要创建自己的<system.web>配置块。

在 web.config 配置文件的<appSettings>区段可以创建 ASP.NET 程序所需的参数，每个<add>标记可以创建一个参数，属性 key 是参数名称，value 是参数值。ASP.NET 自 2.0 版本以后新增了<connectionStrings>区段，可以指定数据库连接字符串，在<connectionStrings>标记的<add>子标记中也可以创建连接字符串，属性 name 是名称，connectionStrings 是连接字符串的内容。表 4-3 列出了常用设定区段的说明。

表 4-3　常用设定区段的说明

设 定 区 段	说　　　明
<anonymousIdentification>	控制 Web 应用程序的匿名用户
<authentication>	设定 ASP.NET 的验证方式(有 Windows、Forms、PassPort、None 共 4 种)，只能在计算机、站点或应用程序级别声明。必须与<authorization>配合使用
<authorization>	设定 ASP.NET 用户授权，控制对 URL 资源的客户端访问(如允许匿名用户访问)，可以在任何级别(计算机、站点、应用程序、子目录或页级别)声明。必须与<authentication>配合使用
<browserCaps>	设定浏览程序兼容组件 HttpBrowserCapabilities
<compilation>	设定 ASP.NET 应用程序的编译方式
<customErrors>	设定 ASP.NET 应用程序的自动错误处理
<globalizations>	关于 ASP.NET 应用程序的全球化设定，也就是本地化设定
<httpHandlers>	设定 HTTP 处理是对应到 URL 请求的 HttpHandler 类
<httpModules>	创建、删除或清除 ASP.NET 应用程序的 HTTP 模块
<httpRuntime>	设定 HTTP 运行时
<machineKey>	设定在使用窗体验证的 Cookie 数据时，用来加密和解密的密钥
<membership>	设定 ASP.NET 的成员身份机制
<pages>	设定 ASP.NET 程序的相关设定
<profile>	设定个性化信息
<roles>	设定 ASP.NET 的角色管理
<sessionState>	设定 ASP.NET 应用程序的会话状态
<siteMap>	设定 ASP.NET 网站导航系统
<trace>	设定 ASP.NET 跟踪服务
<webParts>	设定 ASP.NET 应用程序的网页组件
<webServices>	设定 ASP.NET 的 Web 服务

4.6 本章小结

本章首先对 ASP.NET 程序结构进行了介绍，对 ASP.NET 网站开发过程中创建的主要不同文件类型的功能以及主要文件夹的使用做了详细讲解，为后面的网站开发奠定基础。

接下来主要讲解了 ASP.NET 网页的运行机制，在了解了这些基本运行机制后，就能够在.NET 框架下进行 ASP.NET 开发了。所有的 ASP.NET 网页都具有一些共同的属性、事件和方法。

然后介绍了 ASP.NET 页面是如何组织和运行的，包括页面的往返与处理机制、页面的生命周期和事件。ASP.NET 页面的生命周期是 ASP.NET 中非常重要的概念，熟练掌握 ASP.NET 页面的生命周期可对 ASP.NET 开发起到促进作用。

ASP.NET 提供了几种在服务器往返过程之间维持状态的方式，本章介绍了其中的 3 种——视图状态、控件状态和隐藏域，还对它们的优缺点逐一进行了比较。

最后，本章对 ASP.NET 的配置文件 web.config 的配置方法进行了简要介绍。

4.7 练习

(1) ASP.NET 页面的处理过程是怎样的？
(2) ASP.NET 页面的生命周期分哪几个阶段？
(3) ASP.NET 状态管理有哪些方式？

第 5 章
ASP.NET 内置对象

ASP.NET 内置了大量的对象，提供了丰富的功能。简单地说，对象已经把一些功能都封装好了，只要使用其中的属性、方法和事件就可以了。对象也是用类实现的，只不过可以看作没有界面的类。本章主要介绍 ASP.NET 的核心对象，主要包括 Response、Request、Application、Session、Server 对象等。

本章的学习目标：
- 了解 ASP.NET 对象的概况及其属性、方法和事件；
- 了解并掌握常用内部对象的概念及其属性和方法。

5.1 ASP.NET 对象的概况及其属性、方法和事件

对象泛指日常生活中看到的和看不到的一切事物，在程序中可以用一种仿真的方式来表示对象。一般的对象都有一些静态的特征，如对象的外观、大小等，这在面向对象程序中就是对象的属性。对象如果是有生命的，那么可以执行的动作，在面向对象程序中就是对象的方法。所以在面向对象程序中，对象有两个重点：一个是"属性"，另一个是"方法"。

一般而言，每个对象都具有不同的功能与特征，不同的对象属于不同的类，类定义了对象的特征，而对象的特征就是对象的属性、方法和事件，没有类就没有对象。

- 属性代表对象的状态、数据和设置值。属性的设置语法如下：

  对象名.属性名=语句

- 方法是可以执行的动作。方法的调用语法如下：

  对象名.方法(参数)

- 事件的概念比较抽象，通常是执行的动作，事件的执行由对象触发。

ASP.NET 的早期版本 ASP 中就包含 Page、Response、Request 等对象。在 ASP.NET 4.0 中，这些对象仍然存在，使用的方法也大致相同。所不同的是，这些对象改由.NET Framework 中封装好的类来实现，并且由于这些对象是在 ASP.NET 页面完成初始化请求时自动创建的，因此它们能在程序中的任何地方直接调用，而无须对类进行实例化操作。表 5-1 对 ASP.NET 内部对象做了简要说明。

表 5-1 ASP.NET 内部对象

对象	功能
Page	页面对象,用于整个页面的操作
Request	从客户端获取信息
Response	向客户端输出信息
Session	存储特定用户的信息
Application	存储同一个应用程序中所有用户之间的共享信息
Server	创建 COM 组件和进行有关设置
Cookie	用于保存 Cookie 信息
ViewState	存储数据信息,一直有效

Page 对象的事件贯穿页面执行的整个过程。大多数情况下,只需要关心 Page_Load 事件即可,可以参看第 4 章的例 4-1。下面将分别介绍除 Page 对象外的另外 7 个 ASP.NET 内部对象的常用属性及方法。

5.2 Request 对象

5.2.1 Request 对象简介

Request 对象能够让服务器取得客户端浏览器的一些数据,包括从 HTML 表单中采用 Post 或 GET 方式传递的参数、Cookie 和用户认证,在程序中无须做任何声明即可直接使用。将 Request 对象与后面要讲解的 Response 对象一起使用,可以达到沟通客户端与服务器端的作用,使它们之间可以简单地交换数据。Request 对象可以接收客户端通过表单或 URL 地址串发送来的变量,同时,也可以接收其他客户端的环境变量,比如浏览器的基本情况、客户端的 IP 地址等。所有从前端浏览器通过 HTTP 协议送往后端 Web 服务器的数据,都是借助 Request 对象完成的。总而言之,Request 对象用于接收从浏览器发往服务器的请求内的所有信息。Request 对象可用于在页面间传递参数,如通过超链接传递页面参数。语法如下:

Request . [属性|方法]   [变量或字符串]

例如:

Request . QueryString ["user_name"]

Request 对象的常用属性和方法如表 5-2、表 5-3 所示,接下来对常用功能逐一进行介绍。

表 5-2 Request 对象常用属性列表

属性	说明
ApplicationPath	获得 ASP.NET 应用程序虚拟目录的根目录
Browser	获取和设置客户端浏览器的兼容性信息
ContentLength	客户端发送信息的字节数
ContentType	获取和设置请求的 MIME 类型

(续表)

属　性	说　明
Cookies	获取客户端 Cookie
FilePath	当前请求的虚拟路径
Files	获取客户端上传的文件集合
Form	获取表单变量集合
Headers	获取 HTTP 头信息
HttpMethod	HTTP 数据传输方式，例如 GET、POST
Path	获取当前请求的虚拟路径
PhysicalPath	获取请求的 URL 物理路径
QueryString	获取查询字符串集合
ServerVariables	获取服务器变量集合
TotalBytes	获取输入文件流的总大小
Url	获取当前请求的 URL
UrlReferrer	获取请求的上一个页面
UserAgent	客户端浏览器信息
UserHostAddress	客户端 IP 地址
UserHostName	客户端 DNS 名称
UserLanguages	客户端语言

表 5-3　Request 对象常用方法列表

名　称	说　明
BinaryRead	以二进制方式读取指定字节的输入流
MapPath	映射虚拟路径到物理路径
SaveAs	保存 HTTP 请求到硬盘
ValidateInput	验证客户端的输入是否存在危险的数据

虽然 Request 对象的属性很多，但这里只对常用的 QueryString、Path、Browser、UserHostAddress、ServerVariables 属性举例讲解。

5.2.2　使用 QueryString 属性

使用 QueryString 属性可以获取标识在 URL 后面的所有返回的变量及其值。在超链接中，常常需要从一个页面跳转到另外一个页面，跳转的页面需要获取 HTTP 的值来进行相应的操作，例如新闻页面的 news.aspx?id=1。为了获取传递过来的 id 值，可以使用 Request 对象的 QueryString 属性。

例如，当客户端发出如下请求时，QueryString 将会得到 name 与 age 两个变量的值：

http://…/ temp.aspx?name=白云&age=22

注意：
问号?后面可以有多个变量参数，参数之间用&连接。

【例 5-1】Request.QueryString 的使用方法。

创建两个文件 Default.aspx 和 Default2.aspx。在 Default.aspx 中插入一个超链接,代码如下:

```
<body>
<a href="Default2.aspx?id=1&name=ASP.NET4.5.1&action=get">Request.QueryString 的使用方法</a>/body>
```

在 Default2.aspx.cs 中,使用 Request.QueryString 获取变量的值并进行显示,代码如下:

```
protected void Page_Load(object sender, EventArgs e)
{
    if (Request.QueryString["id"] != null)              //在第一个变量非空时
        Response.Write("页面传递的第一个参数为:"          //输出第一个变量
            + Request.QueryString["id"].ToString() + "<br/>");
    if (Request.QueryString["name"] != null)            //在第二个变量非空时
        Response.Write("页面传递的第二个参数为:"          //输出第二个变量
            + Request.QueryString["name"].ToString() + "<br/>");
    if (Request.QueryString["action"] != null)          //在第三个变量非空时
        Response.Write("页面传递的第三个参数为:"          //输出第三个变量
            + Request.QueryString["action"].ToString() + "<br/>");
}
```

程序的运行结果如图 5-1 所示。单击超链接后的运行结果如图 5-2 所示。

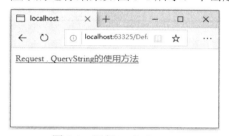

图 5-1　运行 Default.aspx

图 5-2　Request.QueryString 的使用效果

当使用 Request 对象的 QueryString 属性接收传递的 HTTP 值时,可以看到访问页面的路径为 localhost:63325/Default.aspx,默认传递的参数为空,因为路径中没有对参数的访问(其中 WebSite5 是创建的项目名称)。而当单击超链接后,访问的页面路径变为 http://localhost:63325/Default2.aspx?id=1&name=ASP.NET4.5.1&action=get,从路径中可以看出传递了 3 个参数,这 3 个参数分别为 id=1、name=ASP.NET4.5.1 以及 action=get。

5.2.3　使用 Path 属性

通过使用 Path 属性,可以获取当前请求的虚拟路径,示例代码如下:

```
Label2.Text = Request.Path.ToString();    //获取请求路径
```

在应用程序中使用 Request.Path.ToString(),就能够获取当前正在请求的文件的虚拟路径,当需要对相应的文件进行操作时,可以使用 Request.Path 的信息进行判断。

5.2.4 使用 UserHostAddress 属性

通过使用 UserHostAddress 属性，可以获取远程客户端 IP 主机的地址，示例代码如下：

```
Label1.Text = Request.UserHostAddress;
```

可以使用 Request.UserHostAddress 进行 IP 统计和判断。在有些系统中，需要对来访的 IP 进行筛选，使用 Request.UserHostAddress 就能够轻松地判断用户 IP 并进行筛选操作。

5.2.5 使用 Browser 属性

由于浏览器之间的差异，当使用不同的浏览器对同一网页进行浏览时，可能导致显示结果的不一致，而解决这种问题的最好方法就是针对不同的浏览器书写不同的 Web 网页。要做到这一点，首先就要判断客户端浏览器的特性，通过使用 Request 对象的 Browser 属性就可以方便地获取客户端浏览器的特性，如类型、版本、是否支持背景音乐等。

语法格式如下：

```
Request.Browser ["浏览器特性名称"]
```

常用的浏览器特性名称如表 5-4 所示。

表 5-4 浏览器特性名称

名 称	说 明
Browser	浏览器类型名称
Version	浏览器版本名称
MajorVersion	浏览器主版本
MinorVersion	浏览器次版本
Frames	是否支持框架功能
Tables	是否支持表格功能
Cookies	是否支持 Cookie
VBScript	是否支持 VBScript
JavaApplets	是否支持 Java 小程序
ActiveXControls	是否支持 ActiveX 控件

使用 Browser 属性的示例代码如下：

```
Label3.Text = Request.Browser.ToString();        //获取浏览器信息
```

可以通过问号?实现 HTTP 值的传递和获取。

【例 5-2】Request 对象的 UserHostAddress、Path、Browser 属性的使用方法。

(1) 创建两个文件 UserHostAddress.aspx 和 UserHostAddress1.aspx。

(2) 在 UserHostAddress.aspx 中添加如下代码：

```
<a href="UserHostAddress1.aspx">UserHostAddress,Path,Brower 的测试</a>
```

(3) 在 UserHostAddress1.aspx 中添加如下代码：

```
<form id="form1" runat="server">
```

```
        <div>
            UserHostAddress:<asp:Label ID="Label1" runat="server" Text="Label"></asp:Label>
            <br />
            Path:
            <asp:Label ID="Label2" runat="server" Text="Label"></asp:Label>
            <br />
            Brower:<asp:Label ID="Label3" runat="server" Text="Label"></asp:Label>
        </div>
    </form>
```

(4) 在 UserHostAddress1.aspx.cs 中添加如下代码：

```
        protected void Page_Load(object sender, EventArgs e)
        {
            Label1.Text = Request.UserHostAddress;
            Label2.Text = Request.Path.ToString();
            Label3.Text = Request.Browser.ToString();
        }
```

(5) 运行结果如图 5-3 和图 5-4 所示。

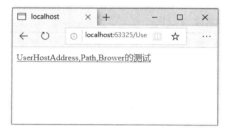

图 5-3　UserHostAddress.aspx 页面

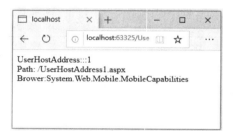

图 5-4　单击超链接后的结果

5.2.6　ServerVariables 属性

利用 Request 对象的 ServerVariables 属性，可以方便地取得服务器端或客户端的环境变量信息，如客户端的 IP 地址等。语法格式如下：

Request.ServerVariables ["环境变量名称"]

常用的环境变量如表 5-5 所示。

表 5-5　常用的环境变量

环境变量名称	说　　明
ALL_HTTP	客户端浏览器发出的所有 HTTP 标题文件
CONTENT_LENGTH	发送到客户端的文件长度
CONTENT_TYPE	发送到客户端的文件类型
PATH_INFO	路径信息，通常将当前的 URL 与查询字符串组合在一起
QUERY_STRING	HTTP 请求中问号?后的内容
REMOTE_ADDR	客户端 IP 地址
REMOTE_HOST	客户端主机名

(续表)

环境变量名称	说　　明
REQUEST_METHOD	HTTP 请求方式，可以是 GET、HEAD、POST 等
SCRIPT_NAME	当前脚本程序的名称
SERVER_NAME	服务器的主机名或 IP 地址
SERVER_PORT	服务器接收请求的 TCP/IP 端口号，默认为 80
SERVER_PROTOCOL	信息检索的协议名称和版本
SERVER_SOFTWARE	Web 服务器软件的名称和版本
URL	URL 的基本部分，不包括查询字符串

5.3 Response 对象

Request 与 Response 对象就像程序设计语言中的 Input 与 Output 命令(或函数)一样，要让 ASP.NET 程序能够接收来自前端用户的信息，或者想将信息传递给前端，都必须依赖这两个对象。简而言之，Request 对象负责 ASP.NET 的 Input 功能，而 Response 对象则负责 Output 功能。

5.3.1 Response 对象简介

Response 对象实际上是在执行 system.web 命名空间中的 HttpResponse 类。CLR 会根据用户的请求信息建立 Response 对象，Response 对象将用于回应客户端浏览器，告诉浏览器回应内容的报头、服务器端的状态信息以及输出指定的内容。常用的方法和属性分别如表 5-6 和表 5-7 所示。

表 5-6　Response 对象常用方法列表

方　　法	说　　明
Write	Response 对象最常用的方法，用来送出信息给客户端
Redirect	引导客户端浏览器至新的 Web 页面
WriteFile	将页面以文件流的方式输出到客户端。经常与 Response 对象的 ContentType 属性一起使用
AppendToLog	给 Web 服务器添加日志信息
AppendHeader	将一个 HTTP 头添加到输出流
Clear	清除缓冲区中的所有 HTML 页面 语法：Response.Clear 此时，Response 对象的 BufferOutput 属性必须设置为 True，否则会报错
End	将缓冲区中的 HTML 数据输出到客户端，停止页面程序的执行 语法：Response.End
Flush	立刻送出缓冲区中的 HTML 数据，但不停止页面程序的执行 语法：Response.Flush 此时，Response 对象的 BufferOutput 属性必须设置为 True，否则会报错

表 5-7 Response 对象常用属性列表

属　　性	说　　明
BufferOutput	设置 Response 对象的信息输出是否支持缓存处理，取值为 True 或 False，默认为 True
ContentType	指定送出文件的 MIME 类型。默认文件类型为 text/HTML，此外还有 image/GIF、image/JPEG 等
Charset	设置或获取文件所用的字符集
Cookies	获取相应的 Cookie 集合

5.3.2　利用 Write 和 WriteFile 方法输出信息

利用 Write 方法就可以在客户端输出信息，语法格式如下：

```
Response.Write(变量数据或字符串)
```

例如：

```
Response.Write(user_name&"您好")           //user_name 是一个变量，表示用户名
Response.Write("现在是："&now())            //now 是时间函数
Response.Write("业精于勤而荒于嬉<p>")        //输出字符串
```

Response 对象的 WriteFile 方法与 Write 方法一样，都是向客户端输出数据。Write 方法可以输出字符串，而 WriteFile 方法则可以输出二进制信息，但不进行任何字符转换，而是直接输出。语法格式如下：

```
Response.WriteFile(变量或字符串)
```

下面的例子将显示一张图片：

```
Response.ContentType ="image/JPEG";         //定义文件类型
Response.WriteFile("Example.jpg");           //输出图片文件
```

5.3.3　使用 Redirect 方法引导客户至另一个 URL 位置

在网页中，可以利用超链接引导客户至另一个页面，但是必须在客户端单击超链接后才行。可是有时，我们希望自动引导(也称重定向)客户至另一个页面，而不需要单击超链接。例如，进行网上考试时，当考试时间结束时，就自动引导客户端至结束界面。

使用 Redirect 方法就可以自动引导客户至另一个页面，语法格式如下：

```
Response.Redirect(网址变量或字符串)
```

例如：

```
Response.Redirect("http://www.edu.cn")      //引导至中国教育网
Response.Redirect("index.aspx")              //引导至网站内的另一个页面 index.aspx
theURL="http://www.pku.edu.cn"
Response.Redirect(theURL)                    //引导至变量表示的网址
```

5.3.4 关于 BufferOutput 属性

BufferOutput 属性用于设置页面中是否使用缓存技术。如果在页面中使用了缓存技术，那么在将页面下载到客户端前，会先暂时将页面存放在服务器端的缓冲区中，等到页面程序全部编译成功后，再从缓冲区输出到客户端浏览器，这样可以加快用户浏览页面的速度。如果不使用页面缓存技术，页面将直接下载到客户端浏览器，下载过程完全依赖于网络速度，当页面下载量过大时，经常会出现页面不能显示的情况。

BufferOutput 属性的取值为 True 或 False，默认为 True。语法格式如下：

```
Response.BufferOutput = True | False
```

【例 5-3】设置不同的 BufferOutput 属性，比较页面输出信息的变化，了解页面缓存技术。

(1) 创建文件 BufferOutput.aspx。

(2) 在 BufferOutput.aspx.cs 文件的 Page_Load 函数内添加如下代码：

```
1   Response.BufferOutput = True;              //设置 BufferOutput 属性为 True
2   Response.Write("使用缓存机制！" + "<Br>");   //输出页面信息
3   Response.Clear();                          //清除缓存区
4   Response.BufferOutput = False;             //设置 BufferOutput 属性为 False
5   Response.Write("不使用缓存机制！" + "<Br>"); //输出页面信息
6   Response.Clear();                          //清除缓存区
```

浏览结果如图 5-5 所示。

上面代码中的第 1 行设置 BufferOutput 属性为 True，从而将输出信息暂存到缓冲区中。第 2 行输出页面信息，这时输出信息先存储到缓冲区中。由于第 3 行会清除缓存，因此已存储到缓冲区的信息被清除，没有输出页面信息。第 4 行设置 BufferOutput 属性为 False，输出信息不用先存储到缓冲区。虽然在第 6 行清除了缓冲区，但由于输出信息没有存储到缓冲区，因此不影响第 5 行输出页面信息。

图 5-5 BufferOutput 属性示例

5.3.5 输出缓存资料

不等页面完全编译存储到缓冲区，就可以中途将缓存资料输出。如果页面的数据资料太大，就需要中途将缓存资料输出，清空缓存，以方便页面继续存储到缓存中。

Response 对象可通过 Flush、End 方法将缓冲区中的数据输出显示到客户端，但 Flush 方法没有停止页面程序的执行，而 End 方法则会停止页面程序的执行。

【例 5-4】对 Flush 和 End 方法进行比较。

(1) 创建文件 FlushandEnd.aspx。

(2) 在 FlushandEnd.aspx.cs 文件的 Page_Load 函数内添加如下代码：

```
1   Response.Write("这是第一句<br>");    //输出第一句
2   Response.Flush();                  //执行 Flush 方法
3   Response.Write("这是第二句<br>");    //输出第二句
```

```
4    Response.End();                              //执行 End 方法
5    Response.Write("这是第三句<br>");             //输出第三句
```

浏览结果如图 5-6 所示。

在执行第 2 行代码之后，还可以执行第 3 行代码，输出"这是第二句"，这说明 Flush 方法没有终止后面程序的执行。执行第 4 行代码之后，却没有输出"这是第三句"，这说明在执行 End 方法之后，终止了后面程序的执行。

图 5-6 Response.End 方法示例

5.4 Cookie 对象

Cookie 是服务器为用户访问而存储的特定信息，是保存在用户硬盘上的普通文本文件。这些特定信息包括用户的注册名、用户上次访问的页面、用户的首选项等。当用户再次访问网站时，网站将从 Cookie 中自动读取这些信息，从而确认用户的身份。

5.4.1 Cookie 对象简介

Cookie 对象是由 System.Web. HttpCookie 类实现的，是一种可以在客户端保存信息的方法。Cookie 对象保存在客户端，使用 Cookie 对象能够持久化地保存用户信息，所以 Cookie 对象能够长期保存。Web 应用程序可以通过获取客户端的 Cookie 信息来判断用户的身份。

由于 HTTP 协议是无状态的协议，因此对于页面的每一次请求，都被看作一次新的会话。这样就无法知道用户最近都访问了哪些页面，这对于那些需要获取用户身份才能工作的应用来说十分不方便。Cookie 作为用户和服务器之间进行交换的小段信息，可以弥补 HTTP 协议的这一缺陷。

用户每次访问站点时，Web 应用程序都可以读取 Cookie 信息。当用户请求站点中的页面时，应用程序发送给用户的不仅仅是一个页面，还有包含日期和时间的 Cookie，用户的浏览器在获取页面的同时也获得了 Cookie，并存储在用户的本地硬盘上。以后，如果用户再次请求站点中的页面，当用户输入 URL 时，浏览器便会在本地硬盘上查找与 URL 关联的 Cookie。比如当用户登录某些网站的邮箱后，如果在 Cookie 中记录了用户名信息，那么在 Cookie 信息失效以前，同一用户在同一台计算机再次登录时就不需要提供用户名了。

Cookie 有两种形式：会话 Cookie 和永久 Cookie。会话 Cookie 是临时性的，只有浏览器打开时才存在，一旦会话结束或超时，会话 Cookie 就不存在了。永久 Cookie 则永久性地存储在用户的硬盘上，并在指定的日期之前一直有效。相比于 Session 和 Application 对象而言(后面将会介绍)，Cookie 有如下优点。

- 可以配置到期的规则：Cookie 可以在浏览器会话结束后立即到期，也可以在客户端无限保存。
- 简单：Cookie 是一种基于文本的轻量级结构，包括简单的键值对。
- 数据持久性：Cookie 能够在客户端长期进行数据保存。
- 无需任何服务器资源：Cookie 无需任何服务器资源，存储在本地客户端。

虽然 Cookie 具有若干优点，这些优点能够弥补 Session 和 Application 对象的不足，但是 Cookie 同样有缺点：
- 大小限制。Cookie 有大小限制，并不能无限保存 Cookie 文件。大多数浏览器支持最多可达 4096 字节的 Cookie。浏览器还限制了站点可以在用户计算机上保存的 Cookie 数量。大多数浏览器只允许每个站点保存 20 个 Cookie。如果试图保存更多的 Cookie，则最先保存的 Cookie 就会被删除。还有些浏览器会对来自所有站点的 Cookie 总数做出限制，通常为 300 个。
- 不确定性。如果客户端配置为禁用 Cookie，则 Web 应用中使用的 Cookie 将被限制，客户端将无法保存 Cookie。
- 安全风险。现在有很多的软件能够伪装 Cookie，这意味着保存在本地的 Cookie 并不安全，Cookie 能够通过程序修改为伪造的，这会导致 Web 应用在认证用户权限时出现错误。

在 Windows 9X 系统计算机中，Cookie 文件的存放位置为 C:/Windows/Cookies；在 Windows NT/2000/XP 系统计算机中，Cookie 文件的存放位置为 C:/Documents and Settings/用户名/Cookies。Internet Explorer 将站点的 Cookie 保存为以下格式：用户名@网站地址[数字].txt。打开 Cookie 文件时，经常会发现文件的内容是一串无意义的字符。这是因为多数情况下，Cookie 会以某种方式进行加密和解密。

5.4.2 Cookie 对象的属性和方法

Cookie 对象的主要属性如下。
- Name：获取或设置 Cookie 的名称。
- Value：获取或设置 Cookie 的值。
- Expires：获取或设置 Cookie 的过期日期和事件。
- Version：获取或设置符合 HTTP 维护状态的 Cookie 版本。

Cookie 对象的主要方法如下。
- Add：增加 Cookie 变量。
- Clear：清除 Cookie 集合内的变量。
- Get：通过变量名称或索引得到 Cookie 变量的值。
- Remove：通过 Cookie 变量名称或索引删除 Cookie 对象。
- Set：用于更新 Cookie 变量的值。

5.4.3 Cookie 对象的使用

浏览器负责管理用户系统中的 Cookie。 ASP.NET 包含两个内部 Cookie 集合：Request 对象的 Cookie 集合和 Response 对象的 Cookie 集合。Cookie 通过 Response 对象发送到浏览器。创建 Cookie 时，需要指定 Name 属性和 Value 属性。每个 Cookie 必须有唯一的名称，以便以后从浏览器读取 Cookie 时可以识别。由于 Cookie 按名称存储，因此用相同的名称命名两个 Cookie 会导致其中一个 Cookie 被覆盖。

有两种方法可以向用户计算机中写入 Cookie。可以直接为 Cookie 集合设置 Cookie 属性，也可以创建一个 HttpCookie 实例并将该实例添加到 Cookie 集合中。下面的代码演示了编写 Cookie 的两种方法：

```
Response.Cookies["userName"].Value = "patrick";
Response.Cookies["userName"].Expires = DateTime.Now.AddDays(1);
```

或

```
HttpCookie MyCookie = new HttpCookie("MyCookie ");
MyCookie.Value = Server.HtmlEncode("一个 Cookie 应用程序");   //设置 Cookie 的值
MyCookie.Expires = DateTime.Now.AddDays(5);                  //设置 Cookie 过期时间
Response.Cookies.Add(MyCookie);                              //新增 Cookie
```

也可以使用 Response 对象的 AppendCookie 方法进行 Cookie 对象的创建，修改最后一行代码，如下所示：

```
HttpCookie MyCookie = new HttpCookie("MyCookie");
MyCookie.Value = Server.HtmlEncode("一个 Cookie 应用程序");   //设置 Cookie 的值
MyCookie.Expires = DateTime.Now.AddDays(5);                  //设置 Cookie 过期时间
Response.AppendCookie(MyCookie);
```

上述示例向 Cookie 集合添加了两个 Cookie：一个名为 userName，另一个名为 MyCookie。对于第一个 Cookie，Cookie 集合的值是直接设置的。对于第二个 Cookie，我们创建了一个 HttpCookie 实例，设置其属性，然后通过 Add 或 AppendCookie 方法将其添加到 Cookie 集合中。在实例化 HttpCookie 对象时，必须将 Cookie 的名称作为构造函数的一部分进行传递。

浏览器向站点发出请求时，会随请求一起发送站点的 Cookie。在 ASP.NET 应用程序中，可以使用 Request 对象读取 Cookie，并且读取方式与将 Cookie 写入 Response 对象的方式基本相同。下面的代码示例演示了这两种方法，通过这两种方法可以获取名为 username 的 Cookie 的值，并显示在 Label 控件中：

```
if (Request.Cookies["userName"] != null)
    Label1.Text = Server.HtmlEncode(Request.Cookies["userName"].Value);
```

或

```
if (Request.Cookies["userName"] != null)
{
    HttpCookie MyCookie = Request.Cookies["userName"];
    Label1.Text = Server.HtmlEncode(MyCookie.Value);
}
```

在尝试获取 Cookie 的值之前，应确保 Cookie 存在；如果 Cookie 不存在，将会收到 NullReferenceException 异常。

【例 5-5】Cookie 的使用。

(1) 创建 Cookie.aspx 页面。

(2) 在 Cookie.aspx.cs 中添加代码，创建一个 Cookie，当用户下次登录时获取上次写入的 Cookie 信息。代码如下：

```
protected void Page_Load(object sender, EventArgs e)
```

```
{
    try
    {
        HttpCookie MyCookie = new HttpCookie("MyCookie ");      //创建 Cookie 对象
        MyCookie.Value = Server.HtmlEncode("一个 Cookie 应用程序");  //Cookie 赋值
        MyCookie.Expires = DateTime.Now.AddDays(5);             //Cookie 持续时间
        Response.AppendCookie(MyCookie);                        //添加 Cookie
        Response.Write("Cookie 创建成功");                      //输出成功
        Response.Write("<hr/>获取 Cookie 的值<hr/>");
        HttpCookie GetCookie = Request.Cookies["MyCookie"];     //获取 Cookie
        //输出 Cookie 的值
        Response.Write("Cookie 的值:" + GetCookie.Value.ToString() + "<br/>");
        Response.Write("当前时间: " + DateTime.Now.ToString()+ "<br/>");
        Response.Write("Cookie 的过期时间:" + MyCookie.Expires.ToString() + "<br/>");
        // 从当前运行时间计算 5 天后过期
    }
    catch
    {
        Response.Write("Cookie 创建失败");                      //抛出异常
    }
}
```

(3) 用户第一次登录网站时，运行结果如图 5-7 所示，获取 Cookie 信息时出错，抛出异常。当下次运行或刷新页面时，将看到如图 5-8 所示的结果，将上一次写入 Cookie 的信息读出并显示。

图 5-7　程序第一次运行

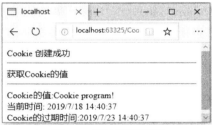
图 5-8　再次运行程序

5.4.4　检测用户是否启用了 Cookie

对于程序设计人员来说，检测用户是否启用了 Cookie 是十分重要的，因为用户可以通过设置浏览器的功能来禁用 Cookie。如果用户禁止使用 Cookie，那么使用了 Cookie 功能的网页就可能出现错误。

例如，用户禁止使用 Cookie，而网页的程序设计人员却使用 Cookie 来记录用户的某些爱好，用户花了很长时间来设定自己的爱好，但是下次再访问的时候，以前的设置都没有保存下来，这会让用户感到困惑。所以，在用户禁止了 Cookie 功能的时候，网页应该能够检测出来并告知用户产生问题的原因，并提示用户重新设置 Cookie 的值。最直接的检测方法就是在客户端保存一个 Cookie，然后立即访问这个 Cookie。如果这个 Cookie 的值与原来保存的值相同，说明 Cookie 没有被禁止；否则，就说明禁止了 Cookie。

另外，需要注意的是，虽然 Cookie 在应用程序中非常有用，但应用程序不应只依赖 Cookie，不要使用 Cookie 支持关键功能。这是因为用户可能随时清除计算机上的 Cookie。即便存储的 Cookie 距离到期日期还有很长时间，用户也可以决定删除所有 Cookie，清除 Cookie 中存储的所有信息。

5.5 Session 对象

用户在上网时，可以利用超链接方便地从一个页面跳转到另一个页面。但是这样也带来一个问题，怎样记载用户的信息呢？例如，用户在首页上输入了自己的用户名和密码，如果在其他页面上还要使用用户名，那么怎样记住用户在首页上输入的用户名呢？

至今为止，主要有以下两种方法：
- 利用 Request 对象的 QueryString 方法一页一页地传过去，这种方法的缺点是太麻烦。
- 利用 Cookie 保存用户名。

下面再来学习一种更简洁的方法：利用 Session(会话)对象。

5.5.1 Session 对象简介

Session 对象是由 System.Web.HttpSessionState 类实现的，是 HttpSessionState 类的实例。Session 用来存储跨页程序的变量或对象，用来记载特定用户的信息。即使用户从一个页面跳转到另一个页面，Session 信息也仍然存在，用户在网站的任何一个页面上都可以存取 Session 信息。Session 对象只针对单一网页的使用者，也就是说，各个机器之间的 Session 对象不尽相同，如图 5-9 所示。

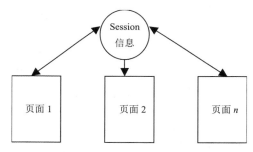

图 5-9　Session 对象示意图

需要特别强调的是：不同用户的信息用不同的 Session 对象记载。例如，用户 A 和用户 B，当用户 A 访问某个 Web 应用时，应用程序可以显式地为用户 A 增加一个 Session 值。同样，当用户 B 访问该 Web 应用时，应用程序又为用户 B 增加另一个 Session 值。

Session 的工作原理还是比较复杂的：当客户端第一次访问某个应用程序时，ASP.NET 会自动产生一个 SessionID，并把这个 SessionID 存放在客户端的 Cookie 中。当客户端再次访问该应用程序时，ASP.NET 会检查客户端的 SessionID，并返回 SessionID 对应的 Session 信息。如果客户端不支持 Cookie，ASP.NET 将把 SessionID 存储在每个超链接的 URL 中，以确保 Session

正常运行。

Session 对象的主要属性如下。
- SessionID：对于不同的用户会话，SessionID 是唯一的，是只读属性。
- IsNewSession：如果用户访问页面时创建新的会话，将返回 true，否则将返回 false。
- Timeout：表示 Session 的有效时长，也就是在会话结束之前会等待用户没有任何活动的最长时间，默认为 20 分钟。
- Keys：根据索引号获取变量值。
- Count：获取会话状态集合中的项数。

Session 对象的主要方法如下。
- Abandon：清除 Session 对象。
- Add：创建 Session 对象。
- Clear：清除全部的 Session 对象，但不结束会话。

Session 对象的常用的事件有 Session_OnStart(在开始新会话时触发)和 Session_OnEnd(在会话被放弃或过期时触发)，它们需要和后面介绍的 Global.asax 文件结合使用。

5.5.2 Session 对象的使用

利用 Session 存储信息其实很简单,可以把变量或字符串等信息很容易地保存在 Session 中。Session 对象可以不使用 Add 方法进行创建，而直接使用下面的语法结构进行创建：

Session ["Session 名字"] = 变量、常量、字符串或表达式

例如：

Session ["user_name"] =name
Session ["age"] =22
Session ["company"] = "IBM"

注意：
第一次给一个 Session 赋值时会自动创建 Session 对象，以后再赋值相当于更改其中的值。

读取 Session 的语法也很简单，只要将 Session["Session 名字"]像变量一样使用就可以了。不过，读取一个不存在的 Session 将返回 Nothing。

5.5.3 Session_Start 和 Session_End 事件

Session_Start 事件在 Session 对象开始时被触发。通过 Session_Start 事件可以统计应用程序当前访问的人数，同时也可以进行一些与用户配置相关的初始化工作，示例代码如下：

```
protected void Session_Start(object sender, EventArgs e)
{
    Application ["online"] = Application ["online"]+1;        //在线人数加 1
}
```

与之相反的是 Session_End 事件，当 Session 对象结束时会触发该事件。当使用 Session 对象统计在线人数时，可以通过 Session_End 事件减少在线人数的统计数字，同时也可以对用户

配置进行相关的清理工作，示例代码如下：

```
protected void Session_End(object sender, EventArgs e)
{
    Application ["online"] = Application ["online"]-1;      //在线人数减1
}
```

当用户离开页面或者 Session 对象的生命周期结束时，可以在 Session_End 事件中清除用户信息并进行相应的统计操作。

5.5.4 Timeout 属性

Session 对象是不是一直有效呢？不是的，Session 对象的有效期默认为 20 分钟。客户端如果超过 20 分钟没有和服务器端进行交互或者关闭了浏览器，服务器就会销毁这些 Session 对象，以释放 Session 对象占用的内存空间。

很多时候需要修改 Session 对象的有效期，比如网上考试，可能考生打开试卷后 90 分钟后才会递交试卷，这就需要将有效期改成 90 分钟。这时就要用到 Timeout 属性，语法格式如下：

Session.Timeout = 整数(分钟)

例如：

Session.Timeout = 90   //将有效期改为 90 分钟

注意：

在使用 Session 对象时，经常会发生错误，比如丢失了用户名等信息，这就是因为有效期的问题。

5.5.5 Abandon 方法

一旦调用 Abandon 方法，当前会话就不再有效，同时会启动新的会话。语法格式如下：

Session.Abandon()

例如：

Session ["user_name"] = "晓晓"
Session.Abandon()

5.5.6 Session 对象的注意事项

状态服务器是 ASP.NET 引入的一个新对象，它可以单独存储 Session 对象的内容，即使 ASP.NET 服务器进程失败，状态服务器也可以保存和管理这些 Session 信息。

无论使用什么方法，都会使用服务器的资源来存储 Session 信息。当服务器负载不大时，使用 Session 对象的方法保存用户信息是十分有效的。但是，当服务器的负载过大时，这种方法就会加重服务器的负担。对于在线人数上百万的网站来说，为每个用户维护一定数量的 Session 信息会占用巨大的服务器资源。所以，在确定是否使用 Session 对象时，要仔细考虑这些内容，才能保证网站资源得到有效利用。

5.6 Application 对象

Application 对象是 HttpApplication 类的实例，在客户端第一次从某个特定的 ASP.NET 应用程序虚拟目录中请求任何 URL 资源时创建。Web 应用中的每个 ASP.NET 应用程序都需要创建单独的实例，然后通过内部 Application 对象公开对每个实例进行引用。

Application 对象主要用于统计在线人数、创建聊天室、读取数据库中的数据等。Application 对象最典型的应用是聊天室，将大家的发言都存放到一个 Application 对象中，彼此就可以看到他人发言的内容了。

5.6.1 Application 对象简介

Application 对象用来保存所有用户的公共信息。Application 对象的工作原理是在服务器端建立一个状态变量来存储所需的信息。需要注意的是，首先，这个状态变量建立在服务器的内存中；其次，这个状态变量可以被网站的所有用户访问。

从 Web 站点的主目录开始，每个目录和子目录都可以作为 Application 对象。只要在一个目录中没有找到其他的 Application 对象，那么该目录中的每一个文件和子目录就是这个 Application 对象的一部分。

Application 对象是应用程序级对象，用来存储 ASP.NET 应用程序中多个会话和请求之间的全局共享信息；与此相反，Session 对象可以记载特定用户的信息。简而言之，不同的用户可以访问公共的 Application 对象，但必须访问不同的 Session 对象。

Application 对象不像 Session 对象那样对有效期有限制，从应用程序启动直到应用程序停止，Application 对象一直存在。如果服务器重新启动，那么 Application 对象中的信息就丢失了。

Application 对象具有如下特性：
- 数据可以在 Application 对象内进行共享，一个 Application 对象可以覆盖多个用户。
- Application 对象可以通过使用 Internet 服务管理器来设置，从而获得不同的属性。
- 单独的 Application 对象可以隔离出来并运行在内存中。
- 可以停止一个 Application 对象而不会影响其他 Application 对象。

Application 对象的常用属性有以下 6 个。
- AllKeys：获取 HttpApplicationState 集合的所有键。
- Contents：获取 HttpApplicationState 对象的引用。
- Count：获取 HttpApplicationState 集合的数量。
- Item：通过名称和索引访问 HttpApplicationState 集合。
- Keys：获取 HttpApplicationState 集合的所有键，从 NameObjectCollectionBase 继承。
- StaticObjects：获取所有使用<object>标签声明的静态对象。

Application 对象也有事件和方法，方法主要有下面 5 个。
- Lock：锁定 Application 对象以促进访问同步。
- Unlock：解除锁定。

- Add：新增 Application 对象。
- Clear：清除全部的 Application 对象。
- Remove：使用变量名称移除 Application 对象。

5.6.2 利用 Application 对象存储信息

使用 Application 对象可以把变量、字符串等信息很容易地保存起来。语法格式如下：

Application ["Application 名字"]= 变量、常量、字符串或表达式

将信息保存到 Application 对象中的方法主要有以下两种。

(1) 可以通过使用 Application 对象的方法对 Application 对象进行操作，其中，使用 Add 方法能够创建 Application 对象，示例代码如下：

```
Application.Add("App", "Myname");        //增加 Application 对象 App
Application.Add("App1", "MyValue");      //增加 Application 对象 App1
```

如果需要使用 Application 对象，可以通过索引 Application 对象的变量名进行访问，代码如下：

```
Response.Write(Application["App1"].ToString());   //输出 Application 对象
```

Application 对象通常可以用来统计在线人数，在页面加载后可以通过配置文件使用 Application 对象的 Add 方法创建 Application 对象，当用户离开页面时，可以使用 Application 对象的 Remove 方法移除 Application 对象，代码如下：

```
Application.Remove("App");
```

(2) 可以直接把变量、字符串等信息保存在 Application 对象中，当 Web 应用不希望用户在客户端修改已经存在的 Application 对象时，可以使用 Lock 方法进行锁定，在执行完相应的代码块后可以解锁。示例代码如下：

```
Application .Lock( );
Application ["user_name"] = uname;        //将 user_name 变量存入 Application 对象
Application .Unlock( );
```

注意：

Lock 方法和 Unlock 方法是非常重要的，任何用户都可以存取 Application 对象，如果正好有两个用户同时更改同一个 Application 对象的值，该怎么办？这时，就可以利用 Lock 方法先将 Application 对象锁定，以防止其他用户更改。更改后，再利用 Unlock 方法解除锁定。不过，读取 Application 对象时就没必要这样做了。

5.7 Server 对象

Server 对象是 HttpServerUtility 类的实例，通过 Server 对象可以对服务器上的方法和属性进行访问。Server 对象是专为处理服务器上的特定任务而设计的，特别是与服务器的环境和处理

活动有关的任务。

5.7.1 Server 对象简介

Server 对象提供了一些非常有用的属性和方法，主要用于创建 COM 对象和脚本化组件、转换数据格式以及管理其他页面的执行。语法格式如下：

Server.方法(变量或字符串)
Server.属性 = 属性值

Server 对象的常用属性和方法分别如表 5-8 和表 5-9 所示。

表 5-8 Server 对象常用属性列表

属　　性	说　　明
ScriptTimeout	规定脚本文件的最长执行时间，超过时间就停止执行脚本，以秒计
MachineName	获取远程服务器的名称

表 5-9 Server 对象常用方法列表

方　　法	说　　明
CreateObject	创建 COM 对象的一个服务器实例
HTMLEncode	将字符串转换为 HTML 格式并输出
HTMLDecode	与 HTMLEncode 相反，还原为原来的字符串
URLEncode	将字符串转换为 URL 编码并输出
URLDecode	与 URLEncode 相反，还原为原来的字符串
MapPath	将虚拟路径转换为对应的物理文件路径
Execute	停止执行当前网页，转到新的网页执行，执行完毕后返回到原来的网页，继续执行 Execute 方法后面的语句
Transfer	停止执行当前网页，转到新的网页执行。和 Execute 方法不同的是：执行完以后不返回到原来的网页，而是停止执行过程

5.7.2 Server 对象常用方法

Server 对象的一项重要功能是对字符进行 URL/HTML 编码和解码。URL 编码的目的是保证所有浏览器能够正确地传输 URL 路径，一些特殊字符(如?、&、/、空格和中文字符等)在传输时有可能让浏览器发生错误。先编码再传输，在需要使用时通过解码进行还原。HTML 编码的作用是将所有字符全部转换为 HTML 中能够用来显示的字符。例如，<p>这样的字符如果直接显示就是段落，转换以后就会变成<p>，这样浏览时就可以正确显示出<p>，不会造成一些错误。下面对一些常用的方法进行解释。

1. HtmlEncode 和 HtmlDecode 方法

HtmlEncode 方法的作用是对代码中的 HTML 标记进行转码，目的是显示源代码而不是执行它们。

例如，当用户需要显示<HTML>时，如果写成 Response.Write("<HTML>")的话，是不能达到目的的，需要如下这样来写才能达到目的：

```
Response.Write(Server.HtmlEncode("<HTML>"));
```

这时，查看源文件，就可以看到，使用上述方法已经把<HTML>字符串转换成为 <HTML>。但是，在显示时还是显示<HTML>，使用 HtmlEncode 方法就可以让用户随心所欲地显示用户想要显示的内容，而不会和用户的页面混合在一起。

HtmlDecode 方法的作用与 HtmlEncode 方法的作用正好相反，用于将被 HTML 编码的代码解码，恢复代码本来面目。

2. UrlEncode 和 UrlDeconde 方法

UrlEncode 方法也是用来转换字符串的，用来将一些特殊字符(比如?、&、/ 和空格等)转换为 URL 编码。语法格式如下：

```
Server.URLEncode(字符串)
```

为什么要使用 UrlEncode 方法呢？主要有以下两个原因：

- 目前的操作系统允许文件名中含有空格等特殊字符，如果使用 IE 浏览器，一般没有问题，因为浏览器会自动转换空格等特殊字符。但是，如果使用别的浏览器，就可能不支持空格等特殊字符，此时就需要使用 UrlEncode 方法进行转换。
- 在利用 Request 对象的 QueryString 属性获取标识在 URL 后面的参数时，参数可能带有空格等特殊字符，如<a href = "temp.aspx?name = 王 三">，IE 浏览器一般能正确识别，而其他浏览器可能就无法识别空格以后的字符，从而认为 name 的值是"王"。这时候也需要使用 UrlEncode 方法进行转换。比如修改为如下代码：

```
<a href = "temp.aspx?name = <% = Server.URLEncode("王 三")%>">
```

在页面提交的信息中，由于包括文字、数字、特殊符号等，当以 UTF-8 编码提交到服务器时，经常出现乱码。为了解决这一问题，需要通过 Server 对象的 UrlEncode 方法对它们进行 URL 编码转换，再通过 UrlDecode 方法进行解码。URL 编码可以确保所有浏览器均正确地传输 URL 字符串中的文本。UrlDecode 方法用于将 URL 编码向文本字符串进行解码转换。

【例 5-6】UrlEncode 和 UrlDecode 方法的应用。

(1) 创建 UrlEncode.aspx。

(2) 设置要存储到 Cookie 中的用户资料，包括登录时间和用户名，保存前先进行 URL 编码。用户再次登录时，可以获取这两项资料并进行 URL 解码。在 UrlEncode.aspx.cs 设计页面上添加如下代码：

```
HttpCookie MyCookie=Request.Cookies["User_location"];   //获取 Cookie 对象
    if (MyCookie == null)                               //Cookie 为空时生成用户及时间
    {
        string Location_txt=Server.UrlEncode("王先生"+"|"+DateTime.Now.ToString());
        HttpCookie MyCookie_t = new HttpCookie("User_location", Location_txt);   //创建 Cookie 对象
        MyCookie_t.Expires.AddYears(100);               //100 年后过期
        Response.Cookies.Add(MyCookie_t);               //添加 Cookie
        Response.Redirect(Request.Url.ToString());      //返回页面
    }
```

```
        else
        {
            Response.Write("现在登录时间：" + DateTime.Now.ToString() + "<br/>");        //用户目前登录时间
            string[] Loca_txt =Server.UrlDecode (MyCookie.Value).Split(new char[]{ '|' });   //获取用户名
            Response.Write("用户名：" + Loca_txt[0].ToString() + "<br/>");              //输出用户名
            Response.Write("上次登录时间：" + Loca_txt[1].ToString() + "<br/>");
                                                                                        //输出上次登录时间
            MyCookie.Value = Loca_txt[0].ToString() + "|" + DateTime.Now.ToString();
                                                                                        //再次保存更新 Cookie
        }
```

运行结果如图 5-10 所示。

3. MapPath 方法

Server.MapPath 方法用于将虚拟路径转换为绝对路径。这个方法在需要包含或执行其他的文件并且需要指定路径名，但路径名又常常发生变化的情况下使用，如下所示：

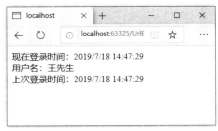

图 5-10　UrlEncode 和 UrlDecode 方法示例

```
StingsPath=Server.MapPath("/");
```

4. Transfer(path)方法

终止当前程序的执行，进入 path 所指的程序。该方法可以把控制传递出去，可以把原来页面的所有内置对象和这些对象的状态都传递给新的页面，如 Request 对象的查询字符串。使用这种方法还可以把一个大的程序划分成小的模块，然后使用 Transfer 方法把各个模块联系起来。语法格式如下：

```
Server.Transfer (变量或字符串)
```

5. Execute(path)方法

在当前程序中执行 path 所指定的程序，与 Transfer 方法的不同之处在于，当 path 所指的程序运行完毕后，将继续执行当前程序中后面的代码。语法格式如下：

```
Server.Execute (变量或字符串)
```

例如：

```
Server.Execute("http://www.contoso.com/updateinfo.aspx");
```

6. ScriptTimeout 属性

该属性用来规定脚本文件执行的最长时间，默认为 90 秒。如果超过最长时间脚本文件还没有执行完，就自动停止执行。这样做，可以防止某些可能进入死循环的错误导致服务器过载。

对于运行时间较长的页面可能需要增大这个属性的值，修改该属性的方法如下：

```
Server.ScriptTimeout = 300        //将最长执行时间设置为 300 秒
```

7. CreateObject 方法

该方法可用于创建组件、应用程序或脚本对象的实例。在 ASP.NET 中该方法用得不多，语法格式如下：

Server.CreateObject (ActiveX Server 组件)

例如：

Object MyObject;
MyObject = Server.CreateObject("Acme.Component.3");

5.8 ViewState

ViewState(视图状态)对象是 Page 对象的属性，是状态管理中常用的一种对象。视图状态是 ASP.NET Pages 框架默认情况下用于保存往返过程之间的页面信息以及控件值的方法。视图状态中存储的常见数据类型有字符串、整数、布尔值、Array 对象、ArrayList 对象、哈希表和泛型对象等。

当呈现页面的HTML形式时，需要在回发过程中保留的页面的当前状态和值将被序列化为 Base64编码的字符串，并输出到视图状态的隐藏字段中。可以通过实现自定义的PageStatePersiste 类存储页面数据，也可以更改默认行为并将视图状态存储到另一个位置，如SQL Server数据库。

程序员可以通过使用页面的ViewState属性将往返过程中的数据保存到Web服务器端，然后利用自己的代码访问视图状态。ViewState是个包含键/值对的字典，并通过唯一的键名来访问对应的值。

使用 ViewState 可以带来很多方便，但是也有一些问题需要注意。

- 视图状态提供了 ASP.NET 页面的特定状态信息。如果需要在多个页面上使用信息，或者需要在访问网站时保留信息，则应当使用另一种方法(如应用程序状态、会话状态或个性化设置)来维护状态。
- 视图状态信息将序列化为 XML，然后进行 Base64 编码，这将生成大量的数据。将页面回发到服务器时，如果视图状态包含大量信息，则会影响页面的性能。
- 虽然使用视图状态可以保存页面信息和控件值，但是在某些情况下，需要关闭视图状态。比如使用 GridView 控件显示数据，单击 GridView 控件的"下一页"按钮，此时，GridView 控件呈现的数据已经不再是前一页的数据。如果使用视图状态将前一页数据保存下来，不仅没有必要而且还会生成大量的隐藏字段，增加页面大小。

如果隐藏字段中的数据量过大，某些代理的防火墙将禁止访问包含这些数据的页面。由于允许的最大数据量随着采用的防火墙和代理的不同而不同，因此大量隐藏字段可能会导致偶发性问题。为了避免这一问题，可采取以下措施：如果 ViewState 属性中存储的数据量超过为页面的 MaxPageStateFieldLength 属性指定的值，就将视图状态拆分为多个隐藏字段，使每个单独字段的大小在防火墙拒绝的大小之下。

【例 5-7】 ViewState 对象的使用。

(1) 创建 ViewState.aspx 文件。

(2) 打开 ViewState.aspx 文件的设计视图,从【工具箱】中拖动三个 TextBox 控件和两个 Button 控件到 Web 窗体中,控件的 Text 属性和页面布局如图 5-11 所示。代码如下。

```
姓    名：<asp:TextBox ID="TextBox1" runat="server"></asp:TextBox>
<br />
年    龄：<asp:TextBox ID="TextBox2" runat="server"></asp:TextBox>
<br />
邮 箱 地 址：<asp:TextBox ID="TextBox3" runat="server"></asp:TextBox>
<br />
<asp:Button ID="Button1" runat="server" Text="保存状态数据" OnClick="Button1_Click"/>
<asp:Button ID="Button2" runat="server" Text="读取状态数据" OnClick="Button2_Click" />
<br />
显示状态信息：<br />
<asp:Label ID="Label3" runat="server" Text="Label"></asp:Label>
```

(3) 在 ViewState.aspx.cs 文件中添加页面的 Load 事件和两个按钮的单击事件处理程序,代码如下:

```
protected void Page_Load(object sender, EventArgs e)
{
    if (!Page.IsPostBack)
    {
        ViewState.Add("name", "Tom");
        ViewState.Add("age", 33);
    }
}
protected void Button1_Click(object sender, EventArgs e)
{
    if (TextBox1.Text != "")
        ViewState["name"] = TextBox1.Text;
    if (TextBox2.Text != "")
        ViewState["age"] = TextBox2.Text;
}
protected void Button2_Click(object sender, EventArgs e)
{
    Label3.Text = "ViewState 信息如下:<br>姓名：";
    Label3.Text += ViewState["name"];
    Label3.Text += "<br>年龄：";
    Label3.Text += ViewState["age"];
}
```

(4) 编译并运行程序,单击【读取状态数据】按钮,读取 ViewState 的初值,如图 5-11 所示;输入姓名和年龄后,单击【保存状态数据】按钮,然后再次单击【读取状态数据】按钮,读取 ViewState 的新值,如图 5-12 所示。

图 5-11　读取 ViewState 的初值

图 5-12　读取 ViewState 的新值

5.9　本章小结

本章所讲的对象和第 6 章将要介绍的服务器控件在本质上都是.NET框架中的类。除此之外，.NET 还提供了其他大量的类，大家可以参考.NET 框架的示例文档进行学习。

本章重点介绍了以下 7 个对象。
- Request 对象：用来获取客户端信息。
- Response 对象：可以向客户端输出信息。
- Cookie 对象：一种可以在客户端保存信息的方法。
- Session 对象：记载特定用户的信息。
- Application 对象：存储 ASP.NET 应用程序中多个会话和请求之间的全局共享信息。
- Server 对象：专用于处理服务器上的特定任务。
- ViewState 对象：保存数据信息。

每个对象都有一些常用的方法和属性，可结合具体的示例进行学习。

由于 Web 应用程序从本质上讲是无状态的，为了维持客户端的状态，可以使用 ASP.NET 内置对象，包括 Session、Cookie、Application 对象等。

5.10　练习

(1) 如果设置 Session 时没有设置有效期，那么关闭浏览器后 Session 还有效吗？

(2) 请将 Response 对象的 Write 方法与利用标签控件输出信息进行比较。

(3) Application 对象的 Lock 和 Unlock 方法在什么情况下使用，只用其中的一个方法行吗？为什么？

(4) Application、Session 和 Cookie 对象都是保存数据的，三者有什么区别？

(5) 将来开发留言板时，经常会碰到这样的问题，本来希望来访者输入文字留言，结果来访者输入了一些 HTML 语句，比如输入一些 JavaScript 语句等。这样可能就无法正常显示了。要防止这种情况，可以采用本章介绍的哪种方法？

(6) 请设计一个页面，用 Cookie 保存信息，在页面上显示"您好，您是第几次光临本站"的欢迎信息。

(7) 请设计一个页面，用 Session 保存信息，在页面上创建两个 Button 按钮，分别是"登录"和"注销"按钮，这两个按钮不同时显示，并且添加标签控件。在显示"注销"按钮的同时会显示"admin 用户已登录"，当单击"注销"按钮后，页面上就只会显示"登录"按钮。

(8) 编写程序，利用 Application 对象记录用户访问的数量，并在页面上进行显示。

第 6 章
ASP.NET 常用服务器控件

ASP.NET 服务器控件是 ASP.NET 网页中的对象,当客户端浏览器请求服务器端的网页时,这些控件将在服务器上运行,然后向客户端浏览器呈现 HTML 标记。使用 ASP.NET 服务器控件,可以大幅减少开发 Web 应用程序所需编写的代码量,提高开发效率和 Web 应用程序的性能。

本章的学习目标:
- 了解 ASP.NET 服务器控件的种类和属性;
- 掌握标准服务器控件;
- 掌握验证控件、导航控件的使用。

6.1 服务器控件概述

在网页上你会经常看到输入信息用的文本框、单选按钮、复选框、下拉列表等元素,它们都是控件。控件是可重用的组件或对象,有自己的属性和方法,可以响应事件。

ASP.NET 服务器控件是 ASP.NET 网页上的服务器端对象,当用户通过浏览器请求 ASP.NET 网页时,这些控件将运行并把生成的标准 HTML 文件发送至客户端浏览器来呈现。

网站部署在 Web 服务器上,人们可以通过浏览器来访问这个站点。当客户端请求静态的 HTML 页面时,服务器找到对应的文件直接发送给用户端浏览器;而在请求 ASP.NET 页面时(扩展名为.aspx 的页面),服务器将在文件系统中找到并读取对应的页面,然后将页面中的服务器控件转换成浏览器可以解释的 HTML 标记和一些脚本代码,再将转换后的结果页面发送给用户。

在 ASP.NET 页面上,服务器控件表现为标记,例如<asp:textbox.../>。这些标记不是标准的 HTML 元素,因此,如果它们出现在网页上,浏览器将无法理解。然而,当从 Web 服务器上请求 ASP.NET 页面时,这些标记都将被转换为 HTML 元素,因此浏览器只会接收它能理解的 HTML 内容。

在创建.aspx 页面时,可以将任意的服务器控件放置到页面上,然而请求服务器上该页面的浏览器将只会接收到 HTML 和 JavaScript 脚本代码。Web 浏览器无法理解 ASP.NET,而只能理解 HTML 和 JavaScript——不能处理 ASP.NET 代码。服务器读取 ASP.NET 代码并进行处理,将所有 ASP.NET 特有的内容转换为 HTML 以及(如果浏览器支持的话)一些 JavaScript 代码,然后将最新生成的 HTML 发送回浏览器。

6.1.1 控件的种类

启动 Visual Studio 2015 后，选择【视图】|【工具箱】命令，可以看到【工具箱】中有以下控件，如图 6-1 所示。

图 6-1 工具箱

- 标准控件：标准控件是 ASP.NET 的基础控件，其中包括 ASP.NET 日常开发中经常使用的基本控件。
- 数据控件：数据控件包括数据源控件和数据绑定控件。有关内容参见本书的第8和9章。
- 验证控件：验证控件用来对标准控件的数据内容进行校验，从而根据验证的结果判断页面可以提交还是提示用户相关的检验失败信息。
- 导航控件：导航控件用于实现网站或各个应用的导航功能。
- 登录控件：登录控件用于辅助完成网站用户的注册、登录、修改信息、获取密码等认证功能，通过登录控件，可以轻松地构建出复杂的登录认证模块。
- WebParts 控件：用来实现定义和布局 Web 部件的相关控件。
- AJAX Extensions 控件：主要用来实现 Web 2.0 的一些页面效果，并提高客户端的工作效率。
- 报表控件：主要用来解决报表方面的样式问题。
- HTML 控件：提供对标准 HTML 元素的类封装，使开发人员可以对其进行编程。

本章将对常用的标准控件、验证控件和导航控件进行详细的讲解，其他控件将在其他章节或案例中进行讲解。

6.1.2 在页面中添加 HTML 服务器控件

给 HTML 标记添加 runat="server"属性，HTML 标记就变成了 HTML 服务器控件。每个 HTML 服务器控件都是一个对象，因此，可以在服务器上以编程方式访问其属性和方法，并为其编写在服务器端运行的事件处理程序；用户输入到 HTML 服务器控件中的值可以高速缓存，并自动维护控件的视图状态；另外，还可以指定 ASP.NET 验证控件来验证 HTML 服务器控件的值。

比较如下代码：

```
<input id="Button1" type="button" value="button"/>
```

添加服务器端属性之后的代码如下：

`<input id="Button1" type="button" value="button" runat="server"/>`

可以看到，只需要在控件中添加 runat="server"即可。

6.1.3　在页面中添加 Web 服务器控件

添加 Web 服务器控件有两种方式：可以通过【工具箱】选择待添加的控件，然后直接将控件拖动到需要添加的页面位置；也可以直接进入页面的源视图，通过 HTML 语法，直接将控件添加到页面的相应位置。

下面通过一个简单的示例来描述如何添加 Web 服务器控件：

(1) 启动 Visual Studio 2015，选择【文件】|【新建】|【网站】命令，将网站命名为 ControlDemo，在网站中添加一个新的.aspx 页面，命名为 OperateControl.aspx。

(2) 双击新建的页面，进入页面的设计视图。打开【工具箱】，在【标准】控件组中选择 Label 控件，然后将其拖动到页面中。这时，页面的设计视图中会自动出现一个 Label 控件，该控件的默认名称为 Label1。

(3) 切换到页面的源视图，可以看到，在页面中自动增加了如下代码：

`<asp: Label ID="Label1" runat="server" Text="Label"></asp: Label>`

通过上面的步骤可以看出，通过在源视图中添加 HTML 代码，或者通过在设计视图进行可视化编辑，可以完成控件的添加。

6.1.4　以编程方式添加服务器控件

除了前面介绍的通过页面直接添加控件的方法以外，还可以在页面后台的.cs 代码文件中进行添加。以编程方式添加服务器控件时，需要先构造出控件的一个实例，然后再对控件的实例属性进行设定。下面的代码演示了如何在页面中添加一个 Label 控件和一个 Panel 控件，同时将 Label 控件再添加到 Panel 控件中。

```
//定义 Label 对象
Label myLabel = new Label();
//定义 Label 对象显示的文本为 test
myLabel.Text = "test" ;
//定义 Panel 对象
Panel Panel1 = new Panel();
//将 Label 添加到 Panel 中
Panel1.Controls.Add(myLabel);
```

6.1.5　设置服务器控件的属性

每个控件都有自己的属性，如 ID、Text 属性等。通过设置不同的属性，可以改变服务器控件展现的内容和显示风格等。

在 ASP.NET 中，可以通过三种方式设置服务器控件的属性：一是通过"属性"窗口直接设置，二是在控件的 HTML 代码中进行设置，三是通过页面的后台代码以编程的方式设置控件的属性。

通过【属性】窗口直接进行设置是最简单的方式，设置的时候，只需要右击控件，从弹出的快捷菜单中选择"属性"命令，即可对控件的属性进行设置。图 6-2 所示的是 Label 控件的【属性】窗口。

图 6-2　控件的【属性】窗口

通过【属性】窗口设置的控件属性，会自动更新到页面的相应控件的 HTML 代码中。如果对控件的某些属性比较熟悉，也可以在控件的 HTML 代码中直接编写代码，但属性内容的设置，必须参照每个控件的声明语法，设置语法中存在的属性和值。

在对控件的 HTML 代码进行设置的时候，Visual Studio 2015 会根据控件的类型，给予自动提示。换言之，在每个控件的作用域内，按空格键，会弹出控件在各自作用域内的所有可设置属性，图 6-3 显示的是 Label 控件的所有可设置属性。

图 6-3　Label 控件的所有可设置属性

除了设置控件的初始属性之外，还可以通过后台页面的代码部分，设置控件经过某些响应或事件之后的属性信息，如下所示：

```
protected void Page_Load(object sender, EventArgs e)
{
    Label1.Visible = false;        //在 Page_Load 中设置 Label1 的可见性
}
```

上述代码编写了 Page_Load(页面加载)事件,当页面初次被加载时,会执行 Page_Load 事件中的代码。这里通过编程的方法对控件的属性进行设置,当页面加载时,控件的属性会被应用。

6.2 标准服务器控件

给 HTML 标记添加 runat="server"属性后,HTML 标记就变成了 HTML 服务器控件。每个 HTML 服务器控件都是一个对象,因此,可以在服务器上以编程的方式来访问其属性和方法,并为其编写在服务器端运行的事件处理程序。

6.2.1 标签控件 Label

使用 Label 控件可以在页面上的固定位置显示文本。与静态文本不同,可以通过设置 Label 控件的 Text 属性来自定义所显示的文本。语法格式如下:

```
<asp:Label ID="控件名称"  Text="显示的文字"  runat="server" />
```

例如:

```csharp
protected void Page_PreInit(object sender, EventArgs e)
{
        Label1.Text = "Hello World";                    //标签赋值
}
```

【例 6-1】演示 Label 控件的使用。

(1) 创建文件 Label.aspx,在其中添加如下代码:

```html
<body>
    <asp:Label ID="Label1" runat="server" Text="Label"></asp:Label>
    <br /><asp:Label ID="Label2" runat="server" Text="Label"></asp:Label>
</body>
```

(2) 在 Label.aspx.cs 中添加代码,在初始化页面时将 Label1 的文本属性设置为 ASP.NET 4.0。对于 Label 控件,同样也可以显式 HTML 样式,示例代码如下:

```csharp
protected void Page_PreInit(object sender, EventArgs e)
{   //输出 HTML
    Label1.Text = "ASP.NET 4.5.1<hr/><span style=\"color:green\">ASP.NET 4.5.1</span>";
    Label1.Font.Size = FontUnit.Large;      //设置字体大小
    //输出 HTML
    Label2.Text = "ASP.NET 4.5.1<hr/><span style=\"color:green\">ASP.NET 4.5.1</span>";
    Label2.Font.Size = FontUnit.XXLarge;
}
```

上述代码中,Label1 的 Text 属性被设置为一串 HTML 代码,当 Label 文本被呈现时,会以 HTML 效果显式,运行结果如图 6-4 所示。

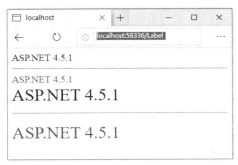

图 6-4　Label 控件的运行效果

如果只是为了显示一般的文本或 HTML 效果，则不推荐使用 Label 控件，因为服务器控件过多会导致网站性能下降。使用静态的 HTML 文本能够让页面解析速度更快。显示于 Label 控件中的长文本在小屏幕设备上的呈现效果可能不太好。因此，最好使用 Label 控件显示短文本。

6.2.2　文本框控件 TextBox

TextBox 控件是用来让用户向 ASP.NET 网页输入文本的服务器控件。默认情况下，TextBox 控件的 TextMode 属性设置为 TextBoxMode.SingleLine，以显示单行文本框。但也可以将 TextMode 属性设置为 TextBoxMode.MultiLine，以显示多行文本框(该文本框将作为 textarea 元素呈现)。还可以将 TextMode 属性设置为 TextBoxMode.Password，以显示屏蔽用户输入的文本框。通过使用 Text 属性可以获得 TextBox 控件上显示的文本。

另外，将 TextMode 属性设置为 TextBoxMode.Password 有助于确保用户在输入密码时其他人无法看到。但是，输入文本框中的文本没有以任何方式进行加密，为了提高安全性，在发送其中带有密码的页面时，可以使用安全套接字层(SSL)和加密。

在 Web 开发中，Web 应用程序通常需要和用户进行交互，例如用户注册、登录、发帖等，因而需要文本框控件 TextBox 来接收用户输入的信息。开发人员还可以使用文本框控件 TextBox 制作高级的文本编辑器，用于 HTML 以及文本的输入输出。

通常情况下，默认的文本框控件 TextBox 是单行文本框，用户只能在文本框中输入一行内容。TextBox 的语法格式如下：

```
<asp:Textbox   ID="控件名称"
    TextMode=" SingleLine | Multiline | Password"
    Text="显示的文字"
    MaxLength="整数，表示输入的最大字符数"
    Rows="整数，当为多行文本时的行数"
    Columns="整数，当为多行文本时的列数"
    Wrap="True | False，表示当控件内容超过控件宽度时是否自动换行"
    AutoPostBack="True | False，表示在修改文本以后，是否自动上传数据"
    OnTextChanged="当文字改变时触发的事件过程"
    runat="server" />
```

文本框控件 TextBox 常用的属性如下。
- AutoPostBack：在修改文本以后，是否自动重传。

- Columns：文本框的宽度。
- EnableViewState：控件是否自动保存状态以用于往返过程。
- MaxLength：用户输入的最大字符数。
- ReadOnly：是否为只读。
- Rows：作为多行文本框时显式的行数。
- TextMode：文本框的模式，可设置为单行、多行等。
- Wrap：文本框是否换行。

1．AutoPostBack(自动回传)属性

在与网页的交互过程中，如果用户提交了表单或者执行了相应的方法，那么页面将会被发送到服务器，服务器将执行表单的操作或者执行相应方法，然后呈现给用户，例如按钮控件、下拉菜单控件等。如果将某个控件的 AutoPostBack 属性设置为 true，那么当该控件的属性被修改时，同样会使页面自动发回到服务器。

2．EnableViewState(控件视图状态)属性

ViewState 是 ASP.NET 用来保存 Web 控件回传状态的一种机制，是由 ASP.NET Pages 框架管理的隐藏字段。在回传发生时，ViewState 数据同样会回传到服务器，ASP.NET Pages 解析 ViewState 字符串并为页面中的各个控件填充 ViewState 属性。填充后，控件通过使用 ViewState 将数据重新恢复到以前的状态。

在使用某些特殊的控件时，每次打开页面都执行一次数据库往返过程是非常不明智的。开发人员可以绑定数据，在加载页面时仅对页面设置一次，在后续的回传中，控件将自动从 ViewState 中重新填充，从而减少数据库的往返次数，不使用过多的服务器资源。默认情况下，EnableViewState 属性的值为 true。

3．其他属性

上面两个是比较重要的属性，下面几个属性也经常使用。

- MaxLength：在注册时可以限制用户输入的字符串长度。
- ReadOnly：如果设置为 true，那么文本框中的值是无法编辑的。
- TextMode：设置文本框的模式，例如单行、多行和密码形式。默认情况下，不设置 TextMode 属性，文本框默认为单行。

【例 6-2】演示文本框控件 TextBox 的使用。

创建文件 TextBox.aspx，添加如下代码：

```
用户名：<asp:TextBox ID="TextBox1" runat="server"></asp:TextBox>
    <br /> <br />
    密码：<asp:TextBox ID="TextBox3" runat="server" TextMode="Password"></asp:TextBox>
    <br /> <br />
    个人简介：<asp:TextBox ID="TextBox2" runat="server" Height="101px" TextMode="MultiLine"
        Width="325px"></asp:TextBox>
```

上述代码演示了三种文本框的使用方法，运行后的效果如图 6-5 所示。

图 6-5　文本框的三种形式

无论是在 Web 应用程序开发还是 Windows 应用程序开发中，文本框控件都是非常重要的。文本框在用户交互中能够起到非常重要的作用。

6.2.3　按钮控件 Button、LinkButton 和 ImageButton

在和 Web 应用程序交互时，常常需要执行提交表单、获取表单信息等操作。在此期间，按钮控件是非常必要的。按钮控件能够触发事件，或者将网页中的信息回传给服务器。在 ASP.NET 中，包含三类按钮控件，分别为 Button、LinkButton 和 ImageButton。表 6-1 对这三种按钮控件做了比较。

表 6-1　三种按钮控件的比较

控　　件	说　　明
Button	显示标准命令按钮，按钮呈现为 HTML input 元素
LinkButton	呈现为页面中的超链接，但是包含使窗体被发回服务器的客户端脚本(可以使用 HyperLink 服务器控件创建真实的超链接)
ImageButton	将图形呈现为按钮，这对于提供丰富的按钮外观非常有用。ImageButton 控件还提供有关图形内已单击位置的坐标信息

Button 是普通按钮控件，语法格式如下：

```
<asp:Button   id="控件名称"
         Text="按钮上的文字"
         CommandArgument="按钮管理的命令参数"
         CommandName="与按钮关联的命令"
         OnCommand="事件过程名称"
         OnClick="事件过程名称"
         runat="server"/>
```

LinkButton 具有超链接的外观和普通按钮的功能，语法格式如下：

```
<asp:linkbutton   id="控件名称"   Text="按钮上的文字"   OnClick="事件过程名称"   runat="server" />
```

ImageButton 用来创建图像提交按钮，语法格式如下：

```
<asp:ImageButton   id="控件名称"   ImageUrl="要显示图像的 URL"   OnClick="事件过程名称"
runat="server" />
```

1. 按钮事件

当用户单击任何按钮控件时，都会将页面发送到服务器。这使得在基于服务器的代码中，网页被处理，任何挂起的事件被引发。这些按钮还可以引发它们自己的 Click 事件，可以为这些事件编写"事件处理程序"。

2. 按钮回发行为

当用户单击按钮控件时，会将页面回发到服务器。默认情况下，会回发到页面本身，重新生成相同的页面并执行控件的事件处理程序。

可以配置按钮以将当前页面回发到另一页面，这对于创建多页窗体非常有用。

按钮控件用于事件的提交，按钮控件包含一些通用属性，按钮控件的常用属性如下。

- CausesValidation：按钮是否导致激发验证检查。
- CommandArgument：与按钮关联的命令参数。
- CommandName：与按钮关联的命令。
- ValidationGroup：指定单击按钮时调用页面上的哪些验证程序。如果未建立任何验证组，则会调用页面上的所有验证程序。

这三种按钮控件对应的事件通常是 Click 单击事件和 Command 命令事件。在 Click 单击事件中，通常编写用户单击按钮时需要执行的事件。

【例 6-3】 演示 Button、LinkButton、ImageButton 控件的 Click 单击事件。

(1) 创建文件 Button.aspx，添加如下代码：

```
<body>
    <form id="form1" runat="server">
    <asp:Button ID="Button1" runat="server" OnClick="Button1_Click" Text="Button" />  普通的按钮
        <br /><br />
    <asp:LinkButton ID="LinkButton1" runat="server"
                OnClick="LinkButton1_Click">LinkButton</asp:LinkButton>  Link 类型的按钮
        <br /><br />
    <asp:ImageButton   ID="ImageButton1" runat="server"   ImageUrl="image.png" Height=50
        AlternateText="this is a ImageButton." OnClick="ImageButton1_Click"/>
                 图像类型的按钮
    <br /> <br />
    <asp:Label ID="Label1" runat="server" Text="Label"></asp:Label>
        <br />
    <asp:Label ID="Label2" runat="server" Text="Label"></asp:Label>
        <br />
    <asp:Label ID="Label3" runat="server" Text="Label"></asp:Label>
    </form>
</body>
```

(2) 在 Button.aspx.cs 中添加如下代码：

```
protected void Button1_Click(object sender, EventArgs e)
{
    Label1.Text = "普通按钮被触发";     //输出信息
```

```
}
protected void LinkButton1_Click(object sender, EventArgs e)
{
    Label2.Text = "超链接按钮被触发";      //输出信息
}
protected void ImageButton1_Click(object sender, ImageClickEventArgs e)
{
    Label3.Text = "图片按钮被触发";       //输出信息
}
```

运行后,分别单击 Button、LinkButton 和图片按钮。

上述代码分别为三种按钮生成了事件,运行效果如图 6-6 和图 6-7 所示。

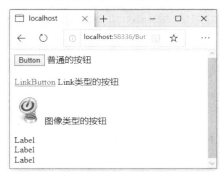 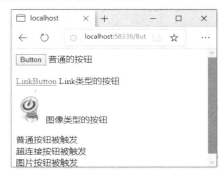

图 6-6 运行效果　　　　　　　　　图 6-7 三种类型按钮的 Click 事件触发后的效果

按钮控件的 Click 事件并不能传递参数,所以处理的事件相对简单。而 Command 事件可以传递参数,负责传递参数的是按钮控件的 CommandArgument 和 CommandName 属性,如图 6-8 所示。

图 6-8 CommandArgument 和 CommandName 属性

将 CommandArgument 和 CommandName 属性分别设置为 Hello 和 show,创建一个 Command 事件并在该事件中编写相应的代码:

```
protected void Button1_Command(object sender, CommandEventArgs e)
{   if (e.CommandName == "show")
    //如果 CommandNmae 属性的值为 show,则运行下面的代码
    {
```

```
        Label1.Text = e.CommandArgument.ToString();
        //将 CommandArgument 属性的值赋值给 Label1
    }
}
```

当按钮同时包含 Click 和 Command 事件时，通常情况下会执行 Command 事件。

Command 事件有一些 Click 事件不具备的好处，就是传递参数。可以对按钮的 CommandArgument 和 CommandName 属性分别进行设置，通过判断 CommandArgument 和 CommandName 属性来执行相应的方法。相比 Click 单击事件而言，Command 命令事件具有更高的可控性。

6.2.4 复选框控件 CheckBox 和复选框列表控件 CheckBoxList

CheckBox 控件和 CheckBoxList 控件分别用于向用户提供选项和选项列表。CheckBox 控件适合用在选项不多且比较固定的情况，当选项较多或者需要在运行时动态决定有哪些选项时，使用 CheckBoxList 控件则比较方便。CheckBox 控件的语法格式如下：

```
< asp:Checkbox    id="控件名称"
                  Checked="True | False"
                  Text="关联文字，为复选框创建标签"
                  AutoPostBack="True | False "
                  OnCheckedChanged="单击事件触发的事件过程"
                  runat="server" />
```

CheckBoxList 控件的语法格式如下：

```
<asp:CheckBoxList id="控件名称"   AutoPostBack="True | False"
    OnSelectedIndexChanged="改变选择时触发的事件过程"
    RepeatColumns="整数，表示显示的列数，默认为1"
    RepeatDirection="Vertical | Horizontal，表示排列方向"
    RepeatLayout="Flow | Table，表示排列布局"
    SelectedIndex="索引值，从 0 开始，表示默认选中项，在运行时设置"
    runat="server">
    <asp: ListItem Value="选项值 0" Selected="True | False">选项文字 0
    </asp: ListItem >
    <asp: ListItem Value="选项值 1" Selected="True | False">选项文字 1
    </asp: ListItem >
    …
</asp:CheckBoxList >
```

【例 6-4】演示 CheckBox、CheckBoxList 控件的使用。

(1) 创建 CheckBox.aspx 文件，在页面上添加一个 Button、一个 Label、两个 CheckBox 和一个 CheckBoxList 控件。

(2) 在设置 CheckBoxList 控件的选项时，如图 6-9 所示，可以通过单击【编辑项】来打开【ListItem 集合编辑器】对话框，单击【添加】按钮，可以添加多个选项，如图 6-10 所示。

第 6 章 ASP.NET 常用服务器控件

图 6-9 选择 CheckBoxList 任务

图 6-10 【ListItem 集合编辑器】对话框

(3) 在 CheckBox.aspx 页面中添加如下代码：

```
<form ID="form1" runat="server">
    <asp:CheckBoxList ID="CheckBoxList1" runat="server">
        <asp:ListItem>唱歌</asp:ListItem>
        <asp:ListItem>跳舞</asp:ListItem>
        <asp:ListItem>读书</asp:ListItem>
        <asp:ListItem>运动</asp:ListItem>
    </asp:CheckBoxList>
    <asp:Button ID="Button1" runat="server" onclick="Button1_Click1" Text="Button" />
<br />
    <asp:CheckBox ID="CheckBox1" runat="server"
        oncheckedchanged="CheckBox1_CheckedChanged1" />改变风格
        <br />
    <asp:CheckBox ID="CheckBox2" runat="server"
        oncheckedchanged="CheckBox2_CheckedChanged1" />改变颜色
        <br />
    <asp:Label ID="Label1" runat="server" Text="Label"></asp:Label>
        <br />
</form>
```

(4) 在 CheckBox.aspx.cs 中添加如下代码：

```
using System;
using System.Collections.Generic;
using System.Linq;
using System.Web;
using System.Web.UI;
using System.Web.UI.WebControls;
public partial class CheckBox : System.Web.UI.Page
{
    protected void Page_Load(object sender, EventArgs e)
    {
    }
    protected void Button1_Click1(object sender, EventArgs e)
    {
```

131

```csharp
            string str = "选择结果: ";
            Label1.Text = "";
            for (int i = 0; i < CheckBoxList1.Items.Count; i++)
            {
                if (CheckBoxList1.Items[i].Selected)
                {
                    str += CheckBoxList1.Items[i].Text + "、";
                }
            }
            if (str.EndsWith("、") == true) str = str.Substring(0, str.Length - 1);
            Label1.Text = str;
            if (str == "选择结果: ")
            {
                string scriptString = "alert('请做出选择! ');";
                Page.ClientScript.RegisterClientScriptBlock(this.GetType(), "warning!",
                            scriptString, true);
            }
            else
            {
                Label1.Visible = true;
                Label1.Text = str;
            }
        }
        protected void CheckBox1_CheckedChanged1(object sender, EventArgs e)
        {
            this.CheckBoxList1.BackColor =
                    CheckBox1.Checked ? System.Drawing.Color.Beige : System.Drawing.Color.Azure;
            CheckBoxList1.RepeatDirection =
                    CheckBox1.Checked ? RepeatDirection.Horizontal : RepeatDirection.Vertical;
        }
        protected void CheckBox2_CheckedChanged1(object sender, EventArgs e)
        {
            if (CheckBox2.Checked)
            {
                this.CheckBoxList1.ForeColor = System.Drawing.Color.Red;
                Label1.ForeColor = System.Drawing.Color.Red;
            }
            else
            {
                this.CheckBoxList1.ForeColor = System.Drawing.Color.Black;
                Label1.ForeColor = System.Drawing.Color.Black;
            }
        }
    }
}
```

(5) 运行后,结果如图 6-11 和图 6-12 所示。

图 6-11　运行时的初始状态

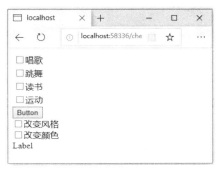

图 6-12　选中复选框后单击 Button

6.2.5　RadioButton 和 RadioButtonList 控件

在向 ASP.NET 网页添加单选按钮时，可以使用两种服务器控件来实现：RadioButton 控件或 RadioButtonList 控件。这两种控件都允许用户从一小组互斥的预定义选项中进行选择。

这两种控件允许定义任意数目的带标签的单选按钮，并将它们水平或垂直排列。

每类控件都有各自的优点。单个 RadioButton 控件可以更好地控制单选按钮组的布局。例如，可以在各单选按钮之间加入文本(非单选按钮文本)。

RadioButtonList 控件不允许用户在各单选按钮之间插入文本，但如果想将单选按钮绑定到数据源，使用这类控件要方便得多。在编写代码以检查选定的单选按钮方面，也会稍微简单一些。

RadioButton 控件的语法格式如下：

```
< asp:RadioButton   id="控件名称"
    Checked="True | False，表示控件是否被选中"
    Text="关联文字，为单选按钮创建标签"
    TextAlign=" True | False，表示文本标签相对于控件的对齐方式"
    GroupName="单选按钮所处的组名"
    AutoPostBack="True | False "
    OnCheckedChanged="单击触发的事件过程"
    runat="server" />
```

单选按钮控件通常用 Checked 属性来判断某个选项是否被选中，多个单选按钮控件之间可能存在着某些联系，这些联系通过 GroupName 进行约束和联系，示例代码如下：

```
<asp:RadioButton ID="RadioButton1" AutoPostBack="true"  runat="server" GroupName="choose"
    Text="Choose1" />
<asp:RadioButton ID="RadioButton2" AutoPostBack="true"  runat="server" GroupName="choose"
    Text="Choose2" />
```

上述代码声明了两个单选按钮控件，并将 GroupName 属性都设置为 choose。单选按钮控件中最常用的事件是 CheckedChanged，当控件的选中状态发生改变时，则触发该事件，示例代码如下：

```
protected void RadioButton1_CheckedChanged(object sender, EventArgs e)
{
    Label1.Text = "第一个被选中";
```

```
    }
    protected void RadioButton2_CheckedChanged(object sender, EventArgs e)
    {
        Label1.Text = "第二个被选中";
    }
```

RadioButtonList 控件的语法格式如下：

```
<asp:RadioButtonList id="控件名称"
    AutoPostBack="True | False"
    OnSelectedIndexChanged="改变选择时触发的事件过程"
    RepeatColumns="整数，表示显示的列数，默认为 1"
    RepeatDirection="Vertical | Horizontal，表示排列方向"
    RepeatLayout="Flow | Table，表示排列布局"
    SelectedIndex="索引值，从 0 开始，表示默认选中的项，只能在运行时设置"
    runat="server">
    <asp: ListItem Value="选项值 0" Selected="True | False">
    选项文字 0
    </asp: ListItem >
    <asp: ListItem Value="选项值 1" Selected="True | False">
    选项文字 1
    </asp: ListItem >
        …
</asp:RadioButtonList>
```

1. 对单选按钮分组

单选按钮很少单独使用，通常对它们进行分组以提供一组互斥的选项。在一组内，每次只能选中一个单选按钮。可使用以下两种方法创建分组的单选按钮：

(1) 首先在页面中添加单个的 RadioButton 控件，然后将所有这些控件手动分配到一组中。具有相同组名的所有单选按钮被视为该组的组成部分。

(2) 在页面中添加一个 RadioButtonList 控件，该控件中的列表项将自动进行分组。

2. RadioButton 事件

在单个 RadioButton 控件和 RadioButtonList 控件之间，事件的工作方式略有不同。

单个 RadioButton 控件在用户单击时引发 CheckedChanged 事件。默认情况下，该事件并不导致向服务器发送页面，但通过将 AutoPostBack 属性设置为 true，可以使该控件强制立即发送。

与单个 RadioButton 控件相反，RadioButtonList 控件在用户更改列表中选中的单选按钮时会触发 SelectedIndexChanged 事件。默认情况下，该事件并不导致向服务器发送页面，但通过将 AutoPostBack 属性设置为 true，可以将该控件强制立即发送。

6.2.6 列表控件 DropDownList 和 ListBox

在 Web 开发中，经常需要使用列表控件，从而让用户的输入变得简单。例如在用户注册时，用户所在地是有限元素的集合，而且用户不喜欢经常输入，这时可以使用列表控件。列表控件能够简化用户输入并且防止用户输入实际中不存在的数据，如性别的选择等。

1. DropDownList 列表控件

列表控件能在一个控件中为用户提供多个选项，同时还能避免用户输入错误的选项。DropDownList 是一个单项选择下拉列表控件，语法格式如下：

```
<asp:DropDownList id="控件名称"
    AutoPostBack="True | False"
    OnSelectedIndexChanged="改变选择时触发的事件过程"
    runat="server">
    <asp: ListItem    Value="选项值 1"    Selected="True | False">
    选项文字 1
    </asp: ListItem>
    <asp: ListItem    Value="选项值 2"    Selected="True | False">
    选项文字 2
    </asp: ListItem>
    …
</asp:DropDownList >
```

以上代码创建了一个 DropDownList 列表控件，并能手动增加列表项。同时，DropDownList 列表控件也可以绑定数据源控件。DropDownList 列表控件最常用的事件是 SelectedIndexChanged，当 DropDownList 列表控件的选择项发生变化时，则会触发该事件。

2. ListBox 列表控件

相对于 DropDownList 列表控件而言，ListBox 列表控件可以指定用户是否允许选择多项，语法格式如下：

```
<asp:ListBox id="控件名称"
    AutoPostBack="True | False"
    OnSelectedIndexChanged="改变选择时触发的事件过程"
    SeletionMode="Single | Multiple，表示单选或多选，默认为单选"
    Rows="整数，表示显示的行数"
    runat="server">
    <asp: ListItem    value="选项值 1"    selected="True | False">
    选项文字 1
    </asp: ListItem >
    <asp: ListItem    value="选项值 2"    selected="True | False">
    选项文字 2
    </asp:l ListItem >
        …
</asp:ListBox>
```

相对于 DropDownList 列表控件而言，ListBox 列表控件可以指定用户是否允许选择多项。设置 SelectionMode 属性为 Single 时，表明只允许用户从下拉列表中选择一项；而当 SelectionMode 属性被设置为 Multiple 时，用户可以按住 Ctrl 键或者使用 Shift 组合键从下拉列表中选择多项。

【例 6-5】演示 DropDownList 和 ListBox 列表控件的使用。

(1) 创建文件 DropDownList.aspx，添加一个 DropDownList 控件、一个 ListBox 控件和两个 Label 控件，并且使用 ListItem 为 DropDownList 和 ListBox 控件添加选项，代码如下：

```html
<form id="form1" runat="server">
    <div>
        <asp:DropDownList ID="DropDownList1" runat="server" AutoPostBack="True"
                        OnSelectedIndexChanged="DropDownList1_SelectedIndexChanged1">
            <asp:ListItem>请选择一门课程</asp:ListItem>
            <asp:ListItem>ASP.NET</asp:ListItem>
            <asp:ListItem>JSP</asp:ListItem>
            <asp:ListItem>PHP</asp:ListItem>
            <asp:ListItem>数据结构</asp:ListItem>
            <asp:ListItem>操作系统</asp:ListItem>
            <asp:ListItem>数据库原理</asp:ListItem>
        </asp:DropDownList>
        <asp:Label ID="Label1" runat="server" Text="Label"></asp:Label>
        <br />
        <asp:ListBox ID="ListBox1" runat="server" AutoPostBack="True"
            onselectedindexchanged="ListBox1_SelectedIndexChanged"
            SelectionMode="Multiple">
            <asp:ListItem>请选择多门课程</asp:ListItem>
            <asp:ListItem>ASP.NET</asp:ListItem>
            <asp:ListItem>JSP</asp:ListItem>
            <asp:ListItem>PHP</asp:ListItem>
            <asp:ListItem>数据结构</asp:ListItem>
            <asp:ListItem>操作系统</asp:ListItem>
            <asp:ListItem>数据库原理</asp:ListItem>
        </asp:ListBox>
        <asp:Label ID="Label2" runat="server" Text="Label"></asp:Label>
    </div>
</form>
```

(2) 在 DropDownList.aspx.cs 中添加如下代码：

```csharp
protected void DropDownList1_SelectedIndexChanged1(object sender, EventArgs e)
{
    Label1.Text = "你选择了" + DropDownList1.Text + "课程";
}
protected void ListBox1_SelectedIndexChanged(object sender, EventArgs e)
{
    string str = "";
    Label2.Text = "";
    for (int i = 0; i < ListBox1.Items.Count; i++)
    {
        if (ListBox1.Items[i].Selected)
        {
```

```
                    str += ListBox1.Items[i].Text + "、";
                }
            }
            Label2.Text = "你选择了" + str + "课程";
        }
```

如果允许用户选择多项，只需要设置 SelectionMode 属性为 Multiple 即可，如图 6-13 所示。

图 6-13　设置 SelectionMode 属性

(3) 运行代码，效果如图 6-14 和图 6-15 所示。

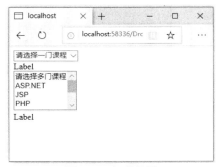

图 6-14　初始效果

图 6-15　选择之后的效果

6.2.7　MultiView 和 View 控件

使用 MultiView 和 View 控件可以制作出选项卡的效果。MultiView 控件用作一个或多个 View 控件的外部容器。View 控件又可包含标记和控件的任何组合。

如果要切换视图，可以使用控件的 ID 或者 View 控件的索引值。在 MultiView 控件中，一次只能将一个 View 控件定义为活动视图。如果某个 View 控件定义为活动视图，则它所包含的子控件会呈现到客户端。可以使用 ActiveViewIndex 属性或 SetActiveView 方法定义活动视图。如果 ActiveViewIndex 属性为空，则 MultiView 控件不向客户端呈现任何内容。如果活动视图设置为 MultiView 控件中不存在的 View，则会在运行时引发 ArgumentOutOfRangeException 异常。

MultiView 控件的一些常用属性和方法如下。

- ActiveViewIndex 属性：用于获取或设置当前被激活显示的 View 控件的索引值。默认值为 –1，表示没有 View 控件被激活。
- SetActiveView 方法：用于激活显示特定的 View 控件。
- ActiveViewChanged 事件：当视图切换时被触发。

MultiView 控件一次显示一个 View 控件，并公开该 View 控件内的标记和控件。通过设置 MultiView 控件的 ActiveViewIndex 属性，可以指定当前可见的 View 控件。

1. 呈现 View 控件的内容

当未选择某个 View 控件时，该控件不会呈现到页面中。但是，每次呈现页面时都会创建所有 View 控件中所有服务器控件的实例，并且将这些实例的值存储为页面的视图状态的一部分。

无论是 MultiView 控件还是各个 View 控件，除当前 View 控件的内容外，都不会在页面中显示任何标记。例如，这些控件不会以与 Panel 控件相同的方式呈现 div 元素，也不支持可以作为整体应用于当前 View 控件的外观属性。但是，可以将主题先分配给 MultiView 或 View 控件，再应用于当前 View 控件的所有子控件。

2. 引用控件

每个 View 控件都支持 Controls 属性，该属性包含 View 控件中子控件的集合。也可以在代码中单独引用 View 控件中的子控件。

3. 在视图间导航

除了通过将 MultiView 控件的 ActiveViewIndex 属性设置为要显示的 View 控件的索引值进行导航外，MultiView 控件还支持可以添加到每个 View 控件的导航按钮。

为了创建导航按钮，可以向每个 View 控件添加按钮控件(Button、LinkButton 或 ImageButton)，然后可以将每个按钮控件的 CommandName 和 CommandArgument 属性设置为保留值，以使 MultiView 控件移动到另一个视图。

【例 6-6】View 和 MultiView 控件示例。

(1) 在网站根目录下，添加新页面 MultiViewControl.aspx。

(2) 切换到 MultiViewControl.aspx 的【设计】视图。

(3) 输入静态文本"按书名、类别或出版社搜索？"，如图 6-16 所示，添加三个 RadioButton 控件到页面上。切换到【源】视图，修改 HTML 代码，如下所示：

图 6-16　添加控件

按书名、类别或出版社搜索?
```
<br />
<asp:RadioButton ID="radioProduct" runat="server" AutoPostBack="true"
GroupName="SearchType" Text="书名" OnCheckedChanged="radioButton_CheckedChanged" />
<asp:RadioButton ID="radioCategory" runat="server" AutoPostBack="true"
GroupName="SearchType" Text="类别" OnCheckedChanged="radioButton_CheckedChanged" />
<asp:RadioButton ID="radioPublisher" runat="server" GroupName="SearchType"
AutoPostBack="True" Text="出版社" OnCheckedChanged="radioButton_CheckedChanged" />
```

请注意将这三个 RadioButton 控件的 CheckChanged 事件处理程序设置为 onchecked changed= "radioButton_CheckedChanged"，这样单击任意一个 RadioButton 控件，响应它们的事件处理程序都是相同的。

(4) 从【工具箱】的【标准】选项卡中，拖动 MultiView 控件到页面上，再拖动三个 View 控件到 MultiView 控件上，拖动一个 Button 控件到页面上。

分别单击这三个 View 控件，将 ID 属性分别改为 viewProductSearch、viewCategorySearch、ViewPublisher；直接输入静态文本"输入书名""输入类别""输入出版社名"；从【工具箱】的【标准】选项卡中，分别拖动三个 Textbox 控件到三个 View 控件上，将 ID 属性分别修改为 textProductName、textCategory、textPublisher。

(5) 切换到【源】视图，可以看到如下代码：

```
<asp:MultiView ID="MultiView1" runat="server">
    <asp:View ID="viewProductSearch" runat="server">
        输入书名：       
        <asp:TextBox ID="textProductName" runat="server">
        </asp:TextBox>
    </asp:View>
    <asp:View ID="viewCategorySearch" runat="server">
        输入类别：      
        <asp:TextBox ID="textCategory" runat="server">
        </asp:TextBox>
    </asp:View>
    <asp:View ID="ViewPublisher" runat="server">
        输入出版社名：<asp:TextBox ID="textPublisher" runat="server"></asp:TextBox>
    </asp:View>
</asp:MultiView> 
```

(6) 如下设置 Button1 控件的标记：

```
<asp:Button ID="btnSearch" OnClick="Button1_Click" runat="server" Text="Search" />
```

(7) 切换到 MultiViewControl.aspx.cs，在"类"体内添加如下代码：

```
public enum SearchType
{
    NotSet = -1,
    Products = 0,
    Category = 1,
    Publisher = 2
```

```csharp
}
protected void Page_Load(object sender, EventArgs e)
{
    MultiView1.ActiveViewIndex = 0;
}
protected void Button1_Click(Object sender, System.EventArgs e)
{
    if (MultiView1.ActiveViewIndex > -1)
    {
        SearchType mSearchType = (SearchType)MultiView1.ActiveViewIndex;
        switch (mSearchType)
        {
            case SearchType.Products:
                DoSearch(textProductName.Text, mSearchType);
                break;
            case SearchType.Category:
                DoSearch(textCategory.Text, mSearchType);
                break;
            case SearchType.Publisher:
                DoSearch(textPublisher.Text, mSearchType);
                break;
            case SearchType.NotSet:
                break;
        }
    }
}
protected void DoSearch(String searchTerm, SearchType type)
{
    // Code here to perform a search.
    string scriptString = "alert('"+"您输入的"+searchTerm+"');";
    Page.ClientScript.RegisterClientScriptBlock(this.GetType(), "success", scriptString, true);
    // Response.Write("您输入的"+ searchTerm );
}

protected void radioButton_CheckedChanged(Object sender, System.EventArgs e)
{
    if (radioProduct.Checked)
    {
        MultiView1.ActiveViewIndex = (int)SearchType.Products;
    }
    else if (radioCategory.Checked)
    {
        MultiView1.ActiveViewIndex = (int)SearchType.Category;
    }
    else if (radioPublisher.Checked)
    {
```

```
            MultiView1.ActiveViewIndex = (int)SearchType.Publisher;
        }
}
```

(8) 运行代码，当选中不同的单选按钮时，将显示对应的内容，效果如图 6-17 所示。

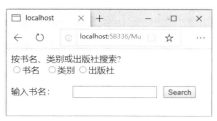

图 6-17　运行结果

6.2.8　广告控件 AdRotator

AdRotator 控件提供了一种在 ASP.NET 网页上显示广告的方法。该控件可以显示.gif 文件或其他图形图像。当用户单击广告时，系统会将它们重定向到指定的目标 URL。

AdRotator 控件可以从数据源(通常是 XML 文件或数据库表)提供的广告列表中自动读取广告信息，如图形文件名和目标 URL。可以将信息存储在 XML 文件或数据库表中，然后将 AdRotator 控件绑定到相应的数据源。

AdRotator 控件会随机选择广告，每次刷新页面时都将更改显示的广告。可以加权以控制广告的优先级别，这可以使某些广告的显示频率比其他广告高。也可以编写在广告间循环的自定义逻辑。

AdRotator 控件的所有属性都是可选的。XML 文件中可以包括下列属性。

- ImageUrl：要显示的图像的 URL。
- NavigateUrl：单击 AdRotator 控件时要转到的网页的 URL。
- AlternateText：图像不可用时显示的文本。
- Keyword：可用于筛选特定广告的广告类别。
- Impressions：一个指示广告的可能显示频率的数值(加权数值)。在 XML 文件中，所有 Impressions 值的总和不能超过 2 048 000 000－1。
- Height：广告的高度(以像素为单位)。此值会重写 AdRotator 控件的默认高度设置。
- Width：广告的宽度(以像素为单位)。此值会重写 AdRotator 控件的默认宽度设置。

【例 6-7】使用 AdRotator 控件显示数据库中的广告。

(1) 在 App_Data 文件夹中新建名为 ImageFile.xml 的文件，然后添加如下代码：

```
<?xml version="1.0" encoding="utf-8" ?>
<Advertisements>
  <Ad>
    <ImageUrl>~/google.png</ImageUrl>
    <NavigateUrl>http://www.google.com</NavigateUrl>
    <AlternateText>Ad for Google, Ltd. Web site</AlternateText>
    <Impressions>100</Impressions>
```

```
    </Ad>
    <Ad>
        <ImageUrl>~/yahoo.png</ImageUrl>
        <NavigateUrl>http://www.yahoo.com</NavigateUrl>
        <AlternateText>Ad for Yahoo Web site</AlternateText>
        <Impressions>50</Impressions>
    </Ad>
</Advertisements>
```

(2) 新建 Ad.aspx 页面,在该页面上添加一个 AdRotator 控件。

(3) 单击 AdRotator 控件的智能标记,选择【新建数据源】,如图 6-18 所示。打开【数据源配置向导】对话框,选择【XML 文件】选项,如图 6-19 所示。单击【确定】按钮,打开【配置数据源】对话框,将【数据文件】输入框设置为~/App_Data/ImageFile.xml,最后单击【确定】按钮,如图 6-20 所示。

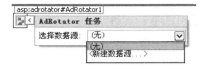

图 6-18　单击 AdRotator 控件的智能标记　　　　图 6-19　【数据源配置向导】对话框

图 6-20　【配置数据源】对话框

(4) 测试广告。单击几次浏览器中的【刷新】按钮,可显示不同的广告信息,出现的广告是随机变化的，如图 6-21 和图 6-22 所示。

图 6-21　广告效果 1

图 6-22　广告效果 2

6.2.9　表格控件 Table

表格控件 Table 用来提供可编程的表格服务器控件，表格中的行可以通过 TableRow 控件创建，表格中的列可通过 TableCell 控件创建。当创建一个表格控件时，系统生成的代码如下：

```
<asp:Table ID="Table1" runat="server" Height="121px" Width="177px">
</asp:Table>
```

上述代码自动生成了一个表格控件，但是没有生成表格中的行和列，必须通过 TableRow 控件创建行，通过 TableCell 控件创建列。还可以设置 Table 控件的 BackImageUrl 属性，用来在表格的背景中显示图像。默认情况下，表格中内容的水平对齐方式并未设置。如果要指定水平对齐方式，则需要设置 HorizontalAlignment 属性。各个单元格之间的间距由 CellSpacing 属性控制。通过设置 CellPadding 属性，可以指定单元格内容与单元格边框之间的空间大小。要显示单元格边框，可以设置 GridLines 属性。可显示水平线、垂直线或同时显示这两种线。示例代码如下：

```
<asp:TableRow>
   <asp:TableCell>1</asp:TableCell>
   <asp:TableCell>2</asp:TableCell>
   <asp:TableCell>3</asp:TableCell>
</asp:TableRow>
<asp:TableRow>
   <asp:TableCell>4</asp:TableCell>
   <asp:TableCell>5</asp:TableCell>
   <asp:TableCell>6</asp:TableCell>
</asp:TableRow>
<asp:TableRow>
   <asp:TableCell>7</asp:TableCell>
   <asp:TableCell>8</asp:TableCell>
   <asp:TableCell>9</asp:TableCell>
</asp:TableRow>
</asp:Table>
```

上述代码创建了一个 3 行 3 列的表格。

表格控件和静态表的区别在于：表格控件能够动态地为表格创建行或列，实现一些特定的程序需求。

【例 6-8】表格示例。

(1) 创建 Table.aspx 页面。

(2) 创建一个 2 行 4 列的表格，同时创建一个 Button 按钮控件来实现动态增加一行的效果。代码如下：

```
<%@ Page Language="C#" AutoEventWireup="true" CodeFile="table.aspx.cs" Inherits="table" %>
<!DOCTYPE html PUBLIC "-//W3C//DTD XHTML 1.0 Transitional//EN"
"http://www.w3.org/TR/xhtml1/DTD/xhtml1-transitional.dtd">
    <script runat="server">
        protected void Button1_Click(object sender, EventArgs e)
        {
            TableRow row = new TableRow();
            Table1.Rows.Add(row);                //创建新行
            for (int i = 9; i < 13; i++)         //遍历4次以创建新列
            {
                TableCell cell = new TableCell();    //定义 TableCell 对象
                cell.Text = i.ToString();            //编写 TableCell 对象的文本
                row.Cells.Add(cell);                 //增加列
            }
        }
    </script>
<html >
<head>
    <title>Table 控件</title>
</head>
<body style="font-style: italic">
    <form id="form1" runat="server">
    <div>
        <asp:Table ID="Table1" runat="server" Height="121px" Width="177px" BackColor="Silver">
        <asp:TableRow ID="row">
         <asp:TableCell>1</asp:TableCell>
         <asp:TableCell>2</asp:TableCell>
         <asp:TableCell>3</asp:TableCell>
         <asp:TableCell BackColor="White">4</asp:TableCell>
        </asp:TableRow>
        <asp:TableRow>
         <asp:TableCell>5</asp:TableCell>
         <asp:TableCell >6</asp:TableCell>
         <asp:TableCell BackColor="White">7</asp:TableCell>
         <asp:TableCell>8</asp:TableCell>
        </asp:TableRow>
        </asp:Table>
        <br />
        <asp:Button ID="Button1" runat="server" Text="添加" onclick="Button1_Click" />
    </div>
```

```
        </form>
    </body>
```

(3) 页面运行效果如图 6-23 所示，单击【添加】按钮，系统会在表格中创建新行，如图 6-24 所示。

图 6-23 原来的表格   图 6-24 动态增加一行

在动态创建行和列的时候，也可以修改行和列的样式，创建自定义样式的表格。通常，表格不仅可用来显示信息，还是一种传统的网页布局方式，创建网页表格有如下三种形式。

- HTML 格式的表格：使用<table>标记显示的静态表格。
- HtmlTable 控件：将传统的<table>控件通过添加 runat="server"属性转换为服务器控件。
- Table 表格控件。

虽然创建表格有以上三种方法，但是推荐开发人员尽量使用静态表格。当不需要对表格做任何逻辑事务处理时，最好使用 HTML 格式的表格，因为这样可以极大地降低页面逻辑、增强性能。

6.2.10 Literal 控件和 Panel 控件

Literal 控件和 Panel 控件均可作为容器控件，但二者的适用场合不同，下面分别进行介绍。

1. Literal 控件

Literal 控件可以作为页面上其他内容的容器，常用于向页面中动态添加内容。

对于静态内容，无须使用容器，可以将标记作为 HTML 直接添加到页面中。但是，如果要动态添加内容，则必须将内容添加到容器中。典型的容器有 Label、Literal、Panel 和 PlaceHolder 控件。

Literal 控件与 Label 控件的区别在于 Literal 控件不向文本中添加任何 HTML 元素(Label 控件将呈现一个 span 元素)。因此，Literal 控件不支持包括位置属性在内的任何样式属性。但是，Literal 控件允许指定是否对内容进行编码。

Panel 和 PlaceHolder 控件呈现为 div 元素，这将在页面中创建离散块，与 Label 和 Literal 控件进行内嵌呈现的方式不同。

通常情况下，当希望文本和控件直接呈现在页面中而不使用任何附加标记时，可以使用 Literal 控件。

Literal 控件最常用的属性是 Mode，Mode 属性用于指定控件对所添加标记的处理方式。可以将 Mode 属性设置为以下值。
- Transform：将对添加到容器中的任何标记进行转换，以适应请求浏览器的协议。如果向使用除 HTML 外的其他协议的移动设备呈现内容，此设置非常有用。
- PassThrough：添加到容器中的任何标记都将按原样呈现在浏览器中。
- Encode：将使用 HtmlEncode 方法对添加到容器中的任何标记进行编码，这会将 HTML 编码转换为文本表示形式。例如，<b>标记将呈现为<b>。当希望浏览器显示而不解释标记时，编码将很有用。编码对于安全也很有用，有助于防止在浏览器中执行恶意标记。显示来自不受信任的源字符串时推荐使用此设置。

2. Panel 控件

Panel 控件在 ASP.NET 网页中提供了一种容器控件，可以用作静态文本和其他控件的父控件，在其中添加其他控件和静态文本。

可以将 Panel 控件用作其他控件的容器。当以编程方式创建内容并且需要一种将内容插入页面中的方法时，Panel 控件尤为适用。以下内容描述了使用 Panel 控件的其他方法。

(1) 动态生成的控件的容器

Panel 控件为在运行时创建的控件提供了方便的容器。

(2) 对控件和标记进行分组

对于一组控件和相关的标记，可以通过把它们放置在 Panel 控件中，然后操作 Panel 控件，将它们作为一个单元进行管理。例如，可以通过设置 Panel 控件的 Visible 属性来隐藏或显示面板中的一组控件。

(3) 具有默认按钮的窗体

可以将 TextBox 控件和 Button 控件放置在 Panel 控件中，然后通过将 Panel 控件的 DefaultButton 属性设置为面板中某个按钮的 ID 来定义默认的按钮。如果用户在面板的文本框中进行输入并按 Enter 键，这与用户单击特定的默认按钮具有相同的效果。这有助于用户更有效地使用项目窗体。

(4) 向其他控件添加滚动条

有些控件(如 TreeView 控件)没有内置的滚动条。通过在 Panel 控件中放置滚动条，可以添加滚动行为。为了向 Panel 控件添加滚动条，需要设置 Height 和 Width 属性，将 Panel 控件限制为特定的大小，然后再设置 ScrollBars 属性。

(5) 页面上的自定义区域

可以使用 Panel 控件在页面上创建具有自定义外观和行为的区域。
- 创建带标题的分组框：可以设置 GroupingText 属性来显示标题。呈现页面时，Panel 控件的周围将显示一个包含标题的框，标题就是 GroupingText 属性。不能在 Panel 控件中同时指定滚动条和分组文本。如果设置了分组文本，其优先级高于滚动条。
- 在页面上创建具有自定义颜色或其他外观的区域：Panel 控件支持外观属性(比如 BackColor 和 BorderWidth)，可以设置外观属性，从而为页面上的某个区域创建独特的外观。

【例 6-9】Panel 和 Literal 控件的使用示例。

(1) 创建 PanelExample.aspx 页面。在页面上添加 Panel、DropDownList1、CheckBox1、

CheckBox2、Literal1 和 Literal2 控件。代码如下：

```
<form id="form1" runat="server">
    <div>
    <asp:panel id="myPanel" runat="server" backcolor="#eeeeee" width="300px"
    GroupingText="Panel 控件">
    <p>作为动态生成的文本框的容器……</p>
</asp:panel>
生成 TextBoxes:
<asp:dropdownlist id="DropDownList1" runat="server">
    <asp:listitem value="1">1</asp:listitem>
    <asp:listitem value="2">2</asp:listitem>
    <asp:listitem value="3">3</asp:listitem>
</asp:dropdownlist>
<asp:CheckBox ID="CheckBoxChangeFont" runat="server" AutoPostBack="True"
    oncheckedchanged="CheckBoxChangeFont_CheckedChanged" Text="设置字体"/>
<asp:CheckBox ID="CheckBoxChangeBkGround" runat="server" AutoPostBack="True"
    oncheckedchanged="CheckBoxChangeBkGround_CheckedChanged" Text="设置背景"/>
    <asp:Literal ID="Literal1" runat="server"></asp:Literal>
    <asp:Literal ID="Literal2" runat="server"></asp:Literal>
</form>
```

(2) 在 PanelExample.aspx.cs 中，根据下面的代码设置各控件的事件处理程序：

```
protected void Page_Load(object src, EventArgs e)
{
    // 生成 TextBox 控件
    int numtexts = int.Parse(DropDownList1.SelectedItem.Value);
    for (int i = 1; i <= numtexts; i++)
    {
        myPanel.Controls.Add(new LiteralControl("<p>"));
        TextBox t = new TextBox();
        t.Text = "TextBox" + i.ToString();
        t.ID = "TextBox" + i.ToString();
        myPanel.Controls.Add(t);
    }
}
protected void CheckBoxChangeFont_CheckedChanged(object sender, EventArgs e)
{
    if (CheckBoxChangeFont.Checked)
    {
        this.myPanel.Font.Italic = true;
        this.myPanel.ForeColor = System.Drawing.Color.Red;
        Literal1.Text = "当前所显示字形是"斜体"，颜色是"红色"";
    }
    else
    {
        this.myPanel.Font.Italic = false;
```

```
            this.myPanel.ForeColor = System.Drawing.Color.Blue;
            Literal1.Text = "当前所显示字形是"默认字体",颜色是"蓝色"";
        }
    }
    protected void CheckBoxChangeBkGround_CheckedChanged(object sender, EventArgs e)
    {
        if (CheckBoxChangeBkGround.Checked)
        {
            this.myPanel.BackColor = System.Drawing.Color.Bisque;//Bisque 橘黄色
            Literal2.Text = "当前所显示背景颜色是"Bisque 橘黄色"。";
        }
        else
        {
            this.myPanel.BackColor = System.Drawing.Color.Beige;//Beige 米黄色
            Literal2.Text = "当前所显示背景颜色是"Beige 米黄色"。";
        }
    }
```

(3) 运行程序,效果如图 6-25 和图 6-26 所示。

图 6-25　运行效果

图 6-26　Panel 控件中的内容改变后的效果

6.3　验证控件

在交互式页面中,经常需要使用输入控件来收集用户输入的信息。为了确保用户提交到服务器的信息在内容和格式上都是合法的,就必须编写代码来验证用户输入的内容。可以在客户端用 JavaScript 代码进行验证,也可以在将页面提交到服务器上之后进行验证,然而不管是哪种方式,都特别烦琐。

ASP.NET 中的验证控件为程序员提供了方便,它们几乎涉及所有的常见验证情况。可以验证服务器控件中用户的输入,并在验证失败的情况下显示一条自定义的错误消息。验证控件直接在客户端执行,用户提交后执行相应的验证,无须使用服务器端验证操作,从而减少了服务器与客户端之间的往返过程。

6.3.1 验证控件及其作用

ASP.NET 验证控件是一些服务器控件的集合,允许这些控件验证关联的输入服务器控件(如 TextBox),并在验证失败时显示自定义消息,每个验证控件执行特定类型的验证。一个输入控件可以同时被多个验证控件关联验证。ASP.NET 提供的验证控件如表 6-2 所示。

表 6-2 ASP.NET 的验证控件

验证类型	使用的控件	说 明
必选项	RequiredFieldValidator	必选项验证控件,验证一个必填字段,如果这个字段没填,那么将不能提交信息
与某值做比较	CompareValidator	比较验证。将用户输入与一个常数值、另一个控件或特定数据类型的值进行比较(使用小于、等于或大于比较运算符),同时也可以用来校验控件中内容的数据类型,如整型、字符串型等
范围检查	RangeValidator	范围验证。RangeValidator 控件可以用来判断用户输入的值是否在某一特定范围内。可以检查数字对、字母对和日期对限定的范围。属性 MaximumValue 和 MinimumValue 用来设置范围的最大值和最小值
模式匹配	RegularExpressionValidator	正则表达式验证。可根据正则表达式来验证用户输入字段的格式是否合法,如电子邮件、身份证、电话号码等。ControlToValidate 属性用于选择需要验证的控件,ValidationExpression 属性用于指定需要验证的表达式的样式
用户定义	CustomValidator	用户定义验证控件,使用自己编写的验证逻辑检查用户输入。此类验证使你能够检查在运行时派生的值。在运行定制的客户端 JavaScript 或 VBScript 函数时,可以使用这种验证
验证汇总	ValidationSummary	验证汇总。不执行验证,但将所有验证控件的验证错误信息汇总为列表并集中显示,列表的显示方式由 DisplayMode 属性设置

因此,可通过使用 CompareValidator 和 RangeValidator 控件分别检查某个特定值或值的范围,还可以使用 CustomValidator 控件定义自己的验证条件,或者使用 ValidationSummary 控件显示网页上所有验证控件的结果摘要。

在 ASP.NET 中,输入服务器控件中可以被验证控件关联验证的属性如表 6-3 所示。

表 6-3 可以被验证控件关联验证的属性

输入服务器控件	被验证的属性
HtmlInputText	Value
HtmlTextArea	Value
HtmlSelect	Value
HtmlInputFile	Value
TextBox	Text
ListBox	SelectedItem.Value
DropDownList	SelectedItem.Value
RadioButtonList	SelectedItem.Value

6.3.2 验证控件的属性和方法

所有的验证控件都继承自 BaseValidator 类。BaseValidator 类为所有的验证控件提供了一些公共的属性和方法，如表 6-4 所示。

表 6-4 验证控件的公共属性和方法

成 员	含 义
ControlToValidate 属性	验证控件将验证的输入控件的 ID，如果为非法 ID，则引发异常
Display 属性	指定验证控件的显示行为
EnableClientScript 属性	指示是否启用客户端验证，通过将 EnableClientScript 属性设置为 false，可在支持此功能的浏览器上禁用客户端验证
Enabled 属性	指示是否启用验证控件，通过将 Enabled 属性设置为 false，可以阻止验证控件验证输入控件
ErrorMessage 属性	当验证失败时在 ValidationSummary 控件中显示的错误信息。如果未设置验证控件的 Text 属性，那么当验证失败时，验证控件中仍显示指定的文本。ErrorMessage 属性通常用于为验证控件和 ValidationSummary 控件提供各种消息
ForeColor 属性	指定当验证失败时用于显示错误消息的文本颜色
IsValid 属性	指示 ControlToValidate 属性指定的输入控件是否被确定为有效
Text 属性	设置 Text 属性后，验证失败时会在验证控件中显示此消息。如果未设置 Text 属性，则在该控件中显示 ErrorMessage 属性指定的文本
Validate 方法	验证相关的输入控件，并更新 IsValid 属性

验证控件总是在服务器上执行验证检查。它们还具有完整的客户端实现，以允许支持 DHTML 的浏览器(如 Internet Explorer 4.0 或更高版本)在客户端执行验证。客户端验证通过在向服务器发送用户输入前检查用户输入来增强验证过程。在提交窗体前即可在客户端检测到错误，从而避免来回传递服务器端验证所需的信息。

客户端验证经常被使用，因为它有非常快的响应速度。如果不需要客户端验证，可以利用 EnableClientScript 属性关闭该功能。通过将 EnableClientScript 属性设置为 false，可在支持此功能的浏览器上禁用客户端验证。

每个验证控件以及 Page 对象本身都有 IsValid 属性，利用该属性可以进行页面有效性验证，只有当页面上的所有验证都成功时，Page.IsValid 属性才为 true。

默认情况下，在单击按钮控件(如 Button、ImageButton 或 LinkButton)时执行验证。可通过将按钮控件的 CausesValidation 属性设置为 false 来禁止在单击按钮控件时执行验证。"取消"或"清除"按钮的 CausesValidation 属性通常设置为 false，以防止在单击按钮控件时执行验证。

6.3.3 表单验证控件 RequiredFieldValidator

在实际应用中，比如在用户填写表单时，有一些项是必填项，例如用户名和密码。在 ASP.NET 中，系统提供了 RequiredFieldValidator 验证控件进行验证。使用 RequiredFieldValidator 验证控件能够指定用户在特定的控件中必须提供相应的信息，如果不输入相应的信息，RequiredFieldValidator 验证控件就会提示相应的错误信息。语法格式如下：

```
<asp:RequiredFieldValidator id="控件名称"
    Display="Dynamic | Static | None"
    ControlToValidate="被验证的控件的名称"
    ErrorMessage="错误发生时的提示信息"
    runat="server" />
```

【例 6-10】RequiredFieldValidator 验证控件的使用。

```
<form id="form1" runat="server">
<div>
    用户名:<asp:TextBox ID="TextBox1" runat="server"></asp:TextBox>
        <asp:RequiredFieldValidator ID="RequiredFieldValidator1" runat="server"
         ControlToValidate="TextBox1"
         ErrorMessage="用户名不能为空！ ">
        </asp:RequiredFieldValidator><br />
    密码:<asp:TextBox ID="TextBox2" runat="server"></asp:TextBox><br />
        <asp:Button ID="Button1" runat="server" Text="登录" /><br />
</div>
</form>
```

在进行验证时，RequiredFieldValidator 验证控件必须绑定到一个服务器控件。在上述代码中，验证控件 RequiredFieldValidator 绑定的服务器控件为 TextBox1。当 TextBox1 中的值为空时，则会提示错误信息"用户名不能为空"，TextBox2 没有绑定，所以没有提示，如图 6-27 和图 6-28 所示。

图 6-27 显示提示信息

图 6-28 未显示提示信息

6.3.4 比较验证控件 CompareValidator

当用户输入信息时，难免会输入错误信息，比如当需要了解用户的生日时，用户很可能输入其他字符串。CompareValidator 控件用于将输入控件的值与常数值或其他输入控件的值做比较，以确定这两个值是否与比较运算符(小于、等于和大于运算符)指定的关系匹配。CompareValidator 控件的特有属性如下。

- ControlToCompare：以字符串形式输入的表达式，要与另一控件的值进行比较。
- Operator：要使用的比较运算。
- Type：要比较两个值的数据类型。
- ValueToCompare：以字符串形式输入的表达式。

CompareValidator控件能够将用户输入一个输入控件(如TextBox控件)中的值与输入另一个输入控件中的值或某个常数值进行比较。还可以使用 CompareValidator 控件确定输入控件中的值是否可以转换为 Type 属性指定的数据类型。

可通过设置 ControlToValidate 属性来指定要验证的输入控件。如果要将特定的输入控件与另一个输入控件进行比较，只需要用想要比较的控件的名称设置 ControlToCompare 属性即可。也可以将一个输入控件的值同某个常数值做比较，而不是比较两个输入控件的值。可通过设置 ValueToCompare 属性来指定要比较的常数值。

Operator 属性用于指定要执行的比较类型，如大于、等于等。如果将 Operator 属性设置为 ValidationCompareOperator.DataTypeCheck，则 CompareValidator 控件将忽略 ControlToCompare 和 ValueToCompare 属性，并且只表明输入控件中输入的值是否可以转换为 Type 属性指定的数据类型。

当使用 CompareValidator 控件时，可以方便地判断用户的输入是否正确，示例代码如下：

```
<body>
    <form id="form1" runat="server">
    <div>
        请输入开学日期：
        <asp:TextBox ID="TextBox1" runat="server"></asp:TextBox>
        <br />
        请输入放假日期：
        <asp:TextBox ID="TextBox2" runat="server"></asp:TextBox>
        <asp:CompareValidator ID="CompareValidator1" runat="server"
            ControlToCompare="TextBox2" ControlToValidate="TextBox1"
            CultureInvariantValues="True" ErrorMessage="输入日期格式错误！请重新输入！"
            Operator="GreaterThan"
            Type="Date">
        </asp:CompareValidator>
        <br />
        <asp:Button ID="Button1" runat="server" Text="Button" />
        <br />
    </div>
    </form>
</body>
```

上述代码判断 TextBox1 的输入格式是否正确，当输入的格式错误时，会提示错误信息。

6.3.5 范围验证控件 RangeValidator

范围验证控件 RangeValidator 可以检查用户的输入是否在指定的上限与下限之间，通常用于检查数字、日期、货币等。该控件有以下几个属性。

- MinimumValue：指定有效范围的最小值。
- MaximumValue：指定有效范围的最大值。
- Type：指定要比较的值的数据类型。

RangeValidator 控件可以检查数字对、字母对和日期对限定的范围。边界表示为常数。在执行任何比较之前，先将要比较的值转换为正确的数据类型。代码如下：

```
<body>
    <form id="form1" runat="server">
```

```
<div>
    请输入开学日期:
    <asp:TextBox ID="TextBox1" runat="server"></asp:TextBox>
    <br />
    请输入放假日期:
    <asp:TextBox ID="TextBox2" runat="server"></asp:TextBox>
    <asp:RangeValidator ID="RangeValidator1" runat="server"
        ControlToValidate="TextBox1"    ErrorMessage="超出规定范围,请重新填写"
        MaximumValue="2020/1/1" MinimumValue="2017/1/1" Type="Date">
        </asp:RangeValidator>
    <asp:RangeValidator ID="RangeValidator2" runat="server"
        ControlToValidate="TextBox2"    ErrorMessage="超出规定范围,请重新填写"
        MaximumValue="2020/1/1" MinimumValue="2017/1/1" Type="Date">
        </asp:RangeValidator>
    <br />
    <asp:Button ID="Button1" runat="server" Text="提交" />
    <br />
</div>
</form>
</body>
```

6.3.6 正则验证控件 RegularExpressionValidator

上述控件中,虽然能够实现一些验证,但验证能力是有限的。例如,在验证过程中,只能验证是否是数字,或者是否是日期。也可能在验证时,只能验证一定范围内的数值,虽然这些控件提供了一些验证功能,但却限制了开发人员进行自定义验证和错误信息的开发。为了实现验证,很可能需要多个控件同时搭配使用。正则验证控件解决了这个问题,正则验证控件的功能非常强大,可用于确定输入控件的值是否与某个正则表达式定义的模式匹配,如电子邮件、电话号码以及序列号等。语法格式如下:

```
<asp:RegularExpressionValidator id="控件名称"
    ControlToValidate="被验证的控件的名称"
    ValidationExpression="正则表达式"
    ErrorMessage="错误发生时的提示信息"
    Display="Dynamic | Static | None"
    runat="server" />
```

ValidationExpression 属性用于指定验证条件的正则表达式。常用的正则表达式字符及其含义如表 6-5 所示。

表 6-5 常用的正则表达式字符及其含义

正则表达式字符	含　　义
[……]	匹配括号中的任何一个字符
[^……]	匹配不在括号中的任何一个字符
\w	匹配任何一个字符(a~z、A~Z 和 0~9)
\W	匹配任何一个空白字符

(续表)

正则表达式字符	含义
\s	匹配任何一个非空白字符
\S	与任何非单词字符匹配
\d	匹配任何一个数字(0~9)
\D	匹配任何一个非数字(^0~9)
[\b]	匹配一个退格字符
{n,m}	最少匹配前面表达式 n 次，最大为 m 次
{n,}	最少匹配前面表达式 n 次
{n}	恰恰匹配前面表达式 n 次
?	匹配前面表达式 0 或 1 次{0,1}
+	至少匹配前面表达式 1 次{1,}
*	至少匹配前面表达式 0 次{0,}
|	匹配前面或后面的表达式
(…)	在单元中组合项目
^	匹配字符串的开头
$	匹配字符串的结尾
\b	匹配字符边界
\B	匹配非字符边界的某个位置

下面再来列举几个常用的正则表达式。

- 验证电子邮件：\w+([-+.]\w+)*@\w+([-.]\w+)*\.\w+([-.]\w+)*或\S+@\S+\.\S+。
- 验证网址：HTTP：//\S+\.\S+或 HTTP：//\S+\.\S+。
- 验证邮政编码：\d{6}。
- [0-9]：表示数字 0~9。
- \d*：表示任意多个数字。
- \d{3,4}-\d{7,8}：表示中国大陆的固定电话号码。
- \d{2}-\d{5}：验证由两位数字、一个连字符再加五位数字组成的 ID 号。
- <\s*(\S+)(\s[^>]*)?>[\s\S]*<\s*\/\1\s*>：匹配 HTML 标记。

在 Visual Studio 2015 中打开现有的.aspx 页面,并切换到【设计】视图。从【工具箱】的【验证】组中，将 RegularExpressionValidator 控件拖动到页面上。选择此控件，然后在【属性】窗口中找到【行为】下的 ValidationExpression，单击 ValidationExpression 属性右边的省略号按钮，即可打开【正则表达式编辑器】对话框，如图 6-29 所示。

图 6-29 【正则表达式编辑器】对话框

系统自动生成的代码如下：

```
<asp:RegularExpressionValidator ID="RegularExpressionValidator1" runat="server"
    ErrorMessage="RegularExpressionValidator"    ValidationExpression=
```

```
"\w+([-+.']\w+)*@\w+([-.]\w+)*\.\w+([-.]\w+)*">
</asp:RegularExpressionValidator>
```

同样，开发人员也可以自定义正则表达式来规范用户的输入。使用正则表达式能够加快验证速度并在字符串中快速匹配，而另一方面，使用正则表达式能够减少复杂的应用程序的功能开发和实现。

注意：
当用户输入为空时，其他验证控件都会验证通过。所以，在验证控件的使用过程中，通常需要同表单验证控件(RequiredFieldValidator)一起使用。

6.4 导航控件

在网站制作中，经常需要制作导航，以使用户能够更加方便快捷地查阅到相关的信息和资讯，或者跳转到相关的版块。网站导航主要提供了如下功能：

(1) 使用站点地图描述网站的逻辑结构。添加或移除页面时，开发人员可以简单地通过修改站点地图来管理页面导航。

(2) 提供导航控件，在页面上显示导航菜单。导航菜单以站点地图为基础。

(3) 可以代码方式使用 ASP.NET 网站导航，以创建自定义导航控件或修改在导航菜单中显示的信息的位置。

在 Web 应用中，导航是非常重要的。ASP.NET 提供了站点导航的一种简单的方法，即使用站点导航控件 SiteMapPath、TreeView、Menu 等。通过使用这三个控件，可以在页面中轻松建立导航。

- SiteMapPath：检索用户当前页面并显示层次结构的控件。使用户可以导航回到层次结构中的其他页面。SiteMapPath 控件专门与 SiteMapProvider 一起使用。
- TreeView：提供纵向用户界面以展开和折叠网页上的选定节点，以及为选定项提供复选框功能，TreeView 控件还支持数据绑定。
- Menu：提供在将鼠标指针悬停在某一项时弹出附加子菜单的水平或垂直用户界面。

这三个导航控件都能够快速地建立导航，并且能够调整相应的属性。SiteMapPath 控件使用户能够从当前位置导航回站点层次结构中较高的页面，但是该控件并不允许用户从当前页面向前导航到层次结构中较深的其他页面。相比之下，使用 TreeView 或 Menu 控件，用户可以打开节点并直接选择需要跳转的特定页面，这两个控件不像 SiteMapPath 控件直接读取站点地图。TreeView 和 Menu 控件不仅可以自定义选项，也可以绑定 SiteMapDataSource。

TreeView 和 Menu 控件有一些区别，具体区别如下：

- Menu 在展开时，采用的是弹出形式，而 TreeView 控件则是就地展开。
- Menu 控件并不是按需下载的，而 TreeView 控件则是按需下载的。
- Menu 控件不包含复选框，而 TreeView 控件包含复选框。
- Menu 控件允许编辑模板，而 TreeView 控件不允许编辑模板。
- Menu 控件在布局上是水平和垂直布局，而 TreeView 控件只能是垂直布局。
- Menu 控件可以选择样式，而 TreeView 控件不行。

开发人员在开发网站的时候,可以通过使用导航控件来快速地建立导航,为浏览者提供方便,也为网站做出信息指导。在用户使用过程中,通常情况下导航控件中的导航值是不能被用户更改的,但是开发人员可以通过编程的方式让用户能够修改站点地图的节点。

在最细微的层次上,网站不过是由多个网页组成的集合。然而,这些网页通常都是逻辑上相关联且以某种方式分类的。例如,网上商店可以按产品分类组织网站,如书籍、CD、DVD等。这些部分又可以分别按各自的种类分类,如书籍可以分为计算机类书籍、经济类书籍等。将网页分组成不同的逻辑类别称为网站的结构。

定义了网站的结构后,大多数 Web 开发人员将创建网站导航。网站导航是用于帮助用户浏览网站的用户界面元素的集合。常见的导航元素包括面包条、菜单和树视图。这些用户界面元素常用于完成两种任务:一是让用户知道自己在所访问网站中的位置,二是让用户更容易、更快速地跳转到网站的其他部分。

6.4.1 SiteMapPath 导航控件

要使用 SiteMapPath 导航控件,首先需要使用站点地图定义网站的结构,创建站点地图文件,然后使用 SiteMapPath 控件实现网站导航。

要创建站点地图,可以遵循在应用程序中添加 ASP.NET 网页的步骤。在【解决方案资源管理器】中右击应用程序名称,从弹出的快捷菜单中选择【添加新项】命令,然后在弹出的【添加新项】对话框中,选择【站点地图】选项,并单击【添加】按钮,即可为应用程序添加一个名为 Web.sitemap 的站点地图。

注意:

添加站点地图到应用程序时,需要将站点地图放在 Web 应用程序的根目录下,并保存文件为 Web.sitemap。如果将该文件放在另一个文件夹中或修改为不同的文件名,SiteMapPath 导航控件将不能找到站点地图,也就不能知道网站的结构,因为默认情况下,SiteMapPath 导航控件会在根目录下寻找名为 Web.sitemap 的文件。

添加站点地图后,在【解决方案资源管理器】中双击 Web.sitemap,打开该文件,显示默认情况下站点地图中的标记,程序清单如下:

```xml
<?xml version="1.0" encoding="utf-8" ?>
<siteMap xmlns="http://schemas.microsoft.com/AspNet/SiteMap-File-1.0" >
    <siteMapNode url="" title=""   description="">
        <siteMapNode url="" title=""  description="" />
        <siteMapNode url="" title=""  description="" />
    </siteMapNode>
</siteMap>
```

站点地图是指描述网站逻辑结构的 XML 文件,文件的扩展名为.sitemap。这个 XML 文件包含了网站的逻辑结构。为了定义网站的结构,需要手动编辑这个文件。

注意:

内部没有内容的 XML 元素可以采用两种形式的结束标签:一种是冗余方式,如<myTag attribute="value"...></myTag>;另一种是简洁方式,如<myTag attribute= "value".../>。

定义好站点地图以后，就可以使用 SiteMapPath 控件显示导航路径了，也就是显示当前页面在网站中的位置。只需要将该控件拖放到站点地图中包含的.aspx 页面上，就能自动实现导航，而无须开发者编写任何代码。

注意：

只有包含在站点地图中的网页才能被 SiteMapPath 控件导航；如果将 SiteMapPath 控件放置在站点地图中未列出的网页中，那么该控件将不会显示任何信息。

SiteMapPath 控件像大多数 Web 控件一样，也有许多可用于定制外观的属性。表 6-6 所示为 SiteMapPath 控件的常用属性。

表 6-6 SiteMapPath 控件的常用属性

属性名	说 明
CurrentNodeStyle	定义当前节点的样式，包括字体、颜色、样式等
NodeStyle	定义导航路径上所有节点的样式
ParentLevelsDisplayed	指定在导航路径上显示的相对于当前节点的父节点层数。默认值为-1，表示对父级别数没有限制
PathDirection	指定导航路径上各节点的显示顺序。默认值为 RootToCurrent，即按从左到右的顺序显示从根节点到当前节点的路径。另一选项为 CurrentToRoot，即按相反的顺序显示导航路径
PathSeparator	指定导航路径中节点之间的分隔符。默认值为>，也可自定义为其他符号
PathSeparatorStyle	定义分隔符的样式
RenderCurrentNodeAsLink	是否将导航路径上当前页面的名称显示为超链接，默认值为 false
RootNodeStyle	定义根节点的样式
ShowToolTips	当鼠标悬停于导航路径上的某个节点时，是否显示相应的工具提示信息。默认值为 true，即当鼠标悬停于某节点上时，显示该节点在站点地图中定义的 Description 属性值
SiteMapProvide	允许为 SiteMapPath 控件指定其他的站点地图提供者

【例 6-11】创建如图 6-30 所示的站点地图，然后利用 SiteMapPath 控件实现自动导航。

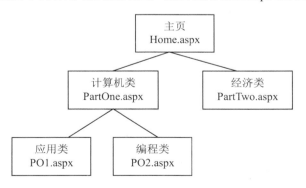

图 6-30 网上书店网站的逻辑结构

(1) 在应用程序中添加名为 Web.sitemap 的站点地图。

(2) 将 Web.sitemap 文件中的内容修改为如下形式：

```xml
<?xml version="1.0" encoding="utf-8" ?>
<siteMap xmlns="http://schemas.microsoft.com/AspNet/SiteMap-File-1.0" >
    <siteMapNode url="~/Home.aspx" title="主页"  description="Home">
        <siteMapNode url="~/PartOne.aspx" title="计算机类"  description="单击此链接转到计算机类" >
            <siteMapNode url="~/PO1.aspx" title="应用类"  description="单击此链接转到应用类" />
            <siteMapNode url="~/PO2.aspx" title="编程类"  description="单击此链接转到编程类" />
        </siteMapNode>
        <siteMapNode url="~/PartTwo.aspx" title="经济类"  description="单击此链接转到经济类" >
        </siteMapNode>
    </siteMapNode>
</siteMap>
```

注意：

站点地图文件中只能有一个根节点，即位于<sitemap>下方的第一个<siteMapNode>元素中的 Home.aspx 页面。在根节点下可以嵌套任意多个子节点，子节点仍然用<siteMapNode>定义。

在每个节点的定义中，title 属性用于实现在导航控件中显示指定页面的名称，description 属性用于实现鼠标悬停于导航控件的某个节点上时所要显示的提示信息，url 属性用于实现指定节点对应的页面路径。

(3) 保存文件，完成站点地图的设计。定义了站点地图之后，就可以在导航控件中轻松地实现导航功能。

(4) 在【解决方案资源管理器】中，分别添加名为 Home.aspx、PartOne.aspx、PartTwo.aspx、PO1.aspx 和 PO2.aspx 的网页。

(5) 切换到 PO2.aspx 页面的【设计】视图，向页面中拖放一个 SiteMapPath 控件，即可看到该页面相对应于 Home.aspx 和 PartOne.aspx 的导航路径，如图 6-31 所示。

图 6-31 将 SiteMapPath 控件拖放到 PO2.aspx 后的效果

由此可见，利用站点地图和 SiteMapPath 控件实现自动导航非常方便。如果不希望采用这种方式导航，也可以利用 Menu 控件或 TreeView 控件来实现自定义导航功能。

6.4.2 Menu 导航控件

Menu 控件主要用于创建菜单，让用户快速选择不同的页面，从而完成导航功能。Menu 控件可以包含一个主菜单和多个子菜单。菜单有静态和动态两种显示模式：静态显示模式是指定义的菜单始终完全显示，动态显示模式是指需要用户将鼠标停留在菜单上时才显示子菜单。

Menu 控件的常用属性如表 6-7 所示。Menu 控件的属性有很多，这里不逐一介绍。

表 6-7　Menu 控件的常用属性

属　性　名	说　　　明
DynamicEnableDefaultPopOutImage StaticEnableDefaultPopOutImage	是否在菜单项之间显示分隔图像，默认值为 true
DynamicPopOutImageUrl StaticPopOutImageUrl	设置菜单中自定义分隔图像的 URL
DynamicBottomSeparatorImageUrl StaticBottomSeparatorImageUrl	指定在菜单项下方显示图像的 URL，默认值为空字符串("")，表示在菜单项下方不显示任何图像
DynamicTopSeparatorImageUrl StaticTopSeparatorImageUrl	指定在菜单项上方显示图像的 URL，默认值为空字符串("")，表示在菜单项上方不显示任何图像
DynamicHorizontalOffset StaticHorizontalOffset	指定菜单相对于父菜单的水平距离，单位是像素，默认值为 0，值可正可负，为负值时，各菜单之间的距离会缩小
DynamicVerticalOffset StaticVerticalOffset	指定菜单相对于父菜单的垂直距离
DynamicMenuStyle StaticMenuStyle	设置 Menu 控件的整个外观样式
DynameicMenuItemStyle StaticMenuItemStyle	设置单个菜单项的样式
DynamicSelectedStyle StaticSeletedStyle	设置所选菜单项的样式
DynamicHoverStyle StaticHoverStyle	设置当鼠标悬停在菜单上时的样式
MaximumDynamicDisplayLevels	设置动态菜单的最大层数，默认值为 3
Orientation	设置菜单的展开方向，有 Horizontal 和 Vertical 两个选项，默认值为 Vertical，表示垂直方向

Menu 控件的用法非常灵活，设计者可以利用它定义各种菜单样式，实现类似于 Windows 窗口菜单的功能。

下面通过一个具体的例子演示如何利用 Menu 控件实现自定义导航功能。

【例 6-12】假定学校网站的结构如图 6-32 所示，利用 Menu 控件在网页中添加一个菜单，实现自定义导航功能。

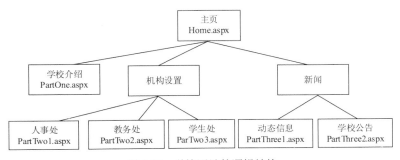

图 6-32　学校网站的逻辑结构

具体设计步骤如下：

(1) 启动 Visual Studio S 2015，新建一个名为 Menu_Example 的 ASP.NET Web 应用程序。

(2) 在该应用程序中分别添加名为 PartOne.aspx、PartTwo1.aspx、PartTwo2.aspx、PartTwo3.aspx、PartThree1.aspx 和 PartThree2.aspx 的网页。

(3) 在该应用程序中添加一个名为 MenuExample.aspx 的网页，然后切换到【设计】视图，向页面中拖放一个 Menu 控件。

(4) 将该 Menu 控件的 Orientation 属性设置为 Horizontal，以使其横向排列。

(5) 单击该 Menu 控件右上方的小三角符号，选择【编辑菜单项】，如图 6-33 所示。在弹出的【菜单项编辑器】对话框中，输入各级菜单，如图 6-34 所示。

图 6-33　选择【编辑菜单项】

图 6-34　在【菜单编辑器】对话框中编辑菜单

(6) 在右侧的【属性】列表框中，利用 NavigateUrl 属性设置各菜单项链接的网页，全部设置完成后，单击【确定】按钮。

(7) 也可以在图 6-33 中选择【自动套用格式】选项，设置一般的显示格式，本例选择的是【传统型】。

(8) 切换到 MenuExample.aspx 的【源】视图，将<body>和</body>之间的代码修改为如下形式：

```
<form id="form1" runat="server">
    <div>
        <asp:Menu ID="Menu1" runat="server" BackColor="#B5C7DE"
            DynamicHorizontalOffset="2" Font-Names="Verdana" Font-Size="0.8em"
            ForeColor="#284E98" onmenuitemclick="Menu1_MenuItemClick"
            Orientation="Horizontal" StaticSubMenuIndent="10px">
            <DynamicHoverStyle BackColor="#284E98" ForeColor="White" />
```

```
            <DynamicMenuItemStyle HorizontalPadding="5px" VerticalPadding="2px" />
            <DynamicMenuStyle BackColor="#B5C7DE" />
            <DynamicSelectedStyle BackColor="#507CD1" />
            <Items>
                <asp:MenuItem NavigateUrl="~/PartOne.aspx" Text="学校介绍" Value="学校介绍">
                </asp:MenuItem>
                <asp:MenuItem Text="机构设置" Value="机构设置">
                    <asp:MenuItem NavigateUrl="~/PartTwo1.aspx" Text="人事处" Value="人事处">
                    </asp:MenuItem>
                    <asp:MenuItem NavigateUrl="~/PartTwo2.aspx" Text="教务处" Value="教务处">
                    </asp:MenuItem>
                    <asp:MenuItem NavigateUrl="~/PartTwo3.aspx" Text="学生处" Value="学生处">
                    </asp:MenuItem>
                </asp:MenuItem>
                <asp:MenuItem Text="新闻" Value="新闻">
                    <asp:MenuItem Text="动态信息" Value="动态信息."></asp:MenuItem>
                    <asp:MenuItem Text="学生公告" Value="学生公告"></asp:MenuItem>
                </asp:MenuItem>
            </Items>
            <StaticHoverStyle BackColor="#284E98" ForeColor="White" />
            <StaticMenuItemStyle HorizontalPadding="5px" VerticalPadding="2px" />
            <StaticSelectedStyle BackColor="#507CD1" />
        </asp:Menu>
    </div>
</form>
```

当然，也可以通过在【设计】视图中设置 Menu 控件的各种属性得到上面的代码。

(9) 切换到 MenuExample.aspx 网页，按 F5 键调试运行，运行效果如图 6-35 所示。

图 6-35　Menu 控件的运行效果

6.4.3　TreeView 导航控件

TreeView 控件与 Menu 控件相似，也提供了导航功能。TreeView 控件与 Menu 控件的区别在于，它不再像 Menu 控件那样由菜单项和子菜单组成，而是用可折叠树显示网站的各个部分。根节点下可以包含多个子节点，子节点下又可以包含子节点，最下层是叶节点。访问者可以快速看到网站的所有部分及其在网站层次结构中的位置。可折叠树中的每一个节点都显示为一个超链接，被单击时会把用户引导到相应的部分。

TreeView 控件也包含很多属性，其中常用的属性如表 6-8 所示。

表6-8 TreeView 控件的常用属性

属 性 名	说 明
CollapseImageUrl	节点折叠后显示的图像。默认情况下，常用带方框的+符号作为可展开指示图像
ExpandImageUrl	节点展开后显示的图像。默认情况下，常用带方框的-符号作为可折叠指示图像
EnableClientScript	是否可以在客户端处理节点的展开和折叠事件，默认值为 true
ExpandDepth	第一次显示 TreeView 控件时可折叠树的展开层次数，默认值为 FullyExpand(即-1)，表示展开所有节点
Nodes	设置 TreeView 控件的各级节点及其属性
ShowExpandCollapse	是否折叠、展开图像，默认值为 true
ShowLines	是否显示子节点和父节点之间的连线，默认值为 false
ShowCheckBoxes	指示在哪些类型节点的文本前显示复选框。共有 5 个属性值：None(所有节点均不显示)、Root(仅在根节点前显示)、Parent(仅在父节点前显示)、Leaf(仅在叶子节点前显示)和 All(在所有节点前均显示)，默认值为 None

除了表 6-8 所示的常用属性外，TreeView 控件还有很多与外观相关的属性，可以用来定制 TreeView 控件的外观，TreeView 控件的外观属性如表 6-9 所示。

表6-9 TreeView 控件的外观属性

属 性 名	说 明
HoverNodeStyle	当鼠标悬停于节点上时节点的样式
LeafNodeStyle	叶节点的样式
LevelStyle	特殊深度节点的样式
NodeStyle	所有节点的默认样式
ParentNodeStyle	父节点的样式
RootNodeStyle	根节点的样式
SelectedNodeStyle	选定节点的样式

下面通过一个例子来演示如何利用 TreeView 控件实现自定义导航。

【例6-13】利用 TreeView 控件实现导航功能，当单击"节点"时，导航到对应的网页。

(1) 在 ASP.NET Web 应用程序中添加一个名为 TreeView.aspx 的网页，然后切换到【设计】视图，向页面中拖放一个 TreeView 控件。

(2) 单击 TreeView 控件右上方的小三角符号，选择【编辑节点】，在弹出的【TreeView 节点编辑器】对话框中，输入各节点的名称，如图 6-36 所示。

这里说明一点，为了让读者能看到添加节点后的效果，图 6-36 中显示的是添加后重新进入编辑状态时看到的效果。如果是第一次添加节点，则看不到左侧 TreeView 控件的显示效果。

(3) 在【TreeView节点编辑器】对话框右侧的【属性】列表框中，利用NavigateUrl属性设置各节点链接的网页，全部设置完成后，单击【确定】按钮。

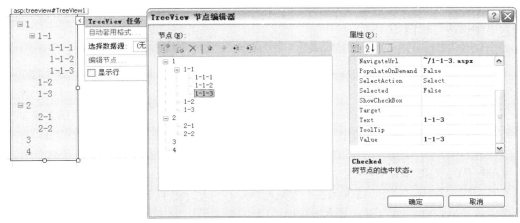

图 6-36 编辑 TreeView 节点

(4) 切换到 TreeView.aspx 的【源】视图,将<body>和</body>之间的代码修改成如下所示:

```
<form id="form1" runat="server">
<div>
    <asp:TreeView ID="TreeView1" runat="server">
        <Nodes>
            <asp:TreeNode Text="1" Value="1">
                <asp:TreeNode Text="1-1" Value="1-1">
                    <asp:TreeNode NavigateUrl="~/1-1-1.aspx" Text="1-1-1" Value="1-1-1">
                    </asp:TreeNode>
                    <asp:TreeNode NavigateUrl="~/1-1-2.aspx" Text="1-1-2" Value="1-1-2">
                    </asp:TreeNode>
                    <asp:TreeNode NavigateUrl="~/1-1-3.aspx" Text="1-1-3" Value="1-1-3">
                    </asp:TreeNode>
                </asp:TreeNode>
                <asp:TreeNode Text="1-2" Value="1-2"></asp:TreeNode>
                <asp:TreeNode Text="1-3" Value="1-3"></asp:TreeNode>
            </asp:TreeNode>
            <asp:TreeNode Text="2" Value="2">
                <asp:TreeNode Text="2-1" Value="2-1"></asp:TreeNode>
                <asp:TreeNode Text="2-2" Value="2-2"></asp:TreeNode>
            </asp:TreeNode>
            <asp:TreeNode Text="3" Value="3"></asp:TreeNode>
            <asp:TreeNode Text="4" Value="4"></asp:TreeNode>
        </Nodes>
    </asp:TreeView>
</div>
</form>
```

(5) 切换到 TreeView.aspx 网页,调试运行,可以分别展开和折叠相应的节点。

6.5 本章小结

本章讲解了 ASP.NET 中的常用控件，使用这些控件能够极大地提高开发人员的效率，对于开发人员而言，能够直接拖动控件来完成设计目的。虽然功能非常强大，但是这些控件却会影响开发人员的进一步学习。人们虽然能够经常使用 ASP.NET 中的控件来创建强大的多功能网站，却不能深入地了解控件的原理，所以熟练掌握这些控件，是了解控件原理的第一步。本章从控件的种类、标准控件、验证控件、导航控件等几个方面对 Web 控件做了详细介绍。

这些控件为 ASP.NET 应用程序的开发提供了极大便利，ASP.NET 中不仅仅包括这些基本的服务器控件，还包括高级的数据源控件和数据绑定控件用于数据操作，但是在了解 ASP.NET 高级控件之前，需要熟练地掌握基本控件的使用。

6.6 练习

(1) 简要说明 HTML 表单和 Web 表单之间的区别。

(2) 普通的 HTML 标记、HTML 服务器控件、Web 服务器控件之间有什么联系和区别？

(3) 什么时候使用 HTML 标记、HTML 服务器控件或 Web 服务器控件？

(4) 如何使多个 RadioButton 控件具有互斥作用？

(5) 新建名为 WebControl 的网站，并在其中创建 6 个页面，要求如下：

① 在 default.aspx 页面中，添加一个 TextBox 控件、两个 Button 控件和一个 ListBox 控件。将两个 Button 控件的 Text 属性分别改为"增加"和"删除"。当单击【增加】按钮时，将 TextBox 文本框中的输入值添加到 ListBox 中；当单击【删除】按钮时，删除 ListBox 中当前选定的项。

② 添加一个网页，要求将 Label、LinkButton、HyperLink 控件放在 Panel 控件中。当单击一组 Button 按钮时改变 Panel 控件的背景色，单击另一组 Button 控件时改变 Panel 控件中文字的大小。单击 LinkButton 和 HyperLink 控件时分别导航到新的网页或网站。单击一个 RadioButton 控件时隐藏 Panel 控件，单击另一个 RadioButton 控件时显示 Panel 控件。

③ 添加一个网页，在页面中添加 CheckBoxList 控件，单击 Button 按钮时将 CheckBoxList 中的选项写到 ListBox 中。

④ 添加一个网页，在页面中添加 RadioButtonList 控件，单击 Button 按钮时将 RadioButtonList 中的选项写到 ListBox 中。

⑤ 添加一个网页，添加一个 DropDownList 控件，在选择 DropDownList 中的选项时导航到相应的网站。

⑥ 添加一个网页，在页面中添加 TextBox、RequiredFieldValidator 和 CompareValidator 控件，实现对 CompareValidator 控件的 Operator 行为的 Equal、GreaterThan 等属性值的验证。

(6) 请开发一个简单的计算器，输入两个数后可以求两个数的和、差等。

(7) 请开发一个简单的在线考试程序，可以包括若干单选题、多选题，单击"交卷"按钮后可以根据标准答案在线评分。

第 7 章

样式、主题和母版页

开发 Web 应用程序通常需要考虑两个方面：功能和外观。其中，外观可以使 Web 站点更美观，包括控件的颜色、图像的使用、页面的布局。当用户访问 Web 应用程序时，网站的界面和布局能够提升访问者对网站的兴趣和继续浏览的耐心。ASP.NET 提供了皮肤、主题和母版页的功能，增强了网页布局和界面的优化功能，使开发人员可以轻松地实现对网站开发中界面的控制。本章将全面研究在 Web 应用程序中进行样式控制和页面布局时用到的技术和方法。

本章的学习目标：
- 理解 CSS 的概念，掌握 CSS 的用法，以及 CSS 和 DIV 布局方法；
- 理解主题的概念，掌握主题的创建和引用；
- 理解母版页和内容页的概念，掌握创建母版页和内容页的方法。

7.1 CSS

在 Web 应用程序开发过程中，CSS(Cascading Style Sheets，层叠样式表)是用于控制网页样式并允许将样式信息与网页内容分离的一种标记性语言，是非常重要的页面布局方法，也是最高效的页面布局方法。

7.1.1 CSS 简介

CSS 诞生于 1994 年 10 月，是为了弥补 HTML 3.2 语法中的不足，但是由于受当时网络的限制并且浏览器的支持率较低，直到 1996 年底，才正式发表了 CSS 1.0 规范，也正是在 1996 年之后，浏览器才开始正式地支持 CSS。简单地说，CSS 的引入就是为了使 HTML 能够更好地适应页面的美工设计。CSS 以 HTML 为基础，提供了丰富的格式化功能，如字体、颜色、背景、整体排版等，并且网页设计者可以针对各种可视化浏览器设置不同的样式风格，包括显示器、打印机、打字机、投影仪等。

在网页布局中，使用 CSS 样式可以非常灵活并且更好地控制网页外观，大大减轻实现精确布局定位、维护特定字体和样式的工作量。通常 CSS 能够支持三种定义方式：一是直接将样式控制放置于单个 HTML 元素内，称为内联式；二是在网页的 head 部分定义样式，称为嵌入式；三是以扩展名为.css 的文件保存样式，称为外联式。

这三种样式分别适用于不同的场合，内联式适用于对单个标签进行样式控制，这种方式的好处在于开发方便,但在维护时,就需要针对每个页面进行修改,非常不方便;嵌入式可以控制网页的多个样式,当需要对网页样式进行修改时,只需要修改 head 部分的<style>标记即可,不过这样仍然没有让布局代码和页面代码完全分离;外联式能够将布局代码和页面代码相分离,在维护过程中减少工作量。

7.1.2　CSS 基础

CSS 能够通过编写样式控制代码来进行页面布局,在编写相应的 HTML 标记时,可以通过 style 属性进行 CSS 样式控制。例如下面的代码:

```
<body>
<div style="font-size:14px; ">这是一段测试文字</div>
</body>
```

上述代码使用内联式进行样式控制,并将 style 属性设置为 font-size:14px,意义就在于定义文字的大小为 14px。同样,当需要定义多个子属性时,可以将它们写在同一个 style 属性中。

【例 7-1】演示 style 属性。

(1) 在 Web 站点中添加一个页面,名为 Css1.aspx。
(2) 在源文件中添加如下代码:

```
<body>
<div style="font-size:16px;">这是一段测试文字 1</div>
<div style="font-size:16px; font-weight:bolder">这是一段测试文字 2</div>
<div style="font-size:16px; font-style:italic">这是一段测试文字 3</div>
<div style="font-size:20px; font-variant:small-caps">This is My First CSS code</div>
    <div style="font-size:14px; color:red">这是一段测试文字 5</div>
</body>
```

(3) 运行效果如图 7-1 所示。

图 7-1　使用 style 属性定义字体风格

style 属性的一般形式如下:

```
<元素名称 style="子属性名 1:子属性值 1; 子属性名 2:子属性值 2; …">显示内容</元素名称>
```

子属性名与子属性值之间用冒号:分隔,如果一个样式中包含多个子属性,则各子属性之间用分号隔开。

使用内联式的方法进行样式控制固然简单,但维护过程却非常复杂和难以控制。当需要对页面中的布局进行更改时,需要对每个页面的每个标记的样式进行更改,这样无疑增大了工作量。当需要对页面进行布局时,可以使用嵌入式的方法进行页面布局。

【例 7-2】演示嵌入式方法。

(1) 在 Web 站点中创建新页面 Css2.aspx。

(2) 在 Css2.aspx 中添加如下代码(与例 7-1 对比有什么不同)：

```
<%@ Page Language="C#" AutoEventWireup="true" CodeBehind="Default.aspx.cs"
         Inherits="WebApplication1._Default" %>
<!DOCTYPE html PUBLIC "-//W3C//DTD XHTML 1.0 Transitional//EN"
         "http://www.w3.org/TR/xhtml1/DTD/xhtml1-transitional.dtd">
<html xmlns="http://www.w3.org/1999/xhtml" >
<head runat="server">
    <meta content="text/html; charset=utf-8" http-equiv="Content-Type" />
        <title>这是一段文字 1</title>
        <style type="text/css">
        .font1
        {
            font-size:14px;
        }
        .font2
        {
            font-size:14px;
            font-weight:bolder;
        }
        .font3
        {
            font-size:14px;
            font-style:italic;
        }
        .font4
        {
            font-size:14px;
            font-variant:small-caps;
        }
        .font5
        {
            font-size:14px;
            color:red;
        }
        </style>
</head>
<body>
  <div class="font1">这是一段测试文字 1</div>
  <div class="font2">这是一段测试文字 2</div>
  <div class="font3">这是一段测试文字 3</div>
  <div class="font4">This is My First CSS code</div>
  <div class="font5">这是一段测试文字 5</div>
```

```
</body>
</html>
```

运行结果与例 7-1 相同。这种写法的好处是，只需要定义<head>标记中<style>标记的内容即可，编写方法也与内联式相同。在编写完 CSS 代码后，需要在使用的标记中添加样式引用，如图 7-2 所示。

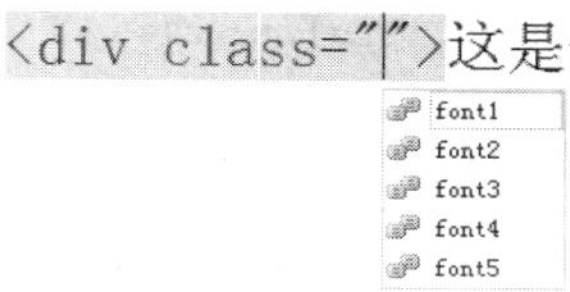

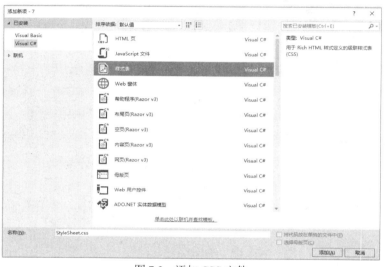

图 7-2 嵌入式方法的使用

7.1.3 创建 CSS 文件

一个样式表由若干样式规则组成。样式规则是指网页元素的样式定义，包括元素的显示方式以及元素在页面中的位置等。在【解决方案资源管理器】中，添加样式表文件 StyleSheet.css，如图 7-3 所示。

图 7-3 添加 CSS 文件

在大括号外右击，从弹出的快捷菜单中选择【添加样式规则】命令，如图 7-4 所示，弹出如图 7-5 所示的【添加样式规则】对话框。

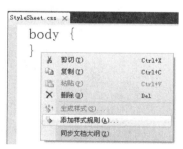

图 7-4 选择【添加样式规则】命令

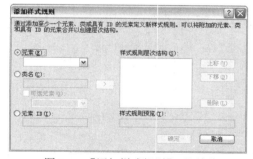

图 7-5 【添加样式规则】对话框

在【添加样式规则】对话框中选择某个元素，或者定义一个类，抑或定义一个元素 ID，单击【确定】按钮即可添加一个新的样式规则。例如，添加元素 a.hover，在样式表文件中可以看到新建的样式规则如下：

```
a.hover
{
}
```

该规则默认是仅有元素名称的空规则,在大括号内右击,从弹出的快捷菜单中选择【生成样式】命令,如图 7-6 所示,打开【修改样式】对话框,如图 7-7 所示。

图 7-6　选择【生成样式】命令

图 7-7　【修改样式】对话框

可以看到,无论是定义内嵌式样式还是链接式样式,每个样式的定义格式都是一样的:

样式定义选择符{属性 1:值 1; 属性 2:值 2; … }

7.1.4　CSS 常用属性

CSS 不仅能够控制字体的样式,而且具有强大的样式控制功能,包括背景、边框、边距等属性,页面元素的布局和定位是否合理也是衡量网页设计是否美观的重要指标。这些属性能够为网页布局提供良好的保障,熟练地使用这些属性能够极大地提高 Web 应用的友好度。

1. CSS 背景属性

CSS 能够描述背景,包括背景颜色、背景图片、背景重复等属性,这些属性为页面背景的样式控制提供了强大的支持,这些属性如下。

- 背景颜色属性(background-color):该属性为 HTML 元素设定背景颜色。
- 背景图片属性(background-image):该属性为 HTML 元素设定背景图片。
- 背景重复属性(background-repeat):该属性和 background-image 属性一起使用,决定背景图片是否重复。如果只设置 background-image 属性,没设置 background-repeat 属性,那么在默认状态下,图片既水平重复,又垂直重复。
- 背景附着属性(background-attachment):该属性和 background-image 属性一起使用,决定图片是跟随内容滚动,还是固定不动。
- 背景位置属性(background-position):该属性和 background-image 属性一起使用,决定背景图片的最初位置。

- 背景属性(background)：该属性是设置背景相关属性的一种快捷的综合写法。

2. CSS 边框属性

CSS 还能够进行边框的样式控制，使用 CSS 能够灵活地控制边框。边框属性如下。
- 边框风格属性(border-style)：该属性用于设定上、下、左、右边框的风格。
- 边框宽度属性(border-width)：该属性用于设定上、下、左、右边框的宽度。
- 边框颜色属性(border-color)：该属性用于设置边框的颜色。
- 边框属性(border)：该属性是设置边框相关属性的一种快捷的综合写法。

3. CSS 边距和间隙属性

CSS 边距和间隙属性能够控制标记的位置，CSS 边距属性使用的是 margin 关键字，而 CSS 间隙属性使用的是 padding 关键字。CSS 边距和间隙属性虽然都是定位方法，但是 CSS 边距和间隙属性定位的对象不同，也就是参照物不同。

边距属性通常用于设置页面中某个元素所占空间的边缘到相邻元素之间的距离，而间隙属性通常用于设置元素中间的内容(或元素)到父元素之间的间隙(或距离)。边距属性有如下 5 个。
- 左边距属性(margin-left)：该属性用于设定左边距的宽度。
- 右边距属性(margin-right)：该属性用于设定右边距的宽度。
- 上边距属性(margin-top)：该属性用于设定上边距的宽度。
- 下边距属性(margin-bottom)：该属性用于设定下边距的宽度。
- 边距属性(margin)：该属性是设定边距相关属性的一种快捷的综合写法，使用该属性可以同时设定上、下、左、右边距。

间隙属性与边距属性基本相同，间隙属性有如下 5 个。
- 左间隙属性(padding-left)：该属性用于设定左间隙的宽度。
- 右间隙属性(padding-right)：该属性用于设定右间隙的宽度。
- 上间隙属性(padding-top)：该属性用于设定上间隙的宽度。
- 下间隙属性(padding-bottom)：该属性用于设定下间隙的宽度。
- 间隙属性(padding)：该属性是设定间隙相关属性的一种快捷的综合写法，使用该属性可以同时设定上、下、左、右间隙。

7.1.5 DIV 和 CSS 布局

层布局最核心的标记就是 DIV。DIV 是一种容器，在使用时以<div>……</div>的形式存在。在 XHTML 中，每一个标记都可以称为容器，能够放置内容，但 DIV 是 XHTML 中专门用于布局设计的容器对象。

在传统的表格布局中，完全依赖于表格对象，在页面中绘制多个单元格，在表格中放置内容，通过表格的间距或者使用无色透明的 GIF 图片来控制布局版块的间距，达到排版目的；而在以 DIV 容器为核心的页面布局中，通过层来定位，通过 CSS 定义外观，从而最大程度实现了结构和外观彻底分离的布局效果。因此，习惯上层布局又称为 DIV 和 CSS 布局。

1. 定义层

添加层的方法非常简单，可以从【工具箱】的【HTML】选项卡中拖放 DIV 到【设计】视图中，或者在【源】视图中创建一对<div></div>标记。

【例 7-3】分析一个简单的定义 DIV 的例子。

(1) 在【解决方案资源管理器】中，右击网站名称，从弹出的快捷菜单中选择【添加新项】命令，新建 Div1.aspx 页面，此时你会发现代码中包含了一个层对象。

(2) 切换到【设计】视图，选择【格式】|【新建样式】命令，打开【新建样式】对话框，在【选择器】后面的文本框中输入#sample，然后选择相应的类别进行设置，完成后单击【确定】按钮。

(3) 选中层对象，选择【视图】|【管理样式】命令，然后右击#sample 样式，从弹出的快捷菜单中选择【应用样式】命令即可，如图 7-8 所示。

图 7-8　应用样式

对应的程序代码如下：

```
<head runat="server">
  <title></title>
  <style>
    body{ text-align:center; }
    #sample
    {
        margin: 10px 10px 10px 10px;
        padding:20px 10px 10px 20px;
        border-top: #CCC 2px solid;
        border-right: #CCC 2px solid;
        border-bottom: #CCC 2px solid;
        border-left: #CCC 2px solid;
        color: #666;
        text-align: center;
        line-height: 120px;
        width:60%;
    }
  </style>
</head>
<body>
<form id="form1" runat="server">
<div id="sample">这是一个层布局的例子</div>
  </form>
</body>
```

2. 盒子模型

自从 1996 年推出 CSS1 后，W3C 组织就建议把所有网页上的对象都放在盒子(box)中，设计师可以通过创建对象来控制盒子的属性，这些对象包括段落、列表、标题、图片以及层。盒子模型主要定义了 4 个区域：内容(content)、边框(padding)、边界(border)和边距(margin)。例 7-3 中定义的层就是一个典型的盒子。对于初学者，经常搞不清楚 margin、background-color、background-image、padding、content、border 之间的层次关系和相互影响。图 7-9 展示了盒子模型。

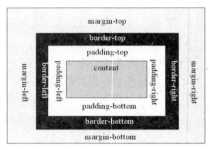

图 7-9　盒子模型

理解了盒子模型，就可以理解层与层之间定位的关系以及层内部的表达样式。其中，margin 属性负责层与层之间的距离，padding 属性负责内容和边框之间的距离。下面的代码可以帮助你进一步理解盒子模型的含义。

```
<head runat="server">
<style type="text/css">
#sample2
{
background-color: #FFFF00;
border-style: solid;
padding-bottom: 25px;
margin-bottom: 50px;
width: 60%;
}
</style>
</head>
<body>
<form id="form1" runat="server">
<div id="sample2">W3C 组织就建议把所有网页上的对象都放在盒子(box)中，设计师可以通过创建定义来控制盒子的属性，这些对象包括段落、列表、标题、图片以及层</div>
<p>这是下一段</p>
</form>
</body>
```

这段代码的运行效果如图 7-10 所示。

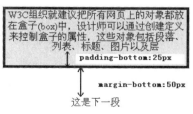

图 7-10　盒子模型举例

3. 层的定位

在一个页面中定义多个层时，你会发现这些层自动排列在不同的行，而要真正实现左右排列，就要加入新的属性——float(浮动属性)。float 浮动属性在 DIV 和 CSS 布局中非常重要，大部分 DIV 布局都是通过 float 浮动属性来实现的。具体参数如下：

- float:none 用于设置是否浮动。
- float:left 用于表示对象向左浮动。
- float:right 用于表示对象向右浮动。

【例 7-4】下面通过一个左右分栏布局的例子来说明 float 浮动属性的用法，该布局包含两个层且左右排列，这是最常用的布局结构之一，创建 Div2.aspx，效果如图 7-11 所示。

图 7-11　左右分栏效果

要实现这样的效果，必须使用 float 浮动属性，代码如下：

```
<head runat="server">
  <title></title>
  <style type="text/css">
    #left,#right
    {
        width:200px;
        height:160px;
        background-color:#cecece;
        border:1px dashed #33ccff;
    }
    #left{float:left;}
    #right{float:left;}
  </style>
</head>
<body>
  <form id="form1" runat="server">
    <div id="left">当前层的 ID 是 left</div>
    <div id="right">当前层的 ID 是 right</div>
  </form>
</body>
```

读者可以尝试去掉#left{float:left;}和#right{float:left;}来看看会变成什么效果。当然，也可以把 float 属性的值改为 right，看看会变成什么效果。

要想实现两列中左列宽度固定而右列宽度自适应窗口大小的效果，可以对上述代码中的样式进行如下修改：

```
<style>
#left,#right{
    background-color:#cecece;
    border:1px solid #33ccff;
    height:400px;
}
#left{
    width:180px;
    float:left;
}
</style>
```

这样，左边的层将呈现出 180px 的宽度，而右边的层则根据浏览器的窗口大小自动适应。

还有一种左右上下分栏也非常常见，创建 Div3.aspx，效果如图 7-12 所示。

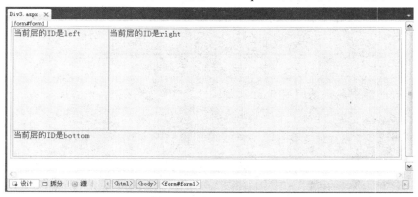

图 7-12　左右上下分栏

制作这种效果时需要在下面的层样式中添加 clear 属性，代码如下：

```
<head runat="server">
    <style>
        #left,#right{background-color:#eeeeee;border:1px solid #33ccff;height:200px; }
        #left{width:180px; float:left; }
        #bottom{ background-color:#eeeeee; border:1px solid #33ccff; height:50px; clear:both; }
    </style>
</head>
<body>
    <form id="form1" runat="server">
        <div id="left">当前层的 ID 是 left</div>
        <div id="right">当前层的 ID 是 right</div>
        <div id="bottom">当前层的 ID 是 bottom</div>
    </form>
</body>
```

注意：

在 IE 浏览器中，即使不定义 clear 属性为 both，也依然能够按照预期的效果显示下面的层对象，但是在其他浏览器中，如果不添加 clear 属性，就不一定能正常显示了。

4. 利用 DIV 和 CSS 实现页面布局

通过前面的介绍，可以知道 DIV 只是区域标识，划定了一块区域，实现样式还是需要借助于 CSS，这样的分离，使得 DIV 的最终效果是由 CSS 编写的。CSS 可以实现左右分栏，可以实现上下分栏，而表格则没有这么大的灵活性。CSS 与 DIV 的无关性，决定了 DIV 在设计上有极大的伸缩性，而不拘泥于单元格固定的模式。因此，实现网页布局时，通常先在网页中将内容用 DIV 标记出来，再用 CSS 编写样式。

采用 DIV 和 CSS 布局之前，首先要分析网页有哪些内容块，以及每个内容块的含义，这就是所谓的网页结构。通常情况下，页面结构包含以下几块。

(1) 标题区(header)：用来显示网站的标志和站点名称等。
(2) 导航区(navigation)：用来表示网页的结构关系，如站点导航，通常放置主菜单。
(3) 主功能区(content)：用来显示网站的主题内容，如商品展示、公司介绍等。
(4) 页脚(footer)：用来显示网站的版权和有关法律声明等。

通常采用 div 元素来将这些结构先定义出来，例如：

```
<div id="header"></div>
<div id="globalnav"></div>
<div id="content"></div>
<div id="footer"></div>
```

现在还没有开始布局，这只是网页的结构，每一个内容块都可以放在页面的任何地方，放置好以后，就可以指定每个内容块的颜色、字体、边框、背景以及对齐方式等。

7.2 主题

网站的外观主要涉及页面和控件的样式属性，在 ASP.NET 应用程序中，可以利用 CSS 来控制页面上各元素的样式以及部分服务器控件的样式。但是，有些服务器控件的属性则无法通过 CSS 进行控制。为了解决这个问题，从 ASP.NET 2.0 开始提供了一种称为"主题"的新特性，以保持网站外观的一致性和独立性，同时使页面的样式控制更加灵活方便，例如动态实现不同用户界面的切换等。ASP.NET 4.0 继承了这一特性。

7.2.1 主题的概念

主题是页面和控件外观属性设置的集合。主题由文件组构成，包括皮肤文件(扩展名为.skin)、层叠样式表文件(扩展名为.css)、图片和其他资源的组合，一个主题至少要包含一个皮肤文件。

主题分为两大类型：一类是应用程序主题，另一类是全局主题。

- 应用程序主题是指保存在 Web 应用程序的 App_Themes 文件夹中的一个或多个主题文

件夹，主题的名称就是文件夹的名称。
- 全局主题是指保存在服务器上，根据不同的服务器配置决定的，能够对服务器上所有 Web 应用程序起作用的主题文件夹。

一般情况下，很少用到全局主题，本书所讲的主题均指应用程序主题，简称主题。

打开一个 Web 应用程序，在【解决方案资源管理器】中，右击项目名，从弹出的快捷菜单中选择【添加 ASP.NET 文件夹】|【主题】命令，如图 7-13 所示，系统会自动生成 App_Themes 文件夹，并在该文件夹下生成默认名为"主题"的文件夹。在 App_Themes 文件夹中可以创建多个主题，方法相同。

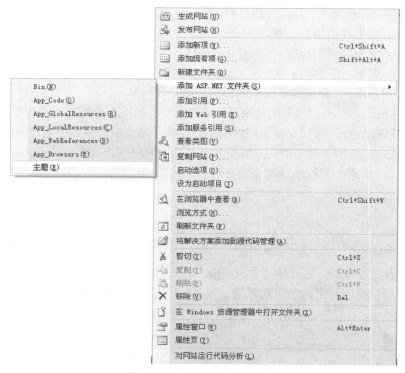

图 7-13 创建"主题"文件夹

1. 外观文件

外观文件是主题的核心文件，又称为皮肤文件，专门用于定义服务器控件的外观。在主题中可以包含一个或多个皮肤文件，后缀名为.skin。

在控件的皮肤设置中，只能包含主题的属性定义，如样式属性、模板属性、数据绑定表达式等，不能包含控件的 ID，如 Label 控件的皮肤设置代码如下：

```
<asp:Label runat="server" BackColor="Blue" Font-Names="Arial Narrow" />
```

这样，一旦将皮肤应用到 Web 页面中，所有的 Label 控件都将显示皮肤设置的样式。

右击某个"主题"文件夹，在弹出的快捷菜单中选择【添加新项】命令，在弹出的对话框中选择【外观文件】，并在【名称】文本框中修改皮肤文件名，单击【添加】按钮即可添加皮肤文件，如图 7-14 所示。用同样的方法可以添加多个皮肤文件。

图 7-14　创建外观文件

2. CSS 文件

主题中可以包含一个或多个 CSS 文件，一旦把 CSS 文件放置在主题中，应用时就不用再在页面中指定 CSS 文件链接，而是通过设置页面或网站使用的主题就可以了。当主题得到应用时，主题中的 CSS 文件会自动应用到页面中。

右击某个"主题"文件夹，从弹出的快捷菜单中选择【添加新项】命令，在弹出的对话框中选择【样式表文件】选项，并在【名称】文本框中修改样式表文件名，单击【添加】按钮即可添加样式表文件。用同样的方法可以添加多个样式表文件。

7.2.2 在主题中定义外观

ASP.NET 使得将预定义的主题应用于页面或创建唯一的主题变得很容易。下面通过一个简单的例子来说明定义外观的方法。

【例 7-5】创建一个包含一些简单外观的主题，这些外观用于定义控件的外观。

(1) 右击网站名，从弹出的快捷菜单中选择【添加 ASP.NET 文件夹】|【主题】命令，创建名为 App_Themes 的文件夹和名为"主题"的子文件夹，将"主题"文件夹重命名为 Theme1。

(2) 右击 Theme1 文件夹，从弹出的快捷菜单中选择【添加新项】命令，添加一个新的外观文件，然后将该文件命名为 SkinFile.skin。在 SkinFile.skin 文件中，使用如下代码添加外观定义：

```
<asp:Label runat="server" ForeColor="red" Font-Size="14pt" Font-Names="Verdana" />
<asp:button runat="server" Borderstyle="Solid" Borderwidth="2px" Bordercolor="Blue" Backcolor="yellow"/>
```

外观定义与创建控件的语法类似，不同之处在于，外观定义只包括影响控件外观的设置，不包括 ID 属性的设置。

(3) 保存外观文件。

(4) 新建网页文件 ThemeTest.aspx，切换到【设计】视图，添加一个 Label 控件和一个 Button 控件，具体位置无所谓。

(5) 在【属性】窗口中，设置 Theme 属性的值为 Theme1。切换到【源】视图，你会发现在代码第一行的@Page 指令中添加了下面的属性：

<%@ Page … Theme="Theme1"%>

(6) 保存文件，查看设置效果，如图 7-15 所示。

在网页文件中，将主题设置为另一个主题(如果存在的话)的名称。再按 Ctrl+F5 组合键，控件将再次更改外观。

在皮肤文件中，系统没有提供控件属性设置的智能提示功能。所以，一般不在皮肤文件中直接编写定义控件外观的代码，而是首先在

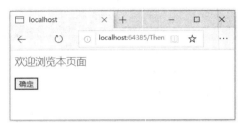

图 7-15 设置外观后的效果

页面中设置控件的属性，然后将自动生成的代码复制到外观文件中进行修改。因此，上面的例子也可以这样来实现：

(1) 创建一个 Web 页面，添加相应的控件并设置其外观。

(2) 新建一个主题，将相应控件的源代码复制到该主题的皮肤文件中，去掉所有控件的 ID 属性。

(3) 在其他页面的【属性】窗口中，设置 Theme 属性的值为相应的主题即可。

如果希望某些控件的外观和页面中相同类型的其他控件的外观不一样，则可以在.skin 文件中给特定的控件添加 SkinID 属性。例如，在上面的例子中增加一个按钮，将外观定义成如下样式：

<asp:Button runat="server" SkinID="GreenButton" Borderstyle="dotted" Borderwidth="2px" Bordercolor="red" Backcolor="Green"/>

修改 Button 控件的 SkinID 属性的值为 GreenButton。这样，新增加的按钮就会和原来的按钮显示不同的外观。

7.2.3 在主题中同时定义外观和样式表

前面的例子只定义了皮肤文件，实际上，在主题中还可以定义.css 文件。要想让自定义的.css 文件起作用，只需要在网页文件中设置 StyleSheetTheme 属性为定义的主题即可。

【例 7-6】演示如何在网页文件中同时使用皮肤文件和样式表文件。

(1) 右击网站名，从弹出的快捷菜单中选择【添加 ASP.NET 文件夹】|【主题】命令，创建名为 App_Themes 的文件夹和名为"主题"的子文件夹。将"主题"文件夹重命名为 Theme2。

(2) 右击 Theme2 文件夹，从弹出的快捷菜单中选择【添加新项】命令，添加一个新的外观文件，然后将该文件命名为 SkinFile.skin。在 SkinFile.skin 文件中，将网页文件中要用到的所有控件的外观定义添加进来，注意不能含有任何控件的 ID，外观代码如下：

<asp:Label runat="server" BackColor="#FFFFCC" BorderColor="#6600FF"
    BorderStyle="Solid" BorderWidth="4px" Font-Bold="True" Font-Names="华文彩云"

```
     Font-Size="XX-Large" ForeColor="#CC0099" style="text-align: center" Width="206px">
</asp:Label>
<asp:Button runat="server" BackColor="#3333CC" BorderColor="#000099"
     Font-Bold="True" Font-Size="Medium" ForeColor="White"/>
<asp:TextBox runat="server" BackColor="#99FFCC" Columns="10"></asp:TextBox>
```

(3) 在主题 Theme2 的文件夹中，再添加一个名为 Stylesheet.css 的样式表文件，代码如下：

```
.style1    /*   用于修饰表格 */
{
    width: 200px;
    border-collapse: collapse;
    border: 1px solid #800080;
}
.style2    /*   用于修饰单元格 */
{
    font-family: 幼圆;
    font-size: large;
    font-weight: bold;
}
```

(4) 新建 Web 页面 ThemesTest2.aspx，切换到【设计】视图，添加表格和相应的控件，最终效果如图 7-16 所示。代码如下：

```
<form id="form1" runat="server">
<div>
    <asp:Label ID="Label1" runat="server" Text="Label">请登录</asp:Label>
    <br />
    用户名：<asp:TextBox ID="TextBox1" runat="server" Width="130px"></asp:TextBox>
    <br />
    密   码：<asp:TextBox ID="TextBox2" runat="server" Width="128px"></asp:TextBox>
    <br />
    <asp:Button ID="Button1" runat="server" Text="Button" />
</div>
</form>
```

在当前页面中，修改 StyleSheetTheme 属性的值为 Theme2，可以看到引入皮肤和样式后的最终显示效果，如图 7-17 所示。

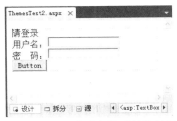

图 7-16 引入皮肤和样式前的效果

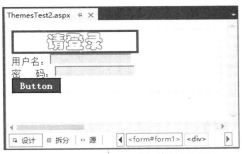

图 7-17 引入皮肤和样式后的效果

创建了主题之后，就可以指定如何在应用程序中使用主题，方法是：将主题作为自定义主题与网页文件关联，或者将主题作为样式表主题与网页文件关联。样式表主题和自定义主题都使用相同的主题文件，但是，样式表主题在网页文件的控件和属性中的优先级最低。在 ASP.NET 中，优先级的顺序是：

(1) 主题设置，包括 web.config 文件中设置的主题。
(2) 本地网页文件的样式属性设置。
(3) 样式表主题设置。

在这里，如果选择使用样式表主题，那么在网页文件中，本地声明的任何样式信息都将覆盖样式表主题的属性。同样，如果使用自定义主题，那么主题的属性将覆盖本地网页文件中设置的任何样式内容，以及使用中的样式表主题中的任何内容。

7.3 母版页

在 Web 站点开发中，有很多元素会出现在每一个页面中，如站点标题、公共导航以及版权信息等，这些元素的一致布局会让用户知道自己始终是在同一个站点中。虽然这些元素在 XHTML 中可以通过使用包含文件构建，并且在 ASP.NET 中，可以使用 CSS 和主题减少多页面的布局；但是，CSS 和主题在很多情况下还无法胜任多页面的开发，这时就需要使用母版页。

7.3.1 母版页和内容页的概念

母版页是用于设置页面外观的模板，是一种特殊的 ASP.NET 网页文件，同样也具有其他 ASP.NET 文件的功能，如添加控件、设置样式等，只不过扩展名是.master。在母版页中，界面被分为公用区和可编辑区，公用区的设计方法与一般页面的设计方法相同，可编辑区用 ContentPlaceHolder 控件预留出来。

引用母版页的.aspx 页面称为内容页，在内容页中，母版页的 ContentPlaceHolder 控件预留的可编辑区会被自动替换为 Content 控件，开发人员只需要在 Content 控件区域中填充内容即可。在母版页中定义的其他标记将自动出现在引用母版页的.aspx 页面中，母版页的部分以灰色显示，表示不能修改这些内容。

每个母版页中可以包含一个或多个内容页。使用母版页可以统一管理和定义具有相同布局风格的页面，从而给网页的设计和修改带来极大的方便。母版页具有如下优点：

- 使用母版页可以集中处理页面的通用功能，以便可以只在一个位置进行更新。
- 使用母版页可以方便地创建一组控件和代码，并将效果应用到一组新的页面。
- 通过允许控制占位符控件的呈现方式，母版页可以在细节上控制最终页的布局。
- 母版页提供了一个对象模型，使用该对象模型可以从各个内容页自定义母版页。

在使用母版页时，需要注意的是，母版页中使用的图片和超链接应尽量使用服务器端控件来实现，如 Image 和 HyperLink 控件。即使控件不需要服务器代码也是如此，这是因为在将设计好的母版页或内容页移动到另一个文件夹时，如果使用的是服务器控件，即使不改变服务器控件的 URL，ASP.NET 也可以正确解析，并能自动将 URL 改为正确的位置；如果使用普通的

HTML 标记，那么 ASP.NET 将无法正确解析这些标记的 URL，从而导致图片不能显示和链接失败，给维护带来麻烦。

7.3.2 创建母版页

创建母版页的方法和创建一般页面的方法非常相似，区别在于母版页无法单独在浏览器中查看，而必须通过创建内容页才能浏览。下面的例子展示了一种很常见的布局，母版页中包含标题、导航菜单和页脚，这些内容将在站点的每个页面中出现。母版页中包含一个内容占位符，这是母版页中的可变区域，可以使用内容页中的信息来替换可变区域。

【例 7-7】设计如图 7-18 所示的名为 MasterPage.master 的母版页，然后设计两个引用母版页的内容页 index.aspx 和 about2.aspx。

(1) 在【解决方案资源管理器】中右击网站名称，从弹出的快捷菜单中选择【添加新项】命令，从弹出的对话框中选择【母版页】选项。如图 7-19 所示，单击【添加】按钮即可在【源】视图中打开新建的母版页。

图 7-18 母版页的布局

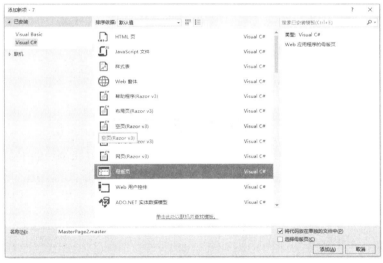

图 7-19 创建母版页

观察母版页的源代码，页面的顶部是@Master 声明，而不是通常在 ASP.NET 页面顶部看到的@Page 声明，指令如下：

```
<%@Master Language="C#" AutoEventWireup="true" CodeFile="MasterPage.master.cs"
         Inherits= "MasterPage" %>
```

此外，页面的主体还包含一个 ContentPlaceHolder 控件，这是母版页中的一块区域，其中的可替换内容将在运行时由内容页合并。为了方便母版页的编辑，通常先将 ContentPlaceHolder 控件删除，母版页编辑完成后再放置 ContentPlaceHolder 控件。

(2) 切换到【设计】视图，删除 ContentPlaceHolder 控件，然后单击页面中的层，插入一个

4行1列的表格，边框设置为1，表格的width属性设置为380像素。

(3) 布局完表格之后，可以将内容添加到母版页，这些内容将在所有页面中显示。例如，可以在表格的第一行添加"标题栏"；在第二行添加一个Menu控件；在第三行添加一个ContentPlaceHolder控件，控件的ID属性为ContentPlaceHolder1，也可以修改这个名字；在第四行添加"版权信息"。其中Menu控件的设置内容如下：

- 将Menu控件的Orientation属性设置为Horizontal。
- 单击Menu控件上的智能标记，选择【编辑菜单项】命令，然后在【菜单项编辑器】对话框中单击【添加根项】命令图标两次，添加两个菜单项。
- 单击第一个节点，将Text设置为"主页"，将NavigateUrl设置为index.aspx。
- 单击第二个节点，将Text设置为"关于"，将NavigateUrl设置为about2.aspx。

接下来要为母版页添加两个带有内容的页面。第一个是主页，第二个是"关于"页面。

(4) 在【解决方案资源管理器】中右击网站的名称，从弹出的快捷菜单中选择【添加新项】命令。在弹出的对话框中选择【Web 窗体】选项，在【名称】文本框中输入Index.aspx，选中【选择母版页】复选框。单击【添加】按钮，出现【选择母版页】对话框，选择MasterPage.master，然后单击【确定】按钮，即可创建一个新的.aspx页面文件。该页面包含一个@Page指令，此指令将当前页附加到带有MasterPage属性的选定母版页，如下所示：

```
<%@Page Language="C#" MasterPageFile="~/MasterPage.master" ... %>
```

(5) 切换到【设计】视图。母版页中的ContentPlaceHolder控件在新的内容页中显示为Content控件，而其他母版页内容显示为浅灰色，表示在编辑内容页时不能更改这些内容。在与母版页的ContentPlaceHolder1匹配的Content控件中，输入主页要显示的内容，然后选择文本，通过从【工具箱】的【块格式】组中选择【标题2】，保存页面。

(6) 用同样的方法创建"关于"内容页，名为About.aspx。

(7) 设置Index.aspx为起始页，按Ctrl+F5组合键运行并测试Web站点。ASP.NET将Index.aspx的内容与MasterPage.master的布局合并到单个页面，并在浏览器中显示产生的页面。需要注意的是，页面的URL为Index.aspx，浏览器中不存在对母版页的引用。单击"关于我们"链接，显示about2.aspx，显示的也是和MasterPage.master合并后的结果。运行效果分别如图7-20和图7-21所示。

图7-20 主页效果

图7-21 "关于我们"页面效果

7.4 本章小结

ASP.NET 通过提供皮肤、主题和母版页等功能增强了网页布局,实现了界面的优化,通过这些功能可以轻松地实现对网站开发中界面的控制。本章介绍了使用 CSS 和母版页对 ASP.NET 应用程序进行样式控制的方法和技巧,包括理解 CSS 的概念,掌握 CSS 的用法;理解布局的概念,掌握 CSS 和 DIV 布局的方法;理解主题的概念,掌握主题的创建和引用;理解母版页和内容页的概念,掌握创建母版页和内容页的方法。使用这些功能能够美化界面,使客户使用时更加方便。

7.5 练习

(1) 新建一个名为 CRM 的网站。

(2) 在【解决方案资源管理器】中右击网站名称,从弹出的快捷菜单中选择【添加新项】命令,在弹出的对话框中选择【母版页】选项。在【名称】文本框中输入 Master1,单击【添加】按钮,即可在【源】视图中打开新的母版页。

(3) 切换到【设计】视图,删除 ContentPlaceHolder 控件,然后插入 4 个层,代码如下:

```
<div id="top"></div>
<div id="left">
<asp:HyperLink ID="hpl_CNotify" runat="server" NavigateUrl="~/Module/CNotify.aspx"
            Target="_self">公告信息</asp:HyperLink>
<asp:HyperLink ID="hpl_CSearch" runat="server" NavigateUrl="~/Module/CSearch.aspx"
            Target="_self">资料查询</asp:HyperLink>
<asp:HyperLink ID="hpl_CAdd" runat="server" NavigateUrl="~/Module/CAdd.aspx"
            Target="_self">资料添加</asp:HyperLink>
<asp:HyperLink ID="hpl_CManage" runat="server" NavigateUrl="~/Module/CManage.aspx"
            Target="_self">资料管理</asp:HyperLink>
<asp:HyperLink ID="hpl_Exit" runat="server" NavigateUrl="~/Module/Exit.aspx">退出系统
</asp:HyperLink>
 </div>
    <div id="right">
        <asp:ContentPlaceHolder ID="ContentPlaceHolder1" runat="server">
        </asp:ContentPlaceHolder>
</div>
<div id="bottom">版权所有,违者必究  </div>
```

(4) 分别设置每个层的 CSS 样式,代码如下:

```
#left,#right{border:0px solid;float:left}
#left{width:160px;height:450px}
#top{ border:0px solid; height:120px;clear:both;}
#bottom{   border:0px solid; height:50px; clear:both; }
```

(5) 最后,还可以根据情况进一步做详细设置。

第 8 章
ADO.NET 数据访问

ASP.NET 应用程序的数据访问是通过 ADO.NET 完成的。ADO.NET 可以使 Web 应用程序从各种数据源中快速访问数据，从传统的数据库到 XML 数据存储文件，各种各样的数据源都能连接到 ADO.NET，从而更加灵活地访问数据，减少访问数据所需的代码，提高开发效率和 Web 应用程序的性能。

本章首先介绍 ADO.NET 的基本知识，然后详细介绍 ASP.NET 中的几种数据访问方法，有关数据绑定的内容则放到下一章介绍。

本章的学习目标：
- 了解 ADO.NET 的基本知识；
- 了解 SQL Server 2014 的安装和一些基本操作；
- 掌握 ADO.NET 与数据库的连接方法；
- 掌握使用 Connection 对象连接到数据库、打开数据库和关闭数据库的方法；
- 掌握利用 Command 访问数据库的方法；
- 掌握利用 DataAdapter 对象和 DataSet 对象访问数据库的方法。

8.1 ADO.NET 概述

ADO.NET 是.NET Framework 提供的数据访问类库，ADO.NET 对 SQL Server、Oracle 和 XML 等数据源提供一致的访问。应用程序可以使用 ADO.NET 连接到这些数据源，并检索和更新其中包含的数据。

8.1.1 ADO.NET 简介

ADO.NET 的名称起源于 ADO(ActiveX Data Object)，ADO 用于在以往的微软技术中进行数据访问。所以，微软希望通过使用 ADO.NET 向开发人员表明，这是在.NET 编程环境和 Windows 环境中优先使用的数据访问接口。

ADO.NET 提供了平台互用性和可伸缩的数据访问，增强了对非连接编程模式的支持，并且支持 RICH XML。由于传送的数据都是 XML 格式的，因此任何能够读取 XML 格式的应用程序都可以进行数据处理。事实上，接收数据的组件不一定非要是 ADO.NET 组件，也可以是基于 Visual Studio 的解决方案，还可以是运行在其他平台上的任何应用程序。

传统的 ADO 和 ADO.NET 是两种不同的数据访问方式，无论是在内存中保存数据，还是打开和关闭数据库的操作模式都不尽相同。

ADO.NET 用于数据访问的类库包含.NET Framework 数据提供程序和 DataSet 两个组件。.NET Framework 数据提供程序与 DataSet 之间的关系如图 8-1 所示。

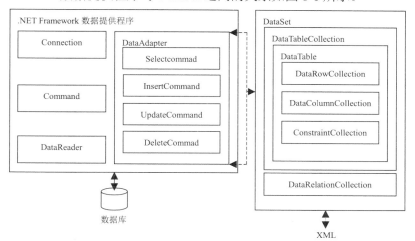

图 8-1 ADO.NET 的组成

.NET Framework 数据提供程序包含以下 4 个核心类。
- Connection：建立与数据源的连接。
- Command：对数据源执行操作命令，用于修改、查询数据和运行存储过程等。
- DataReader：从数据源获取返回的数据。
- DataAdapter：用数据源数据填充 DataSet，并且可以处理数据更新。

DataSet 是 ADO.NET 的断开式结构的核心组件。设计 DataSet 是为了实现独立于任何数据源的数据访问，可以把它看成内存中的数据库，专门用来处理从数据源中读出的数据。

DataSet 的优点就是离线式，一旦读取到数据库中的数据后,就在内存中建立数据库的副本，在此之后的操作，直到执行更新命令为止，所有的操作都是在内存中完成的。不管底层的数据库是哪种类型，DataSet 的行为都是一致的。

DataSet 是数据表的集合，可以包含任意多个数据表，而且每个 DataSet 中的数据表对应数据源中的数据表或数据视图。

ASP.NET 数据提供程序的开发流程有以下几个步骤：
(1) 利用 Connection 对象创建数据连接。
(2) 利用 Command 对象数据源执行 SQL 命令。
(3) 利用 DataReader 对象读取数据源中的数据。
(4) 将 DataSet 对象与 DataAdapter 对象配合使用，完成数据的查询和更新操作。

8.1.2 与数据有关的命名空间

在 ADO.NET 中，连接数据源时有 4 种接口：SQLClient、OracleClient、ODBC、OLEDB。其中，SQLClient 是 SQL Server 数据库专用连接接口，OracleClient 是 Oracle 数据库专用连接接

口，ODBC 和 OLEDB 可用于其他数据源的连接。在应用程序中使用任何一种连接接口时，必须在后台代码中引用相应的命名空间，类的名称也随之发生变化，如表 8-1 所示。

表 8-1 ADO.NET 的数据库命名空间及其说明

命名空间	说明
System.Data	ADO.NET 的核心，包含为处理非连接的架构而设计的类，如 DataSet
System.Data.SqlClient	SQL Server 的.NET Framework 数据提供程序
System.Data.OracleClient	Oracle 的.NET Framework 数据提供程序
System.Data.OleDb	OLE DB 的.NET Framework 数据提供程序
System.Data.Odbc	ODBC 的.NET Framework 数据提供程序
System.Xml	提供基于标准 XML 的类、结构等
System.Data.Common	由.NET Framework 数据提供程序继承或实现的工具类和接口

8.1.3 ADO.NET 数据提供程序

ADO.NET 的核心成员——数据提供程序(Data Provider)是一个类库，可以看成数据库与应用程序的接口或中间件。由于现在使用的数据源种类很多，在编写应用程序的时候就要针对不同的数据源编写不同的接口代码，工作量很大且效率低下。数据提供程序针对这一问题向应用程序提供了统一的编程界面，向数据源提供了多种数据源接口，通过对数据源进行屏蔽，可以使应用程序不必关心数据源的种类。

ADO.NET 提供与数据源进行交互的公共方法，但是对于不同的数据源要采用一组不同的类库。这些类库被称为数据提供程序，数据提供程序通常是以与之交互的协议和数据源的类型来命名的。表 8-2 列出了一些常见的数据提供程序和允许进行交互的数据源类型。

表 8-2 常见的数据提供程序及支持的数据源类型

数据提供程序	支持的数据源
ODBC 数据提供程序	提供 ODBC 接口的数据源，包括 Access、Oracle、SQL Server、MySQL 和 Visual FoxPro 等老式数据源
OLE DB 数据提供程序	提供 OLE DB 接口的数据源，比如 Access、Excel、Oracle 和 SQL Server
Oracle 数据提供程序	用于 Oracle 数据库
SQL 数据提供程序	用于 SQL Server 7 及其更高版本、SQL Express 或 MSDE
Borland 数据提供程序	许多数据库的公共存取方式，比如 Interbase、SQL Server、IBM DB2 和 Oracle

.NET Framework 数据提供程序的对象包括 Connection、Command、DataReader 和 DataAdapter。8.3 节～8.5 节将详细介绍这些对象。

8.2 SQL Server 2014 数据库平台

在 ASP.NET 项目中可以使用多种不同类型的数据库，包括 Access、SQL Server、Oracle、SQLite 和 MySQL。不过，在 ASP.NET Web 站点中最常用的数据库是 SQL Server。本书采用的是 SQL Server 2014 Express 简体中文版，该版本具备所有可编程功能，并且具有快速的零配置安装和必备组件要求较少的特点。

SQL Server 2014 Express 是免费的，读者可以从微软网站上免费下载。在安装之前需要下载和安装 SQL Server Management Studio (SSMS)，这是管理所有 SQL Server 数据库的免费工具，包括 LocalDB、Express 和 SQL Server 商业版。根据上面的描述，安装 SQL Server 2014 Express 需要下载两个文件(根据自己的系统类别选择 64 位还是 32 位)。

(1) 先下载安装 SSMS，这是用来管理 SQL Server 的图形化界面。

64 位操作系统：SQLManagementStudio_x64_CHS.exe

32 位操作系统：SQLManagementStudio_x86_CHS.exe

(2) 再下载安装 SQL Server 2014 Express。

64 位操作系统：SQLEXPR_x64_CHS.exe

32 位操作系统：SQLEXPR_x86_CHS.exe

1. 安装 SSMS

本书以 64 位的操作系统为例，安装步骤如下：

(1) 单击 SQLManagementStudio_x64_CHS.exe 安装程序启动安装，这会首先解压缩文件，如图 8-2 所示。解压缩之后，将进入 SQL Server 安装中心，如图 8-3 所示。

图 8-2　解压缩安装程序

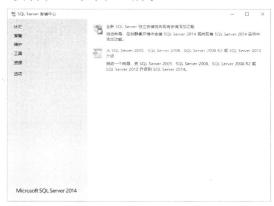
图 8-3　SQL Server 安装中心

(2) 如果操作系统中没有安装 SQL Server 平台，单击超链接【全新 SQL Server 独立安装或向现有安装添加功能】；如果要升级现有的 SQL Server 低版本到 2014 版本，单击超链接【从 SQL Server 2005、SQL Server 2008 、SQL Server 2008 R2 或 SQL Server 2012 升级】。这里采用前者，进入软件的许可条款界面，如图 8-4 所示。

(3) 选中【我接受许可条款】，单击【下一步】，开始安装程序文件，如图 8-5 所示。安装程序将搜索 SQL Server 更新产品，下载安装文件，提取安装文件并且安装。也可以跳过该步骤，直接单击【下一步】。

图 8-4　许可条款界面

图 8-5　开始安装程序文件

(4) 如图 8-6 所示，进入功能选择界面。可以选择需要安装的功能和安装路径。可以使用默认值，单击【下一步】，将进入安装界面，如图 8-7 所示。如果安装顺利，将出现如图 8-8 所示的安装完成界面。

图 8-6　功能选择界面

图 8-7　安装界面

图 8-8　安装完成界面

2. 安装 SQL Server 2014 Express

(1) 安装步骤的前几步和安装 SSMS 一样，可参考图 8-2～图 8-5。

(2) 从功能选择界面开始有所不同，如图 8-9 所示，同样可以选择需要安装的功能和安装路径。单击【下一步】，进入实例配置界面，如图 8-10 所示。单击【下一步】，进入服务器配置界面，如图 8-11 所示。这两个配置基本上可以使用现有的默认值。

图 8-9 功能选择界面

图 8-10 实例配置界面

图 8-11 服务器配置界面

图 8-12 数据库引擎配置界面

(3) 单击【下一步】，进入数据库引擎配置界面，一般选择"混合模式"，并给 SQL 管理员账号 sa 设置密码，但一定要记住这个密码。然后把自己添加到 SQL Server 管理员中，也可以添加多人。建议大家把系统管理员账号添加进去，如图 8-12 所示。然后单击两次【下一步】按钮，就开始安装了，稍等几分钟就安装成功了，如图 8-13 和图 8-14 所示。

图 8-13 安装进度

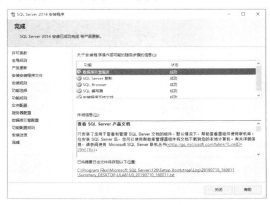

图 8-14 安装成功

(4) 安装完以后，可以在"开始"菜单中找到 SQL Server 2014 Management Studio，用来登录和使用 SQL Server 2014，如图 8-15～图 8-17 所示。

图 8-15　启动 SQL Server 2014

图 8-16　登录界面

图 8-17　主界面

(5) 在 SQL Server 2014 中创建数据库，参照图 8-17 所示主界面，选中数据库后右击，从弹出菜单中选择【新建数据库】，如图 8-18 所示。在弹出的【新建数据库】窗口中创建数据库 MyDatabase.mdf，如图 8-19 所示。

图 8-18　选择【新建数据库】

图 8-19　创建数据库

(6) 在【对象源管理器】中，展开数据库节点 MyDatabase。右击【表】，如图 8-20 所示。创建 student 表，表的属性如图 8-21 所示。

图 8-20　创建新表　　　　　　　　　　图 8-21　student 表的属性

(7) 也可在 Visual Studio 2015 中打开本地 SQL Server 的【对象资源管理器】。启动 Visual Studio 2015，打开【对象资源管理器】，选中 SQL Server 后右击，从弹出菜单中选择【添加 SQL Server】，如图 8-22 所示。根据需要可以选择 SQL Server 的来源，这里选择的是本地 DESKTOP-ULA81U0\SQLEXPRESS，如图 8-23 所示。单击【连接】，添加成功后就可以在 Visual Studio 2015 中操作数据库了，如图 8-24 所示。

图 8-22　选择【添加 SQL Server】

图 8-23　SQL Server 连接界面　　　　图 8-24　成功添加本地 SQL Server

8.3 使用 Connection 对象连接数据库

在 ADO.NET 对象模型中，Connection 对象用于连接数据库和管理数据库事务，它的一些属性描述了数据源和用户身份验证。Connection 对象还提供一些方法，允许程序员与数据源建立连接或者断开连接。不同的数据源需要使用不同的类来建立连接。例如，要连接到 SQL Server 7.0 以上版本，需要选择 SqlConnection 对象；要连接 OLE DB 数据源或者 SQL Server 7.0 及其更早版本，需要选择 OleDbConnection 对象。Connection 对象根据不同的数据源提供了以下 4 种数据库连接方式。

- System.Data.SqlClient.SqlConnection
- System.Data.Odbc.OdbcConnection
- System.Data.OleDb.OleDbConnection
- System.Data.OracleClient.OracleConnection

下面以 SqlConnection 为例介绍 Connection 对象的使用，其他连接方式与之类似。为了连接数据源，需要有连接字符串。连接字符串通常由分号隔开的名称和值组成，用于指定数据库运行库的设置。连接字符串中包含的典型信息包括数据库的名称、服务器的位置和用户的身份。还可以指定其他操作信息，诸如连接超时和连接池(connection pooling)设置等。SqlConnection 连接字符串常用的参数及其说明如表 8-3 所示。

表 8-3 SqlConnection 连接字符串常用的参数及其说明

参 数	说 明
Data Source 或 Server	连接打开时使用的 SQL Server 数据库服务器名称，或是 Access 数据库的文件名，可以是 local、localhost，也可以是具体的数据库服务器名称
Initial Catalog 或 Database	数据库的名称
Integrated Security	决定连接是否是安全连接，可能的值有 True、False 和 SSPI(SSPI 是 True 的同义词)
User ID 或 uid	SQL Server 账户的登录名
Password 或 pwd	SQL Server 账户的登录密码

下面的代码用于在 Page_Load 事件中建立数据库连接：

```
using System.Data;
using System.Data.SqlClient;
protected void Page_Load(object sender, EventArgs e)
{
    //连接的数据库名为 StudentDB，用户名为 sa，用户密码为空
    string strCon ="Data Source=localhost; Initial Catalog=StudentDB;
        Integrated Security=True; User ID=sa; Password=";
    SqlConnection conn = new SqlConnection(strCon);
}
```

表 8-4 列出了 SqlConnection 对象的常用属性及其说明。

表 8-4　SqlConnection 对象的常用属性及其说明

属　　性	说　　明
ConnectionString	执行 Open 方法以连接数据源的字符串
ConnectionTimeout	尝试建立连接的时间，超过时间则产生异常
Database	将要打开的数据库的名称
DataSource	包含数据库的位置和文件
State	显示当前 Connection 对象的状态

注意：

除了 ConnectionString 之外，其他属性都是只读属性，只能通过连接字符串的标记配置数据库连接。

表 8-5 列出了 SqlConnection 对象的常用方法及其说明。

表 8-5　SqlConnection 对象的常用方法及其说明

方　　法	说　　明
Open	打开数据库连接
Close	关闭数据库连接，使用 Close 方法可以关闭打开的数据库连接
ChangeDatabase	改变当前连接的数据库，需要有效的数据库名称

SqlConnection 实例创建后，初始状态是"关闭"，可以调用 Open 方法来打开数据库连接，使用完毕后再调用 Close 方法关闭数据库连接。例如以下代码：

```
using System.Data;
using System.Data.SqlClient;
protected void Page_Load(object sender, EventArgs e)
{
    //连接的数据库名为 StudentDB，用户名为 sa，用户密码为空
    string strCon ="Data Source=localhost; Initial Catalog=StudentDB; Integrated Security=True;
        User ID=sa; Password=";
    SqlConnection conn = new SqlConnection(strCon);
    //打开数据库连接
    conn.Open();
    //连接后的操作
    //关闭数据库连接
    conn.Close();
}
```

【例 8-1】 演示如何建立数据库连接。

(1) 新建名为 Accessdatabase 的 ASP.NET 网站。使用数据库文件有两种方法，第一种方法是使用 SQL Server 2014 平台创建好的数据库文件，第二种方法是使用 Visual Studio 2015 自带的 SQL Server 创建数据库文件。一般数据库文件会创建在文件夹 App_Data 中，如图 8-25 所示，添加数据库文件 Database.mdf。

图 8-25 添加 SQL Server 数据库文件

(2) 打开 web.config 配置文件，将<connectionStrings/>标记用下面的代码替换：

```
<connectionStrings>
<add name="ConnectionString" connectionString="Data
Source=(LocalDB)\MSSQLLocalDB;AttachDbFilename=|DataDirectory|\Database.mdf;Integrated
Security=True"/>
</connectionStrings>
```

其中，Data Source 表示 SQL Server 2014 数据库服务器名称，AttachDbFilename 表示数据库的路径和文件名，|DataDirectory|表示网站默认的数据库路径 App_Data 因为使用的 SQL Server 的来源可能不同，所以 Data Source 或其他参数的值会有所不同。如果不清楚，可以查看数据库文件的属性。选中打开的数据库文件名，右击后从弹出菜单中选择【属性】，打开【属性】窗口，如图 8-26 和图 8-27 所示。在【属性】窗口的左侧找到【连接字符串】，可以看到连接数据库文件所需的参数值。

图 8-26 选择【属性】

图 8-27 打开【属性】窗口

(3) 在网站中添加名为 connection.aspx 的网页，切换到【设计】视图，在页面中拖放一个 Label 控件，使用默认的控件名称，然后在 connection.aspx.cs 中添加如下代码，首先添加的是命名空间：

```
using System.Data.SqlClient;      //连接数据库
using System.Configuration;       //提供客户端应用程序配置文件
```

然后添加如下代码：

```
//引用数据库访问命名空间
protected void Page_Load(object sender, EventArgs e)
{
    //从 web.config 配置文件中取出数据库连接字符串
    string sqlconnstr = ConfigurationManager.ConnectionStrings["ConnectionString"].ConnectionString;
    //建立数据库连接对象
    SqlConnection sqlconn = new SqlConnection(sqlconnstr);
    //打开连接
    sqlconn.Open();
    Label1.Text = "成功建立 Sql Server 2012 数据库连接";
    //关闭连接
    sqlconn.Close();
    sqlconn = null;
}
```

(6) 运行程序，效果如图 8-28 所示。

图 8-28　connection.aspx 页面的运行效果

在访问数据库中的数据之前，需要使用 Connection 对象的 Open 方法打开数据库，并在完成数据库操作之后使用 Connection 对象的 Close 方法将数据库关闭。

8.4　使用 Command 对象执行数据库命令

与数据源连接成功后，可以使用 Command 对象的数据库命令直接与数据源进行通信。这些命令通常包括数据库查询(select)、更新已有数据(update)、插入新数据(insert)和删除数据(delete)。许多数据库都使用结构化查询语言(SQL)来管理这些命令。Command 对象还可以调用存储过程或从特定表中取得记录。根据连接的数据源的不同，可以分为以下 4 类。

- SqlCommand：用于对 SQL Server 数据库执行命令。
- OdbcCommand：用于对支持 ODBC 的数据库执行命令。
- OleDbCommand：用于对支持 OLE DB 的数据库执行命令。
- OracleCommand：用于对 Oracle 数据库执行命令。

下面以 SqlCommand 为例进行介绍，其他与之类似。SqlCommand 对象的常用属性及其说明如表 8-6 所示。

表 8-6　SqlCommand 对象的常用属性及其说明

属　　性	说　　明
Connection	获取 SqlConnection 实例，使用该对象进行数据库通信
CommandBehavior	设定 Command 对象的动作模式
CommandType	默认值为 Text，表示 SQL 语句、数据表名称或存储过程
CommandText	类型为 string，表示命令对象包含的 SQL 语句、存储过程或表
CommandTimeout	类型为 int，表示终止执行命令并生成错误之前的等待时间
SqlParametersCollection	提供给命令的参数集合

SqlCommand 对象的常用方法及其说明如表 8-7 所示。

表 8-7　SqlCommand 对象的常用方法及其说明

方　　法	说　　明
Execute	通过 Connection 对象下达命令至数据源
Cancel	类型为 void，取消命令的执行
ExecuteNonQuery	类型为 void，执行不返回结果的 SQL 语句，包括 INSERT、DELELE、UPDATE、CREATE TABLE、CREATE PROCEDURE 以及不返回结果的存储过程
ExecuteReader	类型为 SqlDataReader，执行 SELECT、TableDirect 或有返回结果的存储过程
ExecuteScalar	类型为 object，从数据库中实现单个字段的检索

8.4.1　使用 Command 对象查询数据

使用 Command 对象查询数据的一般步骤如下：首先建立数据库连接；然后创建 Command 对象，并设置它的 Connection 和 CommandText 两个属性，分别表示数据库连接和需要执行的 SQL 命令；接下来使用 Command 对象的 ExecuteReader 方法，把返回结果放在 DataReader 对象中；最后，通过循环处理数据库查询结果。

【例 8-2】在例 8-1 的基础上，如何使用 Command 对象查询数据库中的数据。

(1) 在 Accessdatabase 网站中添加一个名为 command_select.aspx 的网页，切换到【设计】视图，在该页面上拖放一个 Label 控件，使用默认的控件名称。

(2) 添加一些数据到 student 表中，右击 student 表，在弹出的菜单中选择【显示表数据】，如图 8-29 所示。可以添加几条记录以便测试代码时使用，如图 8-30 所示。

No	Name	Sex	Birth	Address	Photo
1	Tom	M	1999/4/7 0:0...	AUS	1.jpg
2	Sam	F	1998/4/9 0:0...	TianJing	2.jpg
3	Jack	M	2000/7/10 0:...	ShangHai	3.jpg
4	Rose	F	1997/10/4 0:...	ShangHai	4.jpg
5	Wendy	F	1998/9/12 0:0...	Beijing	5.jpg
NULL	NULL	NULL	NULL	NULL	NULL

图 8-29　选择【显示表数据】　　　　　　图 8-30　显示和添加数据

(3) 在 command_select.aspx.cs 文件中添加如下代码：

```
//引用数据库访问命名空间
```

```csharp
using System.Data.SqlClient;
using System.Configuration;
...
protected void Page_Load(object sender, EventArgs e)
{
    Label1.Text = "";
    string sqlconnstr = ConfigurationManager.ConnectionStrings["ConnectionString"].ConnectionString;
    SqlConnection sqlconn = new SqlConnection(sqlconnstr);
    //建立 Command 对象
    SqlCommand sqlcommand = new SqlCommand();
    //给 sqlcommand 的 Connection 属性赋值
    sqlcommand.Connection = sqlconn;
    //打开连接
    sqlconn.Open();
    //SQL 命令赋值
    sqlcommand.CommandText = "select * from student";
    //建立 DataReader 对象,并返回查询结果
    SqlDataReader sqldatareader=sqlcommand.ExecuteReader();
    //逐行遍历查询结果
    while(sqldatareader.Read())
    {
        Label1.Text += sqldatareader.GetString(0) + " ";
        Label1.Text += sqldatareader.GetString(1) + " ";
        Label1.Text += sqldatareader.GetString(2) + " ";
        Label1.Text += sqldatareader.GetDateTime(3) + " ";
        Label1.Text += sqldatareader.GetString(4) + " ";
        Label1.Text += sqldatareader.GetString(5) + "<br />";
    };
    sqlcommand = null;
    sqlconn.Close();
    sqlconn = null;
}
```

(4) 程序的运行效果如图 8-31 所示。

图 8-31 command_select.aspx 的运行效果

8.4.2 使用 Command 对象增加数据

使用 Command 对象向数据库中增加数据的一般步骤为：首先建立数据库连接；然后创建 Command 对象，并设置它的 Connection 和 CommandText 两个属性，使用 Command 对象的

Parameters 属性设置输入参数；最后，使用 Command 对象的 ExecuteNonquery 方法执行数据库数据增加命令，ExecuteNonquery 方法表示要执行的是没有返回数据的命令。

【例 8-3】演示如何使用 Command 对象向数据库中增加数据。

(1) 在【解决方案资源管理器】中，右击网站名，从弹出的快捷菜单中选择【新建文件夹】命令，新建文件夹，命名为 images，用于存放学生照片。

(2) 在 Accessdatabase 网站中添加一个名为 command_insert.aspx 的网页。

(3) 设计 command_insert.aspx 页面，如图 8-32 所示。

图 8-32　command_insert.aspx 页面的设计效果

对应【源】视图中的代码如下：

```
<table style="width: 320px; height: 240px">
    <tr>
        <td style="width: 100px; text-align: right"> 学号：</td>
        <td style="width: 220px">
<asp:TextBox ID="TextBox1" runat="server"></asp:TextBox></td>   </tr>
    <tr>
        <td style="width: 100px; text-align: right"> 姓名：</td>
        <td style="width: 220px">
<asp:TextBox ID="TextBox2" runat="server"></asp:TextBox></td>   </tr>
    <tr>
        <td style="width: 100px; text-align: right"> 性别：</td>
        <td style="width: 220px">
            <asp:DropDownList ID="DropDownList1" runat="server">
                <asp:ListItem Selected="True">M</asp:ListItem>
                <asp:ListItem>F</asp:ListItem>
            </asp:DropDownList>    </td>    </tr>
    <tr>
        <td style="width: 100px; text-align: right">出生日期：</td>
        <td style="width: 220px">
            <asp:TextBox ID="TextBox3" runat="server"></asp:TextBox></td>  </tr>
    <tr>
        <td style="width: 100px; text-align: right"> 地址：</td>
        <td style="width: 220px">
            <asp:TextBox ID="TextBox4" runat="server"></asp:TextBox></td>    </tr>
    <tr>
```

```html
<td style="width: 100px; text-align: right"> 照片：</td>
<td style="width: 220px">
        <asp:FileUpload ID="FileUpload1" runat="server" /></td> </tr>
<tr>
<td colspan="2" style="text-align: center">
 <asp:Button ID="Button1" runat="server" Text="提交" OnClick="Button1_Click" /></td> </tr>
</table>
<asp:Label ID="Label1" runat="server" Text="Label"></asp:Label>
```

(4) 双击【设计】视图中的【提交】按钮，添加如下代码：

```csharp
using System.Data.SqlClient;
using System.Configuration;
...
protected void Button1_Click(object sender, EventArgs e)
{
string sqlconnstr = ConfigurationManager.ConnectionStrings["ConnectionString"].ConnectionString;
   SqlConnection sqlconn = new SqlConnection(sqlconnstr);
   //建立 Command 对象
   SqlCommand sqlcommand = new SqlCommand();
   sqlcommand.Connection = sqlconn;
   //把 SQL 语句赋给 Command 对象
sqlcommand.CommandText = "insert into student(no,name,sex,birth,address,photo)
values (@no,@name,@sex,@birth,@address,@photo)";
   sqlcommand.Parameters.AddWithValue("@no",TextBox1.Text);
   sqlcommand.Parameters.AddWithValue("@name",TextBox2.Text);
   sqlcommand.Parameters.AddWithValue("@sex",DropDownList1.Text);
   sqlcommand.Parameters.AddWithValue("@birth",TextBox3.Text);
   sqlcommand.Parameters.AddWithValue("@address",TextBox4.Text);
   sqlcommand.Parameters.AddWithValue("@photo",FileUpload1.FileName);
   try
   {
        //打开连接
        sqlconn.Open();
        //执行 SQL 命令
        sqlcommand.ExecuteNonQuery();
        //把学生的照片上传到网站的 images 文件夹中
        if (FileUpload1.HasFile == true)
        {
             FileUpload1.SaveAs(Server.MapPath(("~/images/") + FileUpload1.FileName));
        }
        Label1.Text = "成功添加记录";
   }
   catch(Exception ex)
   {
        Label1.Text = "错误原因："+ ex.Message;
   }
```

```
        finally
        {
            sqlcommand = null;
            sqlconn.Close();
            sqlconn = null;
        }
    }
```

(5) 运行程序，如果插入成功，将显示"成功添加记录"，如图 8-33 所示。

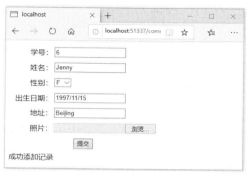

图 8-33　记录添加成功

使用 Command 对象对数据库进行修改的方法和插入操作差不多，只是 SQL 语句不同，这里不再举例说明。

8.4.3　使用 Command 对象删除数据

使用 Command 对象删除数据库中数据的一般步骤为：首先建立数据库连接；然后创建 Command 对象，设置它的 Connection 和 CommandText 两个属性，并使用 Command 对象的 Parameters 属性来传递参数；最后，使用 Command 对象的 ExecuteNonquery 方法执行数据删除命令。

【例 8-4】使用 Command 对象删除数据。

(1) 在 Accessdatabase 网站中添加一个名为 command_delete.aspx 的网页。

(2) 在 command_delete.aspx 页面中添加一个 Label 控件、一个 TextBox 控件和一个 Button 控件，将 Button 控件作为【删除】按钮，添加如下代码：

```
输入要删除记录的 No：<br />
 <asp:TextBox ID="TextBox1" runat="server" ></asp:TextBox>
 <asp:Button ID="Button1" runat="server" Text="删除" OnClick="Button1_Click"/><br />
        <asp:Label ID="Label1" runat="server" Text="Label"></asp:Label>
```

(3) 双击【设计】视图中的【删除】按钮，添加如下代码：

```
using System.Data.SqlClient;
using System.Configuration;
...
protected void Button1_Click(object sender, EventArgs e)
{
    int intDeleteCount;
```

```
string sqlconnstr = ConfigurationManager.ConnectionStrings["ConnectionString"].ConnectionString;
SqlConnection sqlconn = new SqlConnection(sqlconnstr);
//建立 Command 对象
SqlCommand sqlcommand = new SqlCommand();
//给 Command 对象的 Connection 和 CommandText 属性赋值
sqlcommand.Connection = sqlconn;
sqlcommand.CommandText = "delete from student where no=@no";
sqlcommand.Parameters.AddWithValue("@no",TextBox1.Text);
try
{
    sqlconn.Open();
    intDeleteCount=sqlcommand.ExecuteNonQuery();
    if (intDeleteCount>0)
        Label1.Text = "Sql 删除成功";
    else
        Label1.Text = "该记录不存在";
}
catch (Exception ex)
{
    Label1.Text = "错误原因："+ex.Message;
}
finally
{
    sqlcommand = null;
    sqlconn.Close();
    sqlconn = null;
}
```

(4) 页面的运行效果如图 8-34 所示。

图 8-34　command_delete.aspx 的运行效果

8.5 使用 DataAdapter 对象和 DateSet 对象

8.5.1 DataAdapter 对象简介

DataAdapter 对象是 Connection 对象和 DataSet 对象之间的桥梁，能够保存和检索数据。通过 DataAdapter 对象的 Fill 方法可以把数据库中的数据填充到 DataSet 中，通过 Update 方法可以按相反的方向将数据保存到数据库中。根据数据源的不同，DataAdapter 对象可以分为以下 4 类。
- SqlDataAdapter：用于对支持 SQL Server 的数据库执行命令。
- OdbcDataAdapter：用于对支持 ODBC 的数据库执行命令。
- OleDbDataAdapter：用于对支持 OLE DB 的数据库执行命令。
- OracleDataAdapter：用于对支持 Oracle 的数据库执行命令。

下面以 SqlDataAdapter 为例进行介绍，其他与之类似。SqlDataAdapter 对象的常用属性及其说明如表 8-8 所示。

表 8-8 SqlDataAdapter 对象的常用属性及其说明

属　　性	说　　明
SelectCommand	获取或设置一个语句或存储过程，用于在数据源中选择记录
InsertCommand	获取或设置一个语句或存储过程，用于在数据源中插入新的记录
UpdateCommand	获取或设置一个语句或存储过程，用于更新数据源中的记录
DeleteCommand	获取或设置一个语句或存储过程，用于从数据集中删除记录

SqlDataAdapter 对象的常用方法及其说明如表 8-9 所示。

表 8-9 SqlDataAdapter 对象的常用方法及其说明

方　　法	说　　明
Fill	把数据库中的数据填充到 DataSet 中
Update	对 DataSet 中的数据进行插入、更新、删除等操作

8.5.2 DataSet 对象简介

DataSet 是 ADO.NET 的核心对象之一。DataSet 为数据源提供了断开式的存储，从数据库完成数据抽取后，DataSet 就是数据的存放地。DataSet 是各种数据源中的数据在计算机内存中映射成的缓存，可以把它想象成临时的内存数据库，不仅可以存放多个表，而且是断开式的，不用每进行一次操作就对数据库进行一次更新，从而提高了效率。同时，DataSet 在客户端实现读取、更新数据库的过程中，起到中间部件的作用。

使用.NET 语言开发数据库应用程序，一般并不直接对数据库操作(直接在程序中调用存储过程等除外)，而是首先完成数据连接和通过 DataAdapter 填充 DataSet 对象，然后客户端再通过读取 DataSet 来获得需要的数据。同样，更新数据库中的数据时，也是首先更新 DataSet，然后再通过 DataSet 来更新数据库中对应的数据。DataSet 主要有以下三个特性。

- 独立性：DataSet 独立于各种数据源。微软公司在推出 DataSet 时就考虑到各种数据源的多样性、复杂性。在.NET 中，无论什么类型的数据源，DataSet 都会提供一致的关系编程模型。
- 断开和连接：DataSet 可以离线方式和实时连接来操作数据库中的数据。这一点有些像 ADO 中的 RecordSet。
- DataSet 对象是可以用 XML 表示的数据视图，是一种数据关系视图。

DataSet 对象模型如图 8-35 所示。

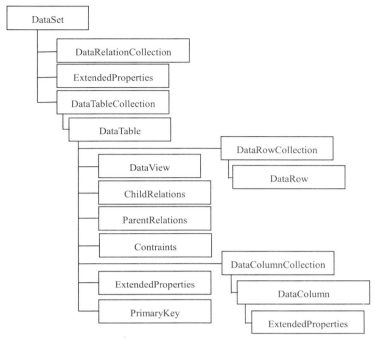

图 8-35　DataSet 对象模型

每个DataSet是一个或多个DataTable 对象的集合，这些DataTable对象由数据行、数据列、主键、外键、约束和有关DataTable对象中数据的关系信息组成。DataSet中的表用DataTable表示，一个DataSet里面可以包含多个DataTable，这些DataTable构成了DataTableCollection对象。每个DataTable中都包含一个ColumnsColleciton对象和一个RowsCollection对象。各个DataTable之间的关系通过DataRelation来表示，这些DataRelation构成的集合就是DataRelationsCollection对象。ExtendedProperties对象用来定义特定的信息，比如密码、更新时间等。

类似地，DataTable 对象有一个 DataColumnCollection 对象和一个 DataRowCollection 对象，各自的属性为 DataColumn 和 DataRow。可以在 DataTable 上定义约束，比如 UniqueConstraint，可以表现为 Constraints 属性的集合，赋值为一组 Constraint 类型的对象，或是从 Constraint 对象继承而来的对象。DataTable 内部的 DataRelation 集合对应于父关系(ParentRelations)和子关系(ChildRelations)，二者建立了 DataTable 之间的连接。DataSet 中的对象及其功能如表 8-10 所示。

表 8-10　DataSet 中的对象及其功能

对　　象	功　　能
DataTable	使用行列形式组织的矩形数据集
DataColumn	规则的集合，决定将什么数据存储到 DataRow 中
DataRow	由单行数据库数据构成的数据集合，是实际的数据存储
Constraint	决定能进入 DataTable 的数据
DataRelation	描述不同的 DataTable 之间如何关联

DataSet 对象的常用属性及其说明如表 8-11 所示。

表 8-11 DataSet 对象的常用属性及其说明

属 性	说 明
DataSetName	获得或设置当前 DataSet 对象的名称
Tables	获取包含在 DataSet 中的表的集合
Relations	获取用于将表连接起来并允许从父表浏览到子表的关系的集合
HasErrors	表明是否已经初始化 DataSet 对象的值

DataSet 对象的常用方法及其说明如表 8-12 所示。

表 8-12 DataSet 对象的常用方法及其说明

方 法	说 明
clear	清除 DataSet 对象中所有表的所有数据
Clone	复制 DataSet 对象的结构到另外一个 DataSet 对象中，复制内容包括所有的结构、关系和约束，但不包含任何数据
copy	复制 DataSet 对象的数据和结构到另外一个 DataSet 对象中，这两个 DataSet 对象完全一样
CreateDataReader	为每个 DataTable 对象返回带有结果集的 DataTableReader，顺序与 Tables 集合中表的显示顺序相同
Dispose	释放 DataSet 对象占用的资源
Reset	将 DataSet 对象初始化

8.5.3 查询数据库数据

使用 DataAdapter 对象和 DataSet 对象查询数据库数据的一般步骤如下：首先建立数据库连接；然后利用数据库连接和 SELECT 语句建立 DataAdapter 对象，并使用 DataAdapter 对象的 Fill 方法把查询结果放在 DataSet 对象的一个数据表中；接下来，将该数据表复制到 DataTable 对象中；最后，实现对 DataTable 对象中数据的查询。

【例 8-5】演示如何使用 DataAdapter 对象查询数据库数据。

(1) 在 Accessdatabase 网站中添加一个名为 DataAdapter_select.aspx 的网页，切换到【设计】视图，向该页面拖放一个 Label 控件，使用默认的控件名称。

(2) 在 DataAdapter_select.aspx.cs 文件中添加如下代码：

```
//引用数据库访问命名空间
using System.Data.SqlClient;
using System.Configuration;
using System.Data;
……
protected void Page_Load(object sender, EventArgs e)
{
    string sqlconnstr = ConfigurationManager.ConnectionStrings["ConnectionString"].ConnectionString;
    SqlConnection sqlconn = new SqlConnection(sqlconnstr);
    //建立 DataSet 对象
```

```
DataSet ds = new DataSet();
//建立 DataTable 对象
DataTable dtable;
//建立 DataRowCollection 对象
DataRowCollection coldrow;
//建立 DataRow 对象
DataRow drow;
//打开连接
sqlconn.Open();
//建立 DataAdapter 对象
SqlDataAdapter sqld = new SqlDataAdapter("select * from student", sqlconn);
//使用 Fill 方法返回的数据填充 DataSet，将数据表命名为 tabstudent
sqld.Fill(ds, "tabstudent");
//将数据表 tabstudent 的数据复制到 DataTable 对象
dtable = ds.Tables["tabstudent"];
//使用 DataRowCollection 对象获取这个数据表的所有数据行
coldrow = dtable.Rows;
//逐行遍历，取出各行数据
Label1.Text = "";
for (int inti = 0; inti < coldrow.Count; inti++)
{
    drow = coldrow[inti];
    Label1.Text += "学号：" + drow[0];
    Label1.Text += "姓名：" + drow[1];
    Label1.Text += "性别：" + drow[2];
    Label1.Text += "出生日期：" + drow[3];
    Label1.Text += "地址：" + drow[4] + "<br />";
}
sqlconn.Close();
sqlconn = null;
}
```

(3) 页面的运行效果如图 8-36 所示。

图 8-36　DataAdapter_select.aspx 的运行效果

要显示 DataSet 中的数据，还有更简单的方法，就是绑定 GridView 控件，详细内容将在第 9 章介绍。

8.5.4 修改数据库数据

使用 DataAdapter 对象和 DataSet 对象修改数据库数据的一般步骤如下：首先建立数据库连接；然后利用数据库连接和 SELECT 语句建立 DataAdapter 对象；并配置 DataAdapter 对象的 UpdateCommand 属性，定义修改数据库的 UPDATE 语句；使用 DataAdapter 对象的 Fill 方法把 SELECT 语句的查询结果放在 DataSet 对象的一个数据表中；接下来将该数据表复制到 DataTable 对象中；最后修改 DataTable 对象中的数据，并通过 DataAdapter 对象的 Update 方法向数据库提交修改数据。

【例 8-6】演示如何使用 DataAdapter 对象和 DataSet 对象修改数据库数据。

(1) 在 Accessdatabase 网站中添加一个名为 DataAdapter_update.aspx 的网页。

(2) 向 DataAdapter_ update.aspx.cs 中添加如下代码：

```
using System.Data.SqlClient;
using System.Configuration;
using System.Data;
……
protected void Page_Load(object sender, EventArgs e)
{
    string sqlconnstr = ConfigurationManager.ConnectionStrings["ConnectionString"].ConnectionString;
    SqlConnection sqlconn = new SqlConnection(sqlconnstr);
    //建立 DataSet 对象
    DataSet ds = new DataSet();
    //建立 DataTable 对象
    DataTable dtable;
    //建立 DataRowCollection 对象
    DataRowCollection coldrow;
    //建立 DataRow 对象
    DataRow drow;
    //打开连接
    sqlconn.Open();
    //建立 DataAdapter 对象
    SqlDataAdapter sqld = new SqlDataAdapter("select * from student", sqlconn);
    //自己定义 Update 命令，其中@NAME 和@NO 是两个参数
    sqld.UpdateCommand = new SqlCommand("UPDATE student SET NAME = @NAME WHERE
        NO = @NO", sqlconn);
    //定义@NAME 参数，对应于 student 表的 NAME 列
    sqld.UpdateCommand.Parameters.Add("@NAME", SqlDbType.VarChar, 50, "NAME");
    //定义@NO 参数，对应于 student 表的 NO 列，而且@NO 是修改前的原始值
    SqlParameter parameter = sqld.UpdateCommand.Parameters.Add("@NO", SqlDbType.VarChar, 10);
    parameter.SourceColumn = "NO";
    parameter.SourceVersion = DataRowVersion.Original;
    //使用 Fill 方法返回的数据填充 DataSet，将数据表命名为 tabstudent
    sqld.Fill(ds, "tabstudent");
    //将数据表 tabstudent 的数据复制到 DataTable 对象
    dtable = ds.Tables["tabstudent"];
```

```
//使用 DataRowCollection 对象获取这个数据表的所有数据行
coldrow = dtable.Rows;
//修改操作,逐行遍历,取出各行数据
for (int inti = 0; inti < coldrow.Count; inti++)
{
    drow = coldrow[inti];
    //在每位学生的姓名后加上字母 A
    drow[1]=drow[1]+"A";
}
//提交更新
sqld.Update(ds, "tabstudent");
Response.Write("更新成功<hr>");
sqlconn.Close();
sqlconn = null;
Response.Write("<h3>成功关闭 SQL Server 数据库的连接</h3><hr>");
}
```

(3) 页面的运行效果如图 8-37 所示。

图 8-37　DataAdapter_update.aspx 的运行效果

8.5.5　增加数据库数据

使用 DataAdapter 对象和 DataSet 对象增加数据库数据的一般步骤如下：首先建立数据库连接；然后利用数据库连接和 SELECT 语句建立 DataAdapter 对象；建立 CommandBuilder 对象以便自动生成 DataAdapter 的 Command 命令，否则，就要自己给 UpdateCommand、InsertCommand、DeleteCommand 属性定义 SQL 更新语句；使用 DataAdapter 对象的 Fill 方法把 SELECT 语句的查询结果放在 DataSet 对象的一个数据表中；接下来将该数据表复制到 DataTable 对象中；最后向 DataTable 对象增加数据记录，并通过 DataAdapter 对象的 Update 方法向数据库提交数据。

【例 8-7】演示如何使用 DataAdapter 对象增加一条学生记录。

(1) 在 Accessdatabase 网站中添加一个名为 DataAdapter_insert.aspx 的网页。
(2) 向 DataAdapter_insert.aspx.cs 中添加如下代码：

```
using System.Data.SqlClient;
using System.Configuration;
using System.Data;
...
protected void Page_Load(object sender, EventArgs e)
{
    string sqlconnstr = ConfigurationManager.ConnectionStrings["ConnectionString"].ConnectionString;
```

```
            SqlConnection sqlconn = new SqlConnection(sqlconnstr);
            DataSet ds = new DataSet();
              DataTable dtable;
              DataRow drow;
        //打开连接
        sqlconn.Open();
        SqlDataAdapter sqld = new SqlDataAdapter("select * from student", sqlconn);
        //建立 CommandBuilder 对象以自动生成 DataAdapter 的 Command 命令，否则就要自己编写
        //InsertCommand、DeleteCommand 和 UpdateCommand 命令。
        SqlCommandBuilder cb = new SqlCommandBuilder(sqld);
        //使用 Fill 方法返回的数据填充 DataSet，数据表取名为 tabstudent
        sqld.Fill(ds, "tabstudent");
        //将数据表 tabstudent 的数据复制到 DataTable 对象
        dtable = ds.Tables["tabstudent"];
        //增加新记录
        drow = ds.Tables["tabstudent"].NewRow();
        drow[0] = "19";
        drow[1] = "陈峰";
        drow[2] = "男";
        ds.Tables["tabstudent"].Rows.Add(drow);
        //提交更新
        sqld.Update(ds, "tabstudent");
        Response.Write( "增加成功<hr>");
        sqlconn.Close();
        sqlconn = null;
        Response.Write("<h3>成功关闭 SQL Server 数据库的连接</h3><hr>");
    }
```

(3) 页面的运行效果类似于图 8-37。

8.5.6 删除数据库数据

使用 DataAdapter 对象和 DataSet 对象删除数据库数据的一般步骤如下：首先建立数据库连接；然后利用数据库连接和 SELECT 语句建立 DataAdapter 对象；建立 CommandBuilder 对象，自动生成 DataAdapter 的 Command 命令；使用 DataAdapter 对象的 Fill 方法把 SELECT 语句的查询结果放在 DataSet 对象的一个数据表中；接下来将该数据表复制到 DataTable 对象中；最后删除 DataTable 对象中的数据，并通过 DataAdapter 对象的 Update 方法向数据库提交数据。

【例 8-8】演示如何使用 DataAdapter 对象删除符合条件的学生记录。

(1) 在 Accessdatabase 网站中添加一个名为 DataAdapter_delete.aspx 的网页。

(2) 向 DataAdapter_delete.aspx.cs 中添加如下代码：

```
using System.Data.SqlClient;
using System.Configuration;
using System.Data;
…
protected void Page_Load(object sender, EventArgs e)
```

```csharp
{
    string sqlconnstr = ConfigurationManager.ConnectionStrings["ConnectionString"].ConnectionString;
    SqlConnection sqlconn = new SqlConnection(sqlconnstr);
    DataSet ds = new DataSet();
    DataTable dtable;
    DataRowCollection coldrow;
    DataRow drow;
    sqlconn.Open();
    //建立 DataAdapter 对象
    SqlDataAdapter sqld = new SqlDataAdapter("select * from student", sqlconn);
    //建立 CommandBuilder 对象以自动生成 DataAdapter 的 Command 命令，否则就要自己编写
    //InsertCommand、DeleteCommand 和 UpdateCommand 命令
    SqlCommandBuilder cb = new SqlCommandBuilder(sqld);
    //使用 Fill 方法返回的数据填充 DataSet，将数据表命名为 tabstudent
    sqld.Fill(ds, "tabstudent");
    dtable = ds.Tables["tabstudent"];
    coldrow = dtable.Rows;
    //逐行遍历，删除地址为空的记录
    for (int inti = 0; inti < coldrow.Count; inti++)
    {
        drow = coldrow[inti];
        if (drow["address"].ToString() == "")
            drow.Delete();
    }
    //提交更新
    sqld.Update(ds, "tabstudent");
    Response.Write( "删除成功<hr>");
    sqlconn.Close();
    sqlconn = null;
    Response.Write("<h3>成功关闭 SQL Server 数据库的连接</h3><hr>");
}
```

(3) 页面的运行效果类似于图 8-37。

8.6 本章小结

ADO.NET 是.NET Framework 中至关重要的一部分，主要掌管数据访问。本章重点分析了 ADO.NET 的两个组成部分——.NET Framework 数据提供程序和 DataSet。.NET Framework 数据提供程序主要包括 Connection、Command、DataAdapter 和 DataReader 对象，本章通过几个实例介绍了以上几个对象是如何连接数据库的。

8.7 练习

1. DataAdapter 对象使用与哪个属性关联的 Command 对象将 DataSet 修改的数据保存到数据源？
2. 在 ADO.NET 中，哪个对象充当数据库和 ADO.NET 对象中非连接对象的桥梁，能够用来保存和检索数据？
3. Connection 对象和 Command 对象有什么区别？
4. DataReader、DataAdapter 与 Dataset 有什么区别？
5. ADO.NET 中常用的对象有哪些？分别描述一下。
6. SQL 数据提供程序和 OleDb 数据提供程序的区别是什么？
7. ADO.NET 与 ADO 的主要不同是什么？
8. 在 ADO.NET 中，Command 对象的 ExecuteNonQuery 方法和 ExecuteReader 方法的主要区别是什么？
9. 开发一个应用程序，从一个名为 TestKingSales 的中心数据库检索信息，当数据返回到应用程序后，用户能够浏览、编辑、增加新记录，并且可以删除已有的记录。首先编写代码以连接到数据库，然后执行以下步骤：

(1) 新建名为 Accessdatabase_ Exercise 的网站。

(2) 在网站的 App_Data 文件夹中，新建数据库 MyDatabase_ Exercise.mdf。

(3) 在该数据库中建立一张职工表 Employees，并且添加一些模拟的职工记录。关系模式如下：

Employees(ID, NAME, SEX, AGE, Dateofwork, FilenameofPhoto)

(4) 在 web.config 配置文件中，如下修改<connectionStrings/>标记：

```
<connectionStrings>
<add name="ConnectionString" connectionString="Data Source=.\SQLEXPRESS;
AttachDbFilename=|DataDirectory|\ MyDatabase_ Exercise.mdf;Integrated Security=True;
User Instance=True"/>
</connectionStrings>
```

(5) 添加一个网页，利用 Command 对象实现新职工的录入。

(6) 添加一个网页，利用 Command 对象删除指定编号的职工记录。

(7) 添加一个网页，利用 Command 对象修改指定编号的职工信息。

(8) 添加一个网页，利用 DataAdapter 对象查询职工信息，并使用 Label 控件显示到网页上。

第9章 ADO.NET数据库高级操作

ASP.NET使用服务器控件来进行有效的数据处理。ASP.NET中有两类数据控件：第一类是数据源控件，它们可以使Web页面与数据源连接，并且对数据源进行读写操作，但在运行时数据源控件是不可见的，无法将数据显示在ASP.NET页面上；第二类是数据绑定控件，它们用来将数据源所连接的数据显示在页面上。本章主要介绍数据源控件和数据绑定控件的使用方法。

本章的学习目标：
- 熟悉使用数据源控件连接各种数据源的方法和步骤；
- 掌握如何使用数据源控件方便快捷地把数据绑定到数据绑定控件上；
- 掌握数据绑定控件GridView、DetailsView、FormView、ListView的功能及使用方法。

9.1 数据源控件

ASP.NET包含一些数据源控件，这些数据源控件允许用户使用不同类型的数据源，如数据库、XML文件或中间层业务对象等。可通过数据源控件连接到数据源，并使得数据绑定控件可以绑定到数据源而无须编写代码。数据源控件还实现了丰富的数据检索和修改功能，其中包括查询、排序、分页、筛选、更新、删除和插入。ASP.NET 4.5.1中主要有6个数据源控件，如表9-1所示。

表9-1 ASP.NET 4.5.1 内置的数据源控件

数据源控件	描述
SqlDataSource	支持绑定到ADO.NET数据提供程序表示的SQL数据库。与SQL Server一起使用时支持高级缓存功能。当数据作为DataSet对象返回时，此控件支持排序、筛选和分页
AccessDataSource	支持绑定到Access数据库。当数据作为DataSet对象返回时，此控件支持排序、筛选和分页，因为针对Access数据库用得比较少，这里不做详细介绍
ObjectDataSource	支持绑定到业务对象或其他类以及创建依赖中间层对象管理数据的Web应用程序。支持对其他数据源控件不可用的高级排序和分页方案
SiteMapDataSource	支持绑定到站点导航提供程序公开的层次结构，结合ASP.NET站点导航一起使用
XmlDataSource	允许使用XML文件，特别适用于分层的ASP.NET服务器控件。支持使用XPath表达式实现筛选功能，允许对数据应用XSLT转换，还可以更新XML文档中的数据(将在第12章讲解)

(续表)

数据源控件	描述
LINQDataSource	支持通过标记在 ASP.NET 网页中使用语言集成查询(LINQ)，从数据对象中检索和修改数据。支持自动生成选择、更新、插入和删除命令。当数据作为 DataSet 对象返回时，该控件还支持排序、筛选和分页。由于执行效率有些低，这里不做详细介绍

9.1.1 SqlDataSource 控件

SqlDataSource 控件是用于连接到 SQL 关系数据库的数据源控件，其中包括 SQL Server 和 Oracle 数据库以及 OLE DB 和 ODBC 数据源。将 SqlDataSource 控件与数据绑定控件一起使用，可以从关系数据库中检索数据以及在 ASP.NET 网页上显示和操作数据。表 9-2 列出了 SqlDataSource 控件支持的数据操作属性组。该控件提供了一个易于使用的向导，以引导用户完成配置过程，也可以通过直接修改控件的属性手动修改控件，不必编写代码或只需要编写少量代码即可。

表 9-2 SqlDataSource 控件支持的数据操作属性组

属 性 组	描 述
SelectCommand、SelectParameters 和 SelectCommandType	获取或设置用来从底层数据存储中获取数据的 SQL 语句、相关参数和类型(文本或存储过程)
InsertCommand、InsertParameters 和 InsertCommandType	获取或设置用来向底层数据存储中插入新行的 SQL 语句、相关参数和类型(文本或存储过程)
DeleteCommand、DeleteParameters 和 DeleteCommandType	获取或设置用来删除底层数据存储中数据行的 SQL 语句、相关参数以及类型(文本或存储过程)
UpdateCommand、UpdateParameters 和 UpdateCommandType	获取或设置用来更新底层数据存储中数据行的 SQL 语句、相关参数和类型(文本或存储过程)
SortParameterName	获取或设置某个命令的存储过程，用来存储数据的某个输入参数的名称(这种情况下的命令必须是存储过程)。如果缺少，会引起异常
FilterExpression 和 FilterParameters	获取或设置用来创建使用 Select 命令获取数据的过滤器的字符串和相关参数，只有当控件通过 DataSet 管理数据时才起作用

9.1.2 ObjectDataSource 控件

大多数 ASP.NET 数据源控件(如 SqlDataSource)都是在两层应用程序结构中使用。在这种层次结构中，表示层(ASP.NET 网页)可以与数据层(数据库和 XML 文件等)直接进行通信。但是，常用的应用程序设计原则是将表示层与业务逻辑相分离，并且将业务逻辑封装在业务对象中。这些业务对象在表示层和数据层之间形成一层，从而形成一种三层应用程序结构。ObjectDataSource 控件通过提供一种将相关页上的数据控件绑定到中间层业务对象的方法，为三层应用程序结构提供支持。在不使用扩展代码的情况下，ObjectDataSource 控件使用中间层业务对象以声明的方式对数据执行选择、插入、更新、删除、分页、排序、缓存和筛选操作。ObjectDataSource 控件的主要属性如表 9-3 所示。

表 9-3　ObjectDataSource 控件的主要属性

属　　性	描　　述
ConvertNullToDBNull	指示是否默认地将传递给插入、删除或更新操作的 null 参数转换为 System.DBNull.DBNull。默认为 false
DataObjectTypeName	获取或设置将被用作选择、插入、更新或删除操作的参数的类名
DeleteMethod 和 DeleteParameters	获取或设置用于执行删除操作的方法及其相关参数的名称
EnablePaging	指示控件是否支持分页
FilterExpression 和 FilterParameters	指示对选择操作进行过滤的过滤器表达式(和参数)
InsertMethod 和 InsertParameters	获取或设置用于执行插入操作的方法及相关参数的名称
MaximumRowsParameterName	如果 EnablePaging 属性设置为 true，则指示 Select 方法中接收要检索的记录个数的值的参数名
OldValuesParameterFormatString	获取或设置一个格式字符串，该格式字符串被应用于传递给 Delete 或 Update 方法的任何参数的名称
SelectCountMethod	获取或设置用于执行 select count 操作的方法的名称
SelectMethod 和 SelectParameters	获取或设置用于执行选择操作的方法及相关参数的名称
SortParameterName	获取或设置用于对检索到的数据进行排序的输入参数的名称。如果缺失，则会引发异常
StartRowIndexParameterName	如果 EnablePaging 属性设置为 true，则指示 Select 方法中接收要检索的起始记录的值的参数名
UpdateMethod 和 UpdateParameters	获取或设置用来执行更新操作的方法及相关参数的名称

9.1.3　SiteMapDataSource 控件

　　SiteMapDataSource 控件用于 ASP.NET 站点导航。SiteMapDataSource 控件检索站点地图提供程序的导航数据，并将导航数据传递到可显示该数据的控件。站点地图是表示 Web 站点中的所有页面和目录的结构图，用来向用户展示它们正在访问的页面的逻辑坐标，允许用户动态地访问站点位置，并以图形的方式生成所有的导航数据。来自站点地图的导航数据包括有关网站中的页面的信息，如 URL、标题、说明以及页面在导航层次结构中的位置。如果将导航数据存储在一个地方，则可以更方便地在网站的导航菜单中添加和删除项。由于站点地图是一种层次性信息，因此将 SiteMapDataSource 控件的输出绑定到层次性数据绑定控件(如 TreeView、Menu 等)，即可用它显示站点的结构。

　　站点地图信息可以很多种形式出现，其中最简单的形式就是位于应用程序的根目录中的一个名为 web.sitemap 的 XML 文件。SiteMapDataSource 控件可以处理存储在 Web 站点的站点地图配置文件中的数据。如果要在运行时根据用户的权限或状态改变站点地图数据，该控件就很有用。关于 SiteMapDataSource 控件有两个地方值得注意：第一，SiteMapDataSource 控件不支持其他数据源控件都有的任何数据高速缓存选项，所以不能高速缓存站点地图数据；第二，SiteMapDataSource 控件没有像其他数据源控件那样的配置向导，这是因为站点地图控件只能绑定到 Web 站点的站点地图配置文件。SiteMapDataSource 控件的主要属性及其描述如表 9-4 所示。

表 9-4　SiteMapDataSource 控件的主要属性及其描述

属　　性	描　　述
Provider	指示与数据源控件关联的站点地图提供程序对象
ShowStartingNode	默认为 true，指示是否检索和显示起始节点
SiteMapProvider	获取或设置与该控件的实例关联的站点地图提供程序的名称
StartFromCurrentNode	默认为 false，指示是否相对于当前页面检索节点树
StartingNodeOffset	获取或设置从起始节点开始的一个正偏移量或负偏移量，用以确定该控件提供的根层次结构。默认设置为 0
StartingNodeUrl	指示站点地图中节点树的根节点的 URL

【例 9-1】使用 SiteMapDataSource 控件绑定到站点地图，并显示站点地图。

(1) 创建一个网站，命名为 DataSourceControl，在网站的【解决方案资源管理器】中的网站根目录上右击，从弹出的快捷菜单中选择【添加新项】命令，在弹出的对话框中选择【站点地图】，添加的站点地图默认名为 web.sitemap，在其中添加如下代码：

```
<?xml version="1.0" encoding="utf-8" ?>
<siteMap>
  <siteMapNode title="首页" url="default.aspx" >
    <siteMapNode title="学生" url="student.aspx" >
      <siteMapNode title="选课" url="chooseclass.aspx"/>
      <siteMapNode title="选书" url="choosebook.aspx"/>
      <siteMapNode title="成绩查询" url="searchgrade.aspx"/>
    </siteMapNode>
    <siteMapNode title="教师" url="teacher.aspx" >
      <siteMapNode title="评学" url="judgestudent.aspx"/>
      <siteMapNode title="评管" url="judgemanager.aspx"/>
      <siteMapNode title="答疑" url="answerquestion.aspx"/>
    </siteMapNode>
    <siteMapNode title="教学动态" url="ack.aspx" />
  </siteMapNode>
</siteMap>
```

web.sitemap 文件包含一组三层嵌套的 siteMapNode 元素。每个元素的结构相同。它们之间唯一的区别是在 XML 层次结构中的位置。其中，url 属性是可选的。如果没有定义，就把该节点规定为插入容器，不会成为可单击的链接。

(2) 保存站点地图。

(3) 创建一个名为 SiteMapDataSource.aspx 的页面。

(4) 在 SiteMapDataSource.aspx 页面的【设计】视图中插入一个 SiteMapDataSource 控件，该控件会自动与 web.sitemap 文件连接。自动生成的代码如下：

```
<asp:SiteMapDataSource ID="SiteMapDataSource1" runat="server" />
```

(5) 在 SiteMapDataSource.aspx 的【设计】视图中插入一个 TreeView 控件(在【工具箱】的【导航】控件组中)，在【TreeView 任务】中的【选择数据源】下拉列表中选择 SiteMapDataSource1。

(6) 保存网站，运行程序，SiteMapDataSource.aspx 页面的效果如图 9-1 所示。

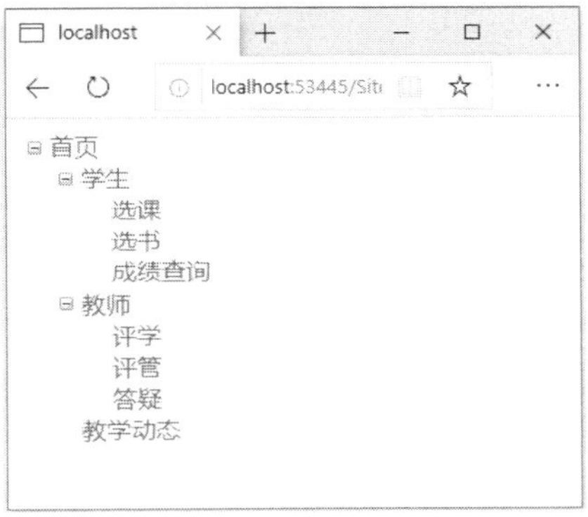

图 9-1　浏览器中的 SiteMapDataSource.aspx 页面

9.2　数据绑定技术

在 ASP.NET 中，服务器控件可以直接与数据源进行交互(如显示或修改数据)，ASP.NET 称这种技术为数据绑定技术。它可以把 Web 窗体页(包括其中的控件或其他元素)和数据源无缝地连接到一起，增强了页面与数据源的交互能力。数据绑定技术可以分为简单数据绑定技术和复杂数据绑定技术两种。

9.2.1　简单数据绑定技术

简单数据绑定技术能够将控件的属性绑定到数据源中的某个值，并且这些值将在页面运行时确定。简单数据绑定技术包括数据绑定表达式和 DataBind 方法两部分内容。

1．数据绑定表达式

数据绑定表达式可以创建服务器控件的属性和数据源之间的绑定。数据绑定表达式不但可以包含在 Web 窗体页中的任何位置，而且可以包含在服务器控件开始标记中的"属性/值"的一侧。声明数据绑定表达式的语法格式如下：

`<tagprefix:tagname property="<%#数据绑定表达式%>" runat="server" />`

或者

`Text=<%#数据绑定表达式%>`

其中，property 参数表示控件的属性。数据绑定表达式必须放置在<%#和%>标记元素之间。

下面的代码示例使用了四个数据绑定表达式。第一个和第二个数据绑定表达式直接在 Web 窗体页上显示表达式的值；第三个数据绑定表达式设置 ListBox 控件的数据源；第四个数据绑定表达式先计算函数 GetUser(userID)，再显示结果。

```
<%# ID %>
<%# (user.UserName + "-" + user.ID) %>
```

```
<asp:ListBox id="lbUser" datasource='<%# myArray %>' runat="server">
<%# GetUser(userID) %>
```

2. DataBind 方法

一般情况下，数据绑定表达式不会自动计算值，除非所在的页面或控件显式地调用了 DataBind 方法。DataBind 方法能够将数据源绑定到被调用的服务器控件及其所有子控件，同时分析并计算数据绑定表达式的值，DataBind 方法的原型如下：

```
public override void DataBind()
protected virtual void DataBind(bool raiseOnDataBinding)
```

其中，raiseOnDataBinding 参数表示是否触发页面或控件的数据绑定事件。

9.2.2 复杂的数据绑定技术

复杂的数据绑定技术能够将一组或一列值绑定到指定的控件。

【例 9-2】复杂数据绑定技术演示。

(1) 创建页面 Bind.aspx，在该页面中创建一个名为 colors 的 ArrayList 对象，并在该对象中添加 Red、Blue、Green、Black、Yellow 和 Gray 共 6 个值，这些值分别表示 6 种颜色。

(2) 在 Bind.aspx 页面上，将 colors 设置为 ListBox 控件 lbColor 的数据源，并绑定其中的数据。

lbColor 控件还定义了 SelectedIndexChanged 事件，该事件会把 lbColor 控件的前景色设置为当前选项指定的颜色。

```
<script runat="server">
protected void Page_Load(object sender,EventArgs e)
{
  if(!Page.IsPostBack)
  {//创建颜色数组
      System.Collections.ArrayList colors = new ArrayList();
      colors.Add("Red");
      colors.Add("Blue");
      colors.Add("Green");
      colors.Add("Black");
      colors.Add("Yellow");
      colors.Add("Gray");
      ///把 colors 设置为 ListBox 控件 lbColor 的数据源，并绑定其中的数据
      lbColor.DataSource = colors;
      lbColor.DataBind();
  }
}
protected void lbColor_SelectedIndexChanged(object sender,EventArgs e)
{
    if(lbColor.SelectedIndex > -1)
    { ///把控件的前景色设置为当前选项指定的颜色
      lbColor.ForeColor = System.Drawing.Color.FromName(
        lbColor.SelectedItem.Text);
```

```
        }
    }
</script>
<html xmlns="http://www.w3.org/1999/xhtml" >
<head runat="server"><title>复杂数据绑定</title></head>
  <body>
    <form id="form1" runat="server">
      <asp:ListBox ID="lbColor" runat="server"
Rows="10" Width="200px" AutoPostBack="True"
OnSelectedIndexChanged=
         "lbColor_SelectedIndexChanged">
      </asp:ListBox>
    </form>
  </body>
</html>
```

上述代码的执行结果如图 9-2 所示。

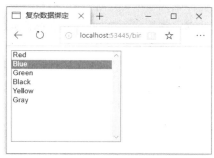

图 9-2 浏览器中的 Bind.aspx 页面

9.2.3 Eval 和 Bind 方法

Eval 和 Bind 方法是数据绑定的两种重要方法。

1. Eval 方法

数据绑定方法 Eval 可获取属性的名称并返回。Eval 方法仅用于只读的单向数据绑定情况，虽然实现了数据读取的自动化，但是没有实现数据写入的自动化。语法格式如下：

<%# Eval(属性名称) %>

例如：

<asp:Label ID="st_idLabel" runat=server Text=<%#Eval("st_id")%#/>

上述代码将 st_id 字段的值绑定到 Label 控件 st_idLabel 的 Text 属性。

发布时间:<%#Eval("DateTime","{0:yyyy-mm-dd,hh:mm:ss}")%#/>

上述代码将 DateTime 字段的值以"年-月-日,时:分:秒"的形式呈现在浏览器中。

2. Bind 方法

Bind 方法支持双向数据绑定，既能把数据绑定到控件，又能把数据变更提交到数据库。Bind 方法既实现了数据读取的自动化，也实现了数据写入的自动化。语法与 Eval 方法类似，格式如下：

<%# Bind(属性名称) %>/>

例如：

<asp:TextBox ID="st_nameTextBox" runat="server" Text='<%# Bind("st_name") %>' />

上述代码将 st_name 字段的值绑定到 TextBox 控件 st_nameTextBox 的 Text 属性。

9.3 数据绑定控件

通俗地讲，数据绑定就是把数据源中的数据取出来，显示在窗体的各种控件上，用户可以通过这些控件查看和修改数据，这些修改会自动地保存到数据源中。要使数据绑定控件显示有用的内容，则需要为它们指派数据源(Data Source)。要将数据源绑定到控件，可以使用单独的数据源控件来为数据绑定控件管理数据。用户可以使用数据绑定控件的 DataSourceID 属性将数据绑定控件绑定到数据源控件，例如 LinqDataSource、ObjectDataSource 或 SqlDataSource 控件，这样便可以在数据绑定控件中使用数据源数据。数据源控件连接到数据库、实体类或中间层对象等数据源，然后检索或更新数据。之后，数据绑定控件即可使用数据。要执行绑定，应将数据绑定控件的 DataSourceID 属性设置为数据源控件。当数据绑定控件绑定到数据源控件时，无须编写代码或者只需要编写少量额外代码即可执行数据操作。数据绑定控件可以自动利用数据源控件提供的数据服务。

ASP.NET 包含了很多支持简单数据绑定的控件，如 TextBox、Label、ListControl、CheckBoxList、RadioButtonList、DropDownList 等通常只显示单个值的控件。ASP.NET 中的复杂数据绑定控件包括 GridView、FormView、DetailView、DataList 和 ListView。复杂数据绑定控件与简单数据绑定控件的区别在于它们可以用更精细的方式显示数据。下面介绍复杂的数据绑定控件。

9.3.1 GridView 控件

GridView 控件通常与数据源控件一起使用，以表格的形式显示数据库中的数据。GridView 控件可以对记录中的行实现删除、修改、选择和分页功能，可以实现对列的排序功能。默认情况下，GridView 通过 SqlDataSource 访问数据库，可以访问多种关系数据库，也可以读取 XML 文件。GridView 控件的主要属性如表 9-5 所示。

表 9-5 GridView 控件的主要属性

属　　性	描　　述
AllowPaging	指示该控件是否支持分页
AllowSorting	指示该控件是否支持排序
AutoGenerateColumns	指示是否自动地为数据源中的每个字段创建列，默认为 true
AutoGenerateDeleteButton	指示该控件是否包含一个按钮列以允许用户删除映射到被单击行的记录
AutoGenerateEditButton	指示该控件是否包含一个按钮列以允许用户编辑映射到被单击行的记录
AutoGenerateSelectButton	指示该控件是否包含一个按钮列以允许用户选择映射到被单击行的记录
DataMember	指示将一个多成员数据源中的特定表绑定到该控件。该属性常与 DataSource 结合使用。如果 DataSource 有一个 DataSet 对象，那么该属性包含要绑定的特定表的名称
DataSource	获取或设置包含用来填充该控件的值的数据源对象

(续表)

属　性	描　述
DataSourceID	指示绑定的数据源控件
EnableSortingAndPagingCallbacks	指示是否使用脚本回调函数完成排序和分页，默认情况下禁用
RowHeaderColumn	用作列标题的列名，该属性旨在改善可访问性
SortDirection	获取列的当前排序方向
SortExpression	获取当前排序表达式
UseAccessibleHeader	规定是否为列标题生成<th>标记(而不是<td>标记)

【例 9-3】使用 SqlDataSource 控件连接到 SQL Server 数据库和 GridView 控件。具体步骤如下：

(1) 在网站 DataSourceControl 中创建一个名为 SqlDataSource.aspx 的网页。

(2) 创建数据连接。选择【工具】|【连接到数据库】命令，打开【选择数据源】对话框，如图 9-3 所示。可以根据项目想要添加的数据源进行选择，本例使用的是现有的 SQL Server 数据库。单击【确定】按钮，打开【添加连接】对话框，单击【浏览】按钮选择数据库文件所在的地方，如图 9-4 所示，单击【确定】按钮。

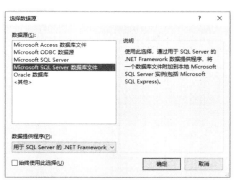

图 9-3 【选择数据源】对话框

图 9-4 【添加连接】对话框

(3) 在 SqlDataSource.aspx 页面的【设计】视图中插入一个 SqlDataSource 控件(在【工具箱】的【数据】控件组中)，将 ID 改为 SqlDataSource2。

(4) 接下来配置数据源。打开【配置数据源】向导，选择数据连接，在【应用程序连接数据库应使用哪个数据连接】文本框中输入或通过下拉列表选择需要的数据库。连接字符串的地方显示：

```
Data Source=(LocalDB)\MSSQLLocalDB;AttachDbFilename=D:\Database.mdf;Integrated Security=True;
              Connect Timeout=30
```

如图 9-5 所示，指定的路径下若不存在数据库文件，则会报错。

图 9-5 【配置数据源】向导

(5) 单击【下一步】按钮,如图 9-6 所示,在【配置数据源】向导的【将连接字符串保存到应用程序配置文件中】界面中选中【是,将此连接另存为】复选框。确认将连接字符串保存到配置文件中,另存为 DatabaseConnectionString,在下次连接时可以直接使用。另外,将连接字符串和查询字符串写入 web.config 配置文件中也能简化工作,程序代码也更清晰。

图 9-6 【将连接字符串保存到应用程序配置文件中】界面

(6) 单击【下一步】按钮,在【配置 Select 语句】界面中指定需要检索的数据表及其字段,选中【*】复选框,表示选择所有字段,如图 9-7 所示。

(7) 单击【高级】按钮,弹出【高级 SQL 生成选项】对话框,选中【生成 INSERT、UPDATE 和 DELETE 语句】复选框,如图 9-8 所示。单击【确定】按钮,返回【配置 Select 语句】界面,单击【ORDER BY】按钮,在打开的【添加 ORDER BY 子句】对话框中设置【排序方式】为按 No 字段升序排序,如图 9-9 所示。单击【确定】按钮,返回【配置 Select 语句】界面。

图 9-7 【配置 Select 语句】界面

图 9-8 【高级 SQL 生成选项】对话框

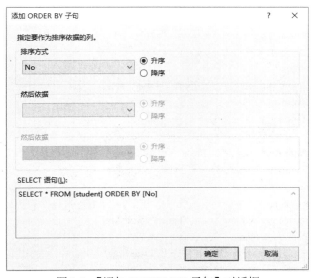

图 9-9 【添加 ORDER BY 子句】对话框

221

(8) 单击【下一步】按钮,在【测试查询】界面中可以看到配置的 Select 语句的效果,如图 9-10 所示。单击【完成】按钮,完成对数据源的配置。

图 9-10 【测试查询】界面

通过上述步骤,实现了一个SqlDataSource控件与SQL Server数据源的连接。在整个过程中无须编写代码,从而降低了Web数据库编程的难度。连接到SQL Server数据库的SqlDataSource控件的示例代码如下:

```
<asp:SqlDataSource ID="SqlDataSource2" runat="server"
ConnectionString="<%$ ConnectionStrings:DatabaseConnectionString %>"
SelectCommand="SELECT * FROM [student] ORDER BY [No]" DeleteCommand="DELETE FROM [student] WHERE [No] = @No" InsertCommand="INSERT INTO [student] ([No], [Name], [Sex], [Birth], [Address], [Photo]) VALUES (@No, @Name, @Sex, @Birth, @Address, @Photo)" UpdateCommand="UPDATE [student] SET [Name] = @Name, [Sex] = @Sex, [Birth] = @Birth, [Address] = @Address, [Photo] = @Photo WHERE [No] = @No">
    <DeleteParameters>
        <asp:Parameter Name="No" Type="String" />
    </DeleteParameters>
    <InsertParameters>
        <asp:Parameter Name="No" Type="String" />
        <asp:Parameter Name="Name" Type="String" />
        <asp:Parameter Name="Sex" Type="String" />
        <asp:Parameter Name="Birth" Type="DateTime" />
        <asp:Parameter Name="Address" Type="String" />
        <asp:Parameter Name="Photo" Type="String" />
    </InsertParameters>
    <UpdateParameters>
        <asp:Parameter Name="Name" Type="String" />
        <asp:Parameter Name="Sex" Type="String" />
        <asp:Parameter Name="Birth" Type="DateTime" />
        <asp:Parameter Name="Address" Type="String" />
        <asp:Parameter Name="Photo" Type="String" />
```

```
        <asp:Parameter Name="No" Type="String" />
    </UpdateParameters>
</asp:SqlDataSource>
```

(9) 为了显示使用 SqlDataSource 控件检索到的数据，还必须添加一个数据绑定控件，这里选择 GridView。在【工具箱】的【数据】控件组中选择 GridView 控件，将其拖到 SqlDataSource.aspx 窗体上，如图 9-11 所示。在【GridView 任务】的【选择数据源】下拉列表中选择 SqlDataSource2，选中【启用分页】、【启用排序】和【启用编辑】复选框。通过页面布局使之居中，在【自动套用格式】对话框中选择以【彩色型】架构显示和处理数据。生成的代码如下：

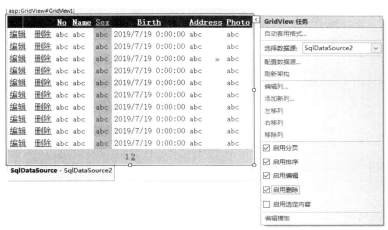

图 9-11　Web 窗体上的 GridView 控件

```
<asp:GridView ID="GridView1" runat="server" AllowPaging="True"
        AllowSorting="True" AutoGenerateColumns="False" CellPadding="4"
        DataKeyNames="No" DataSourceID="SqlDataSource2" ForeColor="#333333"
        GridLines="None">
    <AlternatingRowStyle BackColor="White" />
    <Columns>
        <asp:BoundField DataField="No" HeaderText="No" ReadOnly="True"
            SortExpression="No" />
        <asp:BoundField DataField="Name" HeaderText="Name"
            SortExpression="Name" />
        <asp:BoundField DataField="Sex" HeaderText="Sex"
            SortExpression="Sex" />
        <asp:BoundField DataField="Birth" HeaderText="Birth"
            SortExpression="Birth" />
        <asp:BoundField DataField="Address" HeaderText="Address"
            SortExpression="Address" />
        <asp:BoundField DataField="Photo" HeaderText="Photo" SortExpression="Photo" />
    </Columns>
    <FooterStyle BackColor="#990000" Font-Bold="True" ForeColor="White" />
    <HeaderStyle BackColor="#990000" Font-Bold="True" ForeColor="White" />
    <PagerStyle BackColor="#FFCC66" ForeColor="#333333" HorizontalAlign="Center" />
    <RowStyle BackColor="#FFFBD6" ForeColor="#333333" />
```

```
            <SelectedRowStyle BackColor="#FFCC66" Font-Bold="True" ForeColor="Navy" />
            <SortedAscendingCellStyle BackColor="#FDF5AC" />
            <SortedAscendingHeaderStyle BackColor="#4D0000" />
            <SortedDescendingCellStyle BackColor="#FCF6C0" />
            <SortedDescendingHeaderStyle BackColor="#820000" />
</asp:GridView>
```

(10) 保存网站，运行程序，浏览器将显示如图 9-12 所示的 SqlDataSource.aspx 页面。单击某条记录的【编辑】按钮，将显示如图 9-13 所示的编辑状态。图 9-14 所示为按照【生日】字段升序排列的记录集。

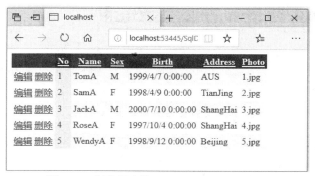

图 9-12　浏览器中的 SqlDataSurce.aspx 页面

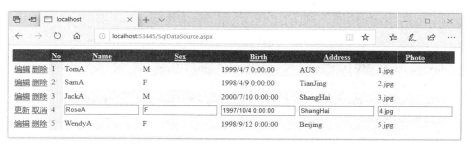

图 9-13　处于编辑状态

图 9-14　按【生日】字段升序排列的记录集

在上述步骤中，未编写任何代码，就实现了结合使用 SqlDataSource 控件和 GridView 控件连接到 SQL Server 数据库，并允许提供 SQL 语句来检索和编辑数据。

9.3.2 Repeater 控件

Repeater 控件是一个数据绑定控件，可以从页面的任何可用数据中创建自定义列表。Repeater 控件不具备内置的布局或样式能力，用户必须通过创建模板为 Repeater 控件提供布局。当页面运行时，Repeater 控件依次为数据源中的每条记录重复此布局。由于Repeater控件没有默认的外观，因此可以使用该控件创建许多种列表，包括：表格布局；以顿号分隔的列表，例如 a、b、c、d 等；XML 格式的列表。

为了使用Repeater控件，需要创建用来定义控件内容布局的模板。模板可以包含 HTML 标记和控件的任意组合。如果未定义模板或者模板不包含元素，那么当应用程序运行时，该控件不显示在网页上。表 9-6 列出了该控件支持的模板。

表 9-6 Repeater 控件支持的模板

模 板	描 述
ItemTemplate	包含要为数据源中的每个数据项都呈现一次的 HTML 元素和控件
HeaderTemplate	包含在列表的开始处呈现的文本和控件
FooterTemplate	包含在列表的结尾处呈现的文本和控件
SeparatorTemplate	包含要在每两项之间呈现的元素，典型的示例可能是一条直线(分隔符)
AlternatingItemTemplate	包含一些 HTML 元素和控件，将为数据源中的每两行呈现一次这些 HTML 元素和控件

在所有的模板中，只有 ItemTemplate 和 AlternatingItemTemplate 是数据绑定的，这意味着它们可以重复地应用于数据源中的每个数据项。

不能在 Repeater 控件的页眉、页脚和分隔符模板中使用 Eval 方法绑定控件。如果这些模板中包含控件，则可以简单地静态定义这些控件的属性。

【例 9-4】使用 Repeater 控件实现数据绑定并将数据以自定义表格形式显示。

(1) 在网站 DataSourceControl 中创建一个名为 Repeater.aspx 的网页。

(2) 添加一个SqlDataSource控件，ID 默认为SqlDataSource1，设置连接的数据库为Database，这样就实现了将数据源控件连接到数据源。设置 Select 命令，操作 student 表中的数据。设置 SqlDataSource 控件的具体步骤在 9.3.1 节中已经详细介绍过。

(3) 添加一个 Repeater 数据绑定控件，ID 默认为 Repeater1。在【Repeater 任务】中选择数据源为 SqlDataSource1，这样就实现了将Repeater控件绑定到数据源。编辑相应的模板。生成的代码如下：

```
<asp:Repeater ID="Repeater1" runat="server" DataSourceID="SqlDataSource1">
    <HeaderTemplate>
    <h2> 学生信息表 </h2>
    <table border="1" cellspacing="0" cellpadding="5">
        <tr style="background-color:#FFCC99">
            <td><b>学号</b></td>
            <td><b>姓名</b></td>
            <td><b>性别</b></td>
            <td><b>生日</b></td>
            <td><b>所在城市</b></td>
```

```
            </tr>
        </HeaderTemplate>
        <ItemTemplate>
            <tr>
                <td><%#Eval("No")%></td>
                <td><%#Eval("name")%></td>
                <td><%#Eval("sex")%></td>
                <td><%#Eval("birth")%></td>
                <td><%#Eval("address")%></td>
            </tr>
        </ItemTemplate>
        <AlternatingItemTemplate>
            <tr style="background-color:#FF9900">
                <td><%# Eval("No")%></td>
                <td><%# Eval("name")%></td>
                <td><%# Eval("sex")%></td>
                <td><%#Eval("birth")%></td>
                <td><%#Eval("address")%></td>
            </tr>
        </AlternatingItemTemplate>
        <FooterTemplate>
        </table >
        </FooterTemplate>
    </asp:Repeater>
```

需要注意的是，Repeater 控件任务中没有提供数据呈现格式的编辑功能，所有数据的显示格式必须在源代码中自行输入。

(4) 运行程序，页面效果如图 9-15 所示。

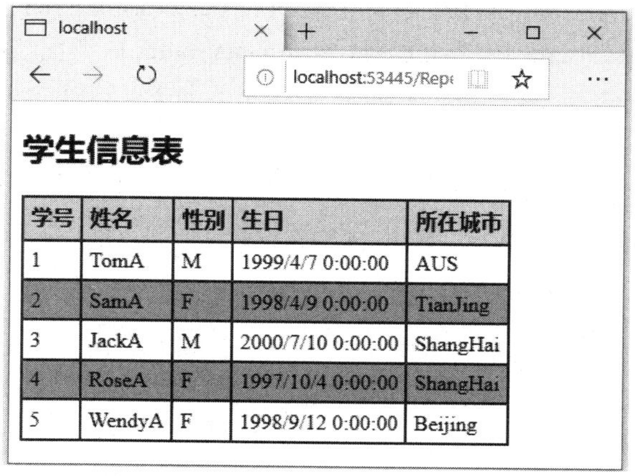

图 9-15　浏览器中的 Repeater.aspx 页面

本例通过编辑 Repeater 控件的模板，以表格形式显示了数据源数据，大部分代码是系统自动生成的。我们所做的只是在 Repeater 控件的 HeaderTemplate 中通过添加 HTML 标记设置了表题和表头，表的结束标记放在 FooterTemplate 中，在 ItemTemplate 中使用数据绑定表达式设置了数据源中要显示的字段,在 AlternatingItemTemplate 中通过添加 HTML 标记为表格中的交替行创建了不同的背景颜色。从运行效果可以看出,任何预定义的列表控件都无法生成这种自由格式的输出。

9.3.3 DataList 控件

DataList 控件默认情况下以表格的形式显示数据,该控件的优点是让用户可以为数据创建任意格式的布局。数据的显示格式在创建的模板中定义,可以为项、交替项、选定项和编辑项创建模板。表头、脚注和分隔符模板也用于自定义 DataList 的整体外观。通过在模板中添加 Button 和 LinkButton 等控件,可以将列表项连接到代码,这些代码使用户得以在显示、选择和编辑模式之间进行切换。

DataList 控件在很多方面超过了 Repeater 控件,主要是在图形布局领域。DataList 支持直接生成,这就意味着项目可以垂直或水平的方式显示,以匹配指定的列数。DataList 控件提供了用于检索与当前数据行关联的键值的设置,并且支持选择和原地编辑。此外,DataList 控件还支持更多的模板。Repeater 和 DataList 控件的数据绑定和总体行为几乎相同。但在某些情况下完成相同的效果,DataList 控件所需的代码更少。表 9-7 列出了 DataList 控件支持的模板。

表 9-7　DataList 控件支持的模板

模　　板	描　　述
ItemTemplate	包含一些 HTML 元素和控件,将为数据源中的每一行呈现一次这些 HTML 元素和控件
HeaderTemplate	包含在列表的开始处呈现的文本和控件
FooterTemplate	包含在列表的结尾处呈现的文本和控件
EditItemTemplate	指定当某项处于编辑模式时的布局,通常包含一些编辑控件,如 TextBox 控件
SelectedItemTemplate	包含一些元素,当用户选择 DataList 控件中的某项时将呈现这些元素
SeparatorTemplate	包含在每两项之间呈现的元素,典型的示例可能是一条直线(分隔符)
AlternatingItemTemplate	包含一些 HTML 元素和控件,将为数据源中的每两行呈现一次这些 HTML 元素和控件

【例 9-5】使用 DataList 控件实现数据绑定并实现数据源数据的显示和选定操作。

(1) 在网站 DataSourceControl 中添加一个名为 DataList.aspx 的页面。

(2) 在 DataList.aspx 页面的【设计】视图中添加一个 SqlDataSource 数据源控件,ID 默认为 SqlDataSource1,设置 Select 命令,操作 student 表中的数据。设置 SqlDataSource 控件的具体步骤在 9.3.1 节中已经详细介绍过。

(3) 添加一个 DataList 控件,ID 默认为 DataList1,如图 9-16 所示。在【DataList 任务】中选择数据源为 SqlDataSource1,在【自动套用格式】中选择以【石板】架构来显示和处理数据。

图 9-16 Web 窗体页上的 DataList 控件

(4) 为了允许用户选择 DataList 控件中的选项，需要创建一个 SelectedItemTemplate，为选项定义标记和控件的布局。设置控件的 SelectedItemStyle 属性。在 ItemTemplate 和 AlternatingItemTemplate(如果使用的话)中，添加一个 Button 或 LinkButton 控件，将 CommandName 属性设置为 select。为 DataList 控件的 SelectedIndexChanged 事件添加事件处理程序。在该事件处理程序中，调用控件的 DataBind 方法以刷新控件中的信息。完整的代码如下：

```
protected void DataList1_SelectedIndexChanged (object sender,System.EventArgs e)
{
    DataList1.DataBind();
}
```

如果要取消选择，可以将控件的 SelectedIndex 属性设置为 –1。为了完成此操作，可以将一个 Button 控件添加到 SelectedItemTemplate 中，并将 CommandName 属性设置为 unselect。

```
<asp:DataList ID="DataList1" runat="server"
        DataKeyField="No" DataSourceID="SqlDataSource1" RepeatColumns="2"
            BackColor="White" BorderColor="#E7E7FF" BorderStyle="None" BorderWidth="1px"
            CellPadding="3" GridLines="Horizontal">
    <EditItemStyle BackColor="#FF3300" />
    <SelectedItemStyle BackColor="#738A9C" BorderColor="#003300" Font-Bold="True"
        ForeColor="#F7F7F7" />
    <HeaderTemplate>            学生列表如下:           </HeaderTemplate>
    <FooterStyle BackColor="#B5C7DE" ForeColor="#4A3C8C" />
    <AlternatingItemStyle BackColor="#F7F7F7" />
    <ItemStyle BackColor="#E7E7FF" ForeColor="#4A3C8C" />
    <HeaderStyle BackColor="#4A3C8C" Font-Bold="True" ForeColor="#F7F7F7" />
    <SelectedItemTemplate>
    </SelectedItemTemplate>
    <ItemTemplate>
        学号:
        <asp:Label ID="st_idLabel" runat="server" Text='<%# Eval("No") %>' />
         <asp:LinkButton ID="EditButton" runat="server" CausesValidation="False"
            CommandName="edit" Text="编辑" />
         <asp:LinkButton ID="SelectButton" runat="server" CausesValidation="False"
            CommandName="select" Text="选择" />
    </ItemTemplate>
</asp:DataList>
```

(5) 保存并运行程序，结果如图 9-17 和图 9-18 所示。单击 DataList 控件中某条记录的【选择】按钮后，该记录将突出显示。

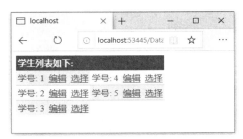

图 9-17　浏览器中的 DataList.aspx 页面

图 9-18　在 DataList.aspx 中选择单条记录

9.3.4　DetailsView 控件

DetailsView 控件一次可以显示一条记录。当需要深入研究数据库文件中的某条记录时，DetailsView 控件就可以大显身手了。DetailsView 经常在主控/详细方案中与 GridView 控件配合使用。用户使用 GridView 控件选择列，然后使用 DetailsView 控件显示相关的数据。

DetailsView 控件依赖于数据源控件的功能的执行，诸如更新、插入和删除记录等。DetailsView 控件不支持排序。DetailsView 控件可以自动对关联的数据源中的数据进行分页，但前提是数据由支持 ICollection 接口的对象表示或者基础数据源支持分页。DetailsView 控件提供用于在数据记录之间导航的用户界面(UI)。如果要启用分页行为，将 AllowPaging 属性设置为 true 即可。大多数情况下，上述操作的实现无须编写代码。

【例 9-6】使用 ObjectDataSource 控件绑定到自定义的业务对象，使用该业务对象读取和插入 XML 数据，并且使用 DetailsView 和 GridView 控件设计主控/详细方案，实现数据绑定、对数据源数据的分页显示、选择、编辑、插入和删除操作。

(1) 在【解决方案资源管理器】中，右击网站名，从弹出的快捷菜单中选择【添加 ASP.NET 文件夹】| App_Data 命令，在网站中添加 App_Data 文件夹。右击 App_Data 文件夹，从弹出的快捷菜单中选择【添加新项】命令，在打开的对话框中选择添加 XML 文件，命名为 studentinfo.xml。

(2) 在 studentinfo.xml 文件中输入如下内容并保存，然后关闭文件编辑窗口。

```
<dsPubs xmlns="aaa">
    <xs:schema id="dsPubs" targetNamespace="aaa" xmlns:mstns="aaa" xmlns="aaa"
xmlns:xs="http://www.w3.org/2001/XMLSchema" xmlns:msdata="urn:schemas-microsoft-com:xml-msdata"
attributeFormDefault="qualified" elementFormDefault="qualified">
        <xs:element name="dsPubs" msdata:IsDataSet="true" msdata:Locale="en-US">
            <xs:complexType>
                <xs:choice minOccurs="0" maxOccurs="unbounded">
                    <xs:element name="students">
                        <xs:complexType>
                            <xs:sequence>
                                <xs:element name="No" type="xs:string" />
                                <xs:element name="name" type="xs:string" />
                                <xs:element name="sex" type="xs:string" />
                                <xs:element name="birth" type="xs:string" />
                                <xs:element name="address" type="xs:string" />
```

```xml
            </xs:sequence>
          </xs:complexType>
        </xs:element>
      </xs:choice>
    </xs:complexType>
    <xs:unique name="Constraint1">
      <xs:selector xpath=".//mstns:students" />
      <xs:field xpath="mstns:No" />
    </xs:unique>
  </xs:element>
</xs:schema>
<students>
  <No>20082410101</No>
  <name>陈宇</name>
  <sex>男</sex>
  <birth>1990-10-6</birth>
  <address>北京</address>
</students>
<students>
  <No>20082410102</No>
  <name>程诚</name>
  <sex>男</sex>
  <birth>1989-7-9</birth>
  <address>唐山</address>
</students>
<students>
  <No>20082410103</No>
  <name>楚宇飞</name>
  <sex>女</sex>
  <birth>1991-5-4</birth>
  <address>天津</address>
</students>
<students>
  <No>20082410104</No>
  <name>冯乃超</name>
  <sex>男</sex>
  <birth>1989-7-4</birth>
  <address>郑州</address>
</students>
<students>
  <No>20082410105</No>
  <name>封懿</name>
  <sex>女</sex>
  <birth>1990-2-21</birth>
  <address>郑州</address>
</students>
```

```xml
    <students>
        <No>20082410106</No>
        <name>付立</name>
        <sex>男</sex>
        <birth>1989-5-6</birth>
        <address>北京</address>
    </students>
</dsPubs>
```

(3) 创建文件夹 App_Code，在该文件夹中创建一个名为 StudentObject.cs 的类文件，在 StudentObject 类中定义一个 DataSet 私有成员 dsStudents，通过 StudentObject 类的 GetAuthors 方法返回该成员。创建 StudentObject 类的实例后，读取 XML 文件并转换为数据集。再定义一个 InsertStudent 方法，该方法将插入学生记录来修改业务对象，最后将更新后的数据集以 XML 文件的形式写出并保存。完整的代码如下：

```csharp
using System;
using System.Collections.Generic;
using System.Linq;
using System.Web;
using System.Data;
namespace DataSourceControl
{
    namespace StuClasses
    {
        public class StudentObject
        {
            private DataSet dsStudents = new DataSet("ds1");
            private String filePath = HttpContext.Current.Server.MapPath("~/App_Data/studentinfo.xml");
            public StudentObject()
            {
                dsStudents.ReadXml(filePath, XmlReadMode.ReadSchema);
            }
            public DataSet GetStudents()
            {
                return dsStudents;
            }
            public void InsertStudent(String No, String Name, String Sex, String Birth, String Address)
            {//插入学生记录来修改业务对象
                DataRow workRow = dsStudents.Tables[0].NewRow();
                workRow.BeginEdit();
                workRow[0] = No;
                workRow[1] = Name;
                workRow[2] = Sex;
                workRow[3] = Birth;
                workRow[4] = Address;
                workRow.EndEdit();
                dsStudents.Tables[0].Rows.Add(workRow);
```

```
                    dsStudents.WriteXml(filePath, XmlWriteMode.WriteSchema);
            }
        }
    }
}
```

上述步骤创建了业务对象 studentobject。接下来就可以通过 ObjectDataSource 控件连接该对象了。

(4) 创建一个页面，命名为 ObjectDataSource.aspx。

(5) 在 ObjectDataSource.aspx 页面中插入一个 ObjectDataSource 控件(在【工具箱】的【数据】控件组中)，如图 9-19 所示。ID 默认为 ObjectDataSource1，选择该控件的任务列表中的【配置数据源】，在打开的【配置数据源】向导的【选择业务对象】下拉列表中选择 DataSourceControl.StuClasses.StudentObject，如图 9-20 所示。

图 9-19　Web 窗体上的 ObjectDataSource 控件

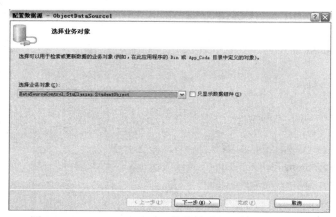

图 9-20　ObjectDataSource1 控件的【配置数据源】向导

(6) 单击【下一步】按钮，在【定义数据方法】界面的【选择方法】下拉列表中选择【GetStudents()，返回 DataSet】选项，如图 9-21 所示。GetStudents 方法返回的数据集包含 studentinfo.xml 文件的数据。

(7) 设置 ObjectDataSource1 控件的 InsertMethod 属性为 InsertStudent，这是添加到业务组件的方法的名称。单击【完成】按钮，就完成了将 ObjectDataSource 控件连接到数据源的工作。生成的代码如下：

```
<asp:ObjectDataSource ID="ObjectDataSource1" runat="server"
        SelectMethod="GetStudents"
        TypeName="DataSourceControl.StuClasses.StudentObject"
        InsertMethod="InsertStudent">
</asp:ObjectDataSource>
```

图 9-21 【定义数据方法】界面

(8) 在 ObjectDataSource.aspx 页面的【设计】视图中插入一个 GridView 控件，配置数据源为 ObjectDataSource1，在【自动套用格式】中选择以【彩色型】架构来显示和处理数据，启用分页功能，在【属性】面板中设置 PageSize 属性为 6，即一页显示 6 条记录。

(9) 在 ObjectDataSource.aspx 页面的【设计】视图中插入一个 DetailsView 控件(在【工具箱】的【数据】控件组中)。在【DetailsView 任务】的【选择数据源】向导中选择 ObjectDataSource1。在【自动套用格式】中选择以【彩色型】架构来显示和处理数据。在【属性】面板中，将 AutoGenerateInsertButton 属性设置为 true。这会使 DetailsView 控件呈现【新建】按钮，用户可以单击该按钮使控件进入数据输入模式。

(10) 保存网站，运行程序，初始页面如图 9-22 所示，studentinfo.xml 文件的数据显示在浏览器中。在 DetailsView 控件中单击【新建】按钮，控件将重新显示，其中包含用于输入新的学生数据的文本框，如图 9-23 所示。输入完毕后，单击【插入】按钮，GridView 控件会立即显示新的记录，如图 9-24 所示。此时，新的学生数据也将添加到 studentinfo.xml 文件中。

图 9-22 浏览器中的初始页面

图 9-23 插入数据

图 9-24 插入数据后的页面

以上步骤实现了使用 ObjectDataSource 控件绑定到业务对象，使用业务对象读取 XML 数据，使用 GridView 数据绑定控件显示 XML 数据；使用业务对象插入 XML 数据，进而更新 XML 文件。

从本例可以看出，在设计主控/详细方案的网页时，无须编写代码，即可实现非常复杂的数据浏览、编辑、插入、更新和删除操作。这就是 ASP.NET 数据控件带来的便利，使得 Web 数据库编程变得非常简单。

9.3.5 FormView 控件

FormView 控件用于一次显示数据源中的一条记录，工作方式类似于 DetailsView 控件。FormView 控件与 DetailsView 控件的主要差异在于 DetailsView 控件具有内置的表格呈现方式，而 FormView 控件需要用户自定义模板来呈现数据，优点是可以更自由地控制数据的显示和编辑方式。FormView 控件通常也与 GridView 控件一起用于主控/详细方案的设计。

FormView 控件支持数据源提供的任何基本操作，同时可在记录间实现导航、分页功能。在使用时，可通过创建模板来显示和编辑绑定值。这些模板包含用于定义窗体的外观和功能的控件、绑定表达式和格式设置。FormView 控件常用的模板属性和数据连接属性分别如表 9-8 和表 9-9 所示。

表 9-8 FormView 控件常用的模板属性

属　　性	说　　明
EditItemTemplate	编辑现有记录时使用的模板
InsertItemTemplate	插入新记录时使用的模板
ItemTemplate	仅当为查看现有记录时使用的模板
PagerTemplate	控制分页的模板
EmptyDataTemplate	指定在数据源不返回任何数据时显示的模板
HeaderTemplate	自定义 FormView 控件的页眉
FooterTemplate	自定义 FormView 控件的页脚

表 9-9　FormView 控件常用的数据连接属性

属　　性	说　　明
AllowPaging	是否允许分页
DefaultMode	控件开始的模式，在取消、插入、更新命令后恢复为设定的模式
DataNames	数据源中键字段的以逗号分隔的列表
DataMember	用于绑定的表或视图
DataSourceID	数据源控件的 ID

【例 9-7】使用 FormView 和 GridView 控件设计主控/详细方案，实现数据绑定以及对数据源数据的分页、插入、删除和更新操作。

(1) 添加一个名为 FormView.aspx 的页面。

(2) 在 FormView.aspx 页面的【设计】视图中添加一个 SqlDataSource 数据源控件，ID 默认为 SqlDataSource1。

(3) 在 FormView.aspx 页面上添加一个 GridView 控件。在该控件的【选择数据源】向导中选择 SqlDataSource1，在【自动套用格式】中选择以【大洋洲】架构来显示和处理数据。选中【启用选定内容】。设置 GridView 控件的 DataKeyNames 属性为 No。自动生成的代码如下：

```
<asp:GridView ID="GridView1" runat="server" AutoGenerateColumns="False"
    BackColor="White" BorderColor="#3366CC" BorderStyle="None" BorderWidth="1px"
    CellPadding="4" DataKeyNames="No" DataSourceID="SqlDataSource1" AllowPaging="True"
    PageSize="6">
<Columns>
    <asp:CommandField ShowSelectButton="True" />
    <asp:BoundField DataField="No" HeaderText="No" ReadOnly="True"
        SortExpression="No" />
    <asp:BoundField DataField="Name" HeaderText="Name"
        SortExpression="Name" />
    <asp:BoundField DataField="Sex" HeaderText="Sex"
        SortExpression="Sex" />
    <asp:BoundField DataField="Birth" HeaderText="Birth"
        SortExpression="Birth" />
    <asp:BoundField DataField="Address" HeaderText="Address"
        SortExpression="Address" />
    <asp:BoundField DataField="Photo" HeaderText="Photo" SortExpression="Photo" />
</Columns>
<FooterStyle BackColor="#99CCCC" ForeColor="#003399" />
<HeaderStyle BackColor="#003399" Font-Bold="True" ForeColor="#CCCCFF" />
<PagerStyle BackColor="#99CCCC" ForeColor="#003399" HorizontalAlign="Left" />
<RowStyle BackColor="White" ForeColor="#003399" />
<SelectedRowStyle BackColor="#009999" Font-Bold="True" ForeColor="#CCFF99" />
<SortedAscendingCellStyle BackColor="#EDF6F6" />
<SortedAscendingHeaderStyle BackColor="#0D4AC4" />
<SortedDescendingCellStyle BackColor="#D6DFDF" />
<SortedDescendingHeaderStyle BackColor="#002876" />
</asp:GridView>
```

(4) 在 FormView.aspx 页面的【设计】视图中再添加一个 SqlDataSource 数据源控件，ID 默认为 SqlDataSource2，设置连接的数据库为 StudentDB，在指定 Select 查询时，选择【*】以查询所有字段。单击 WHERE 按钮添加 Where 子句，在【添加 WHERE 子句】对话框中，将【列】、【运算符】【源】和【控件 ID】分别设置为 No、=、Control 和 GridView1。单击【配置 Select 语句】对话框中的【高级】按钮，在弹出的对话框中选中【生成 INSERT、UPDATE 和 DELETE 语句】复选框，这样就可以启用 FormView 控件的插入、更新和删除功能了。

(5) 在 FormView.aspx 页面的【设计】视图中添加一个 FormView 数据绑定控件。在【FormView 任务】中选择数据源为 SqlDataSource2，在【自动套用格式】中选择以【大洋洲】架构来显示和处理数据，并编辑相应的模板。生成的代码如下：

```
<asp:FormView ID="FormView1" runat="server" BackColor="White" BorderColor="#3366CC"
    BorderStyle="None" BorderWidth="1px" CellPadding="4" DataKeyNames="No"
    DataSourceID="SqlDataSource2" GridLines="Both">
    <EditItemTemplate>
        No:
        <asp:Label ID="NoLabel1" runat="server" Text='<%# Eval("No") %>' />
        <br />
        Name:
        <asp:TextBox ID="NameTextBox" runat="server" Text='<%# Bind("Name") %>' />
        <br />
        Sex:
        <asp:TextBox ID="SexTextBox" runat="server" Text='<%# Bind("Sex") %>' />
        <br />
        Birth:
        <asp:TextBox ID="BirthTextBox" runat="server"
            Text='<%# Bind("Birth") %>' />
        <br />
        Address:
        <asp:TextBox ID="AddressTextBox" runat="server" Text='<%# Bind("Address") %>' />
        <br />
        Photo:
        <asp:TextBox ID="PhotoTextBox" runat="server" Text='<%# Bind("Photo") %>' />
        <br />
        <asp:LinkButton ID="UpdateButton" runat="server" CausesValidation="True"
            CommandName="Update" Text="更新" />
         <asp:LinkButton ID="UpdateCancelButton" runat="server"
            CausesValidation="False" CommandName="Cancel" Text="取消" />
    </EditItemTemplate>
    <EditRowStyle BackColor="#009999" Font-Bold="True" ForeColor="#CCFF99" />
    <FooterStyle BackColor="#99CCCC" ForeColor="#003399" />
    <HeaderStyle BackColor="#003399" Font-Bold="True" ForeColor="#CCCCFF" />
    <InsertItemTemplate>
        No:
        <asp:TextBox ID="NoTextBox" runat="server" Text='<%# Bind("No") %>' />
        <br />
```

```
            Name:
            <asp:TextBox ID="NameTextBox" runat="server" Text='<%# Bind("Name") %>' />
            <br />
            Sex:
            <asp:TextBox ID="SexTextBox" runat="server" Text='<%# Bind("Sex") %>' />
            <br />
            Birth:
            <asp:TextBox ID="BirthTextBox" runat="server"
                Text='<%# Bind("Birth") %>' />
            <br />
            Address:
            <asp:TextBox ID="AddressTextBox" runat="server" Text='<%# Bind("Address") %>' />
            <br />
            Photo:
            <asp:TextBox ID="PhotoTextBox" runat="server" Text='<%# Bind("Photo") %>' />
            <br />
            <asp:LinkButton ID="InsertButton" runat="server" CausesValidation="True"
                CommandName="Insert" Text="插入" />
             <asp:LinkButton ID="InsertCancelButton" runat="server"
                CausesValidation="False" CommandName="Cancel" Text="取消" />
</InsertItemTemplate>
<ItemTemplate>
            No:
            <asp:Label ID="NoLabel" runat="server" Text='<%# Eval("No") %>' />
            <br />
            Name:
            <asp:Label ID="NameLabel" runat="server" Text='<%# Bind("Name") %>' />
            <br />
            Sex:
            <asp:Label ID="SexLabel" runat="server" Text='<%# Bind("Sex") %>' />
            <br />
            Birth:
            <asp:Label ID="BirthLabel" runat="server"
                Text='<%# Bind("Birth") %>' />
            <br />
            Address:
            <asp:Label ID="AddressLabel" runat="server" Text='<%# Bind("Address") %>' />
            <br />
            Photo:
            <asp:Label ID="PhotoLabel" runat="server" Text='<%# Bind("Photo") %>' />
            <br />
            <asp:LinkButton ID="EditButton" runat="server" CausesValidation="False"
                CommandName="Edit" Text="编辑" />
             <asp:LinkButton ID="DeleteButton" runat="server" CausesValidation="False"
                CommandName="Delete" Text="删除" />
             <asp:LinkButton ID="NewButton" runat="server" CausesValidation="False"
```

```
                        CommandName="New" Text="新建" />
            </ItemTemplate>
            <PagerStyle BackColor="#99CCCC" ForeColor="#003399" HorizontalAlign="Left" />
            <RowStyle BackColor="White" ForeColor="#003399" />
</asp:FormView>
```

ItemTemplate 中的所有标记都呈现在表格的单元格中。正如前面提到的，FormView 的整体布局是表格。我们添加了【编辑】按钮，该按钮的命令名称是 Edit。该命令名称使得 FormView 自动从只读模式切换到编辑模式，同时显示编辑模板定义的内容(如果定义了编辑模板的话)。可以使用包括任何命令名称和标题的按钮控件。如果不要求自动改变模式，可以调用 ChangeMode 和 FormView 控件支持的其他方法。

为了编辑绑定记录，可以利用 EditItemTemplate 属性定义编辑模板。在编辑模板中可以放置包括验证控件在内的任何输入控件的集合。为了获取更新绑定记录的值，需要使用 Bind 方法。编辑模板中必须包括用于保存修改的按钮。这些常见按钮的命令名称可设置为：实现保存的 Update 和实现取消的 Cancel。按钮会引发更新命令，将细节存储在相关数据源对象中。只要不改变命令名称，就可以将按钮标题设置为任何文本。如果修改命令名称，则需要处理 FormView 控件的 ItemCommand 事件，然后调用 UpdateItem 方法响应该事件。

除了在 EditItemTemplate 中设置 Update 和 Cancel 按钮，还需要为识别键字段而设置 FormView 控件的 DataKeyNames 属性。为了删除记录，可以添加命令名称为 Delete 的按钮，同时配置底层数据源控件。

当添加新记录时，使用 InsertItemTemplate 属性来定义输入布局。为了避免混乱，插入模板不应该与编辑模板有太大不同。同时，应该认识到编辑和插入是两个具有不同需求的、截然不同的操作。例如，插入模板应该提供可接收的控件默认值，在其他位置应该显示不确定值或空值。

为了开始执行插入操作，还需要一个命令名称为 New 的按钮。单击该按钮将强制 FormView 控件将模式修改为 Insert，同时呈现插入模板中定义的内容。插入模板还应该提供一对 Update/Cancel 按钮，这两个按钮与编辑模式中的按钮使用相同的命令名称。

(6) 保存网站，运行程序，初始的运行界面如图 9-25 所示。单击 GridView 控件上某条记录的【选择】按钮后，FormView 控件将显示相同记录的详细信息，如图 9-26 所示。单击 FormView 控件中的【编辑】【删除】或【插入】按钮，分别可完成对数据的编辑、删除或插入操作，如图 9-27 和图 9-28 所示。

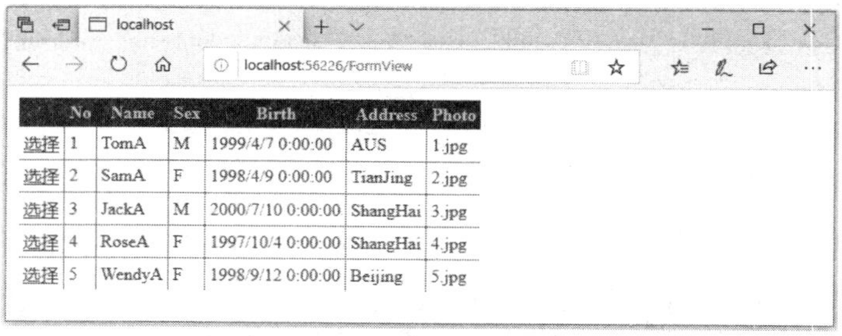

	No	Name	Sex	Birth	Address	Photo
选择	1	TomA	M	1999/4/7 0:00:00	AUS	1.jpg
选择	2	SamA	F	1998/4/9 0:00:00	TianJing	2.jpg
选择	3	JackA	M	2000/7/10 0:00:00	ShangHai	3.jpg
选择	4	RoseA	F	1997/10/4 0:00:00	ShangHai	4.jpg
选择	5	WendyA	F	1998/9/12 0:00:00	Beijing	5.jpg

图 9-25　初始的运行界面

第9章 ADO.NET 数据库高级操作

图 9-26 在主控/详细页面中选择记录

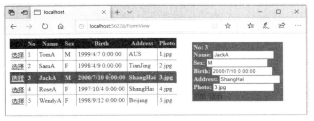

图 9-27 在主控/详细页面中编辑记录

图 9-28 在主控/详细页面中插入记录

9.3.6 ListView 控件

ListView 控件很好地集成了 GridView、DataList 和 Repeater 控件的优点。类似于 GridView，它支持数据的编辑、删除和分页；类似于 DataList，它支持多列和多行布局；类似于 Repeater，它允许完全控制控件生成的标记。

ListView 通过模板(允许控制 ListView 对底层数据提供的许多不同的视图)显示和管理数据。表 9-10 列出了所有可添加为 ListView 控件的直接子元素的可用模板。

表 9-10 ListView 控件的可用模板

模 板	描 述
LayoutTemplate	作为控件的容器，可以定义放置单独数据项(像 Reviews)的位置，然后通过 ItemTemplate 和 AlternatingItemTemplate 表示的数据项作为容器的子元素添加
ItemTemplate AlternatingItemTemplate	定义控件的只读模式。当一起使用时，它们可以创建一种"斑马纹效果"，奇偶行有着不同的外观(通常是不同的背景色)
SelectedItemTemplate	允许定义当前活动或选项的外观
InsertItemTemplate EditItemTemplate	这两个模板允许定义用于插入和更新列表中选项的用户界面。通常，放置文本框、下拉列表和其他服务器控件到这些模板中，将它们与底层数据源绑定
ItemSeparatorTemplate	定义放置在列表中选项之间的标记。可用于在选项之间添加线、图像或其他标记

(续表)

模 板	描 述
EmptyDataTemplate	在控件无数据显示时显示。可以添加文本或其他标记，告诉用户无数据显示
GroupTemplate GroupSeparatorTemplate EmptyItemTemplate	在高级表现场景中使用，其中的数据可呈现在不同的组中

尽管这些模板看上去让人觉得需要编写大量的代码来使用 ListView，但事实并非如此。首先，根据一些控件(如 LinqDataSource)提供的数据，创建了大部分代码。其次，并不总是需要所有模板，这就可以最小化控件所需的代码。除了许多模板外，ListView 控件还具有如表 9-11 所示的主要属性，可以通过对这些属性进行设置来影响控件的行为。

表 9-11 ListView 控件的主要属性

属 性	描 述
ItemPlaceholderID	放置在 LayoutTemplate 中的服务器控件的 ID。当该属性引用的控件在屏幕上显示时，由所有重复的数据项取代。可以是一个服务器控件，如<asp:PlaceHolder>；也可以是一个简单的 HTML 元素，带有有效的 ID，runat 属性被设置为 server(例如<ul runat="server" id="MainList"></ul>)。如果不设置该属性，ASP.NET 会尝试找到 ID 为 itemPlaceholder 的控件并使用该控件
DataSourceID	页面上数据源控件的 ID，如 LinqDataSource 或 SqlDataSource 控件
InsertItemPosition	可以取 3 个值，分别为 None、FirstItem 和 LastItem，以确定 InsertItemTemplate 的位置：在列表的开头或末尾，或者不可见

和其他数据绑定控件一样，ListView 有大量在控件生命周期的特定时间触发的事件。例如，在插入项到底层数据源前后触发的 ItemInserting 和 ItemInserted 事件。类似地，还有在更新和删除数据前后的事件。表 9-12 列出了 ListView 控件的主要事件。

表 9-12 ListView 控件的主要事件

事 件	描 述
AfterLabelEdit	在编辑标签后，引发该事件
BeforeLabelEdit	在用户开始编辑标签前，引发该事件
ColumnClick	在单击一列时，引发该事件
ItemActivate	在激活某项时，引发该事件

【例 9-8】使用 ListView 控件对数据源数据进行分组显示、编辑、删除和插入。

(1) 新建一个名为 ListView.aspx 的页面。

(2) 在 ListView.aspx 页面的【设计】视图中添加一个 SqlDataSource 数据源控件，ID 默认为 SqlDataSource1。

(3) 在 ListView.aspx 页面的【设计】视图中添加一个 ListView 控件。在【ListView 任务】中选择数据源为 sqlDataSource1。在【配置 ListView】对话框中选择布局为【网格】；选择样式为【专业型】；选中【启用编辑】【启用插入】【启用删除】【启用分页】复选框，并选择【数字页导航】样式，如图 9-29 所示。单击【确定】按钮，自动生成的代码如下：

第 9 章 ADO.NET 数据库高级操作

图 9-29 【配置 ListView】对话框

```
    <asp:SqlDataSource ID="SqlDataSource1" runat="server"
        ConnectionString="<%$ ConnectionStrings:DatabaseConnectionString %>"
        DeleteCommand="DELETE FROM [student] WHERE [No] = @No"
        InsertCommand="INSERT INTO [student] ([No], [Name], [Sex], [Birth], [Address],
[Photo]) VALUES (@No, @Name, @Sex, @Birth, @Address, @Photo)"
        SelectCommand="SELECT * FROM [student] ORDER BY [No]"
        UpdateCommand="UPDATE [student] SET [Name] = @Name, [Sex] = @Sex, [Birth] =
@Birth, [Address] = @Address, [Photo] = @Photo WHERE [No] = @No">
        <DeleteParameters>
            <asp:Parameter Name="No" Type="String" />
        </DeleteParameters>
        <InsertParameters>
            <asp:Parameter Name="No" Type="String" />
            <asp:Parameter Name="Name" Type="String" />
            <asp:Parameter Name="Sex" Type="String" />
            <asp:Parameter Name="Birth" Type="DateTime" />
            <asp:Parameter Name="Address" Type="String" />
            <asp:Parameter Name="Photo" Type="String" />
        </InsertParameters>
        <UpdateParameters>
            <asp:Parameter Name="Name" Type="String" />
            <asp:Parameter Name="Sex" Type="String" />
            <asp:Parameter Name="Birth" Type="DateTime" />
            <asp:Parameter Name="Address" Type="String" />
            <asp:Parameter Name="Photo" Type="String" />
            <asp:Parameter Name="No" Type="String" />
        </UpdateParameters>
    </asp:SqlDataSource>
</div>
<asp:ListView ID="ListView1" runat="server" DataKeyNames="No"
    DataSourceID="SqlDataSource1" InsertItemPosition="LastItem">
    <AlternatingItemTemplate>
        <tr style="background-color:#FFF8DC;">
            <td>
```

```
                    <asp:Button ID="DeleteButton" runat="server" CommandName="Delete"
                        Text="删除" />
                    <asp:Button ID="EditButton" runat="server" CommandName="Edit"
                        Text="编辑" />
                </td>
                <td>
                    <asp:Label ID="NoLabel" runat="server" Text='<%# Eval("No") %>' />
                </td>
                <td>
                    <asp:Label ID="NameLabel" runat="server" Text='<%# Eval("Name") %>' />
                </td>
                <td>
                    <asp:Label ID="SexLabel" runat="server" Text='<%# Eval("Sex") %>' />
                </td>
                <td>
                    <asp:Label ID="BirthLabel" runat="server"
                        Text='<%# Eval("Birth") %>' />
                </td>
                <td>
                  <asp:Label ID="AddressLabel" runat="server" Text='<%# Eval("Address") %>' />
                </td>
                <td>
                    <asp:Label ID="PhotoLabel" runat="server" Text='<%# Eval("Photo") %>' />
                </td>
            </tr>
        </AlternatingItemTemplate>
        <EditItemTemplate>
            <tr style="background-color:#008A8C;color: #FFFFFF;">
                <td>
                    <asp:Button ID="UpdateButton" runat="server" CommandName="Update"
                        Text="更新" />
                    <asp:Button ID="CancelButton" runat="server" CommandName="Cancel"
                        Text="取消" />
                </td>
                <td>
                    <asp:Label ID="NoLabel1" runat="server" Text='<%# Eval("No") %>' />
                </td>
                <td>
                    <asp:TextBox ID="NameTextBox" runat="server" Text='<%# Bind("Name") %>' />
                </td>
                <td>
                    <asp:TextBox ID="SexTextBox" runat="server" Text='<%# Bind("Sex") %>' />
                </td>
                <td>
                    <asp:TextBox ID="BirthTextBox" runat="server"
                        Text='<%# Bind("Birth") %>' />
```

```
                </td>
                <td>
                    <asp:TextBox ID="AddressTextBox" runat="server" Text='<%# Bind("Address") %>' />
                </td>
                <td>
                    <asp:TextBox ID="PhotoTextBox" runat="server" Text='<%# Bind("Photo") %>' />
                </td>
            </tr>
        </EditItemTemplate>
        <EmptyDataTemplate>
            <table runat="server"
                style="background-color: #FFFFFF;border-collapse: collapse;border-color:
                    #999999;border-style:none;border-width:1px;">
                <tr>
                    <td>
                        未返回数据</td>
                </tr>
            </table>
        </EmptyDataTemplate>
        <InsertItemTemplate>
            <tr style="">
                <td>
                    <asp:Button ID="InsertButton" runat="server" CommandName="Insert"
                        Text="插入" />
                    <asp:Button ID="CancelButton" runat="server" CommandName="Cancel"
                        Text="清除" />
                </td>
                <td>
                    <asp:TextBox ID="NoTextBox" runat="server" Text='<%# Bind("No") %>' />
                </td>
                <td>
                    <asp:TextBox ID="NameTextBox" runat="server" Text='<%# Bind("Name") %>' />
                </td>
                <td>
                    <asp:TextBox ID="SexTextBox" runat="server" Text='<%# Bind("Sex") %>' />
                </td>
                <td>
                    <asp:TextBox ID="BirthTextBox" runat="server"
                        Text='<%# Bind("Birth") %>' />
                </td>
                <td>
                    <asp:TextBox ID="AddressTextBox" runat="server" Text='<%# Bind("Address") %>' />
                </td>
                <td>
                    <asp:TextBox ID="PhotoTextBox" runat="server" Text='<%# Bind("Photo") %>' />
                </td>
```

```
            </tr>
        </InsertItemTemplate>
        <ItemTemplate>
            <tr style="background-color:#DCDCDC;color: #000000;">
                <td>
                    <asp:Button ID="DeleteButton" runat="server" CommandName="Delete"
                        Text="删除" />
                    <asp:Button ID="EditButton" runat="server" CommandName="Edit"
                        Text="编辑" />
                </td>
                <td>
                    <asp:Label ID="NoLabel" runat="server" Text='<%# Eval("No") %>' />
                </td>
                <td>
                    <asp:Label ID="NameLabel" runat="server" Text='<%# Eval("Name") %>' />
                </td>
                <td>
                    <asp:Label ID="SexLabel" runat="server" Text='<%# Eval("Sex") %>' />
                </td>
                <td>
                    <asp:Label ID="BirthLabel" runat="server"
                        Text='<%# Eval("Birth") %>' />
                </td>
                <td>
                    <asp:Label ID="AddressLabel" runat="server" Text='<%# Eval("Address") %>' />
                </td>
                <td>
                    <asp:Label ID="PhotoLabel" runat="server" Text='<%# Eval("Photo") %>' />
                </td>
            </tr>
        </ItemTemplate>
        <LayoutTemplate>
            <table runat="server">
                <tr runat="server">
                    <td runat="server">
                        <table ID="itemPlaceholderContainer" runat="server" border="1"
                            style="background-color: #FFFFFF;border-collapse: collapse;border-color: #999999;border-style:none;border-width:1px;font-family: Verdana, Arial, Helvetica, sans-serif;">
                            <tr runat="server" style="background-color:#DCDCDC;color: #000000;">
                                <th runat="server">
                                </th>
                                <th runat="server">
                                    No</th>
                                <th runat="server">
                                    Name</th>
```

```
                    <th runat="server">
                        Sex</th>
                    <th runat="server">
                        Birth</th>
                    <th runat="server">
                        Address</th>
                    <th runat="server">Photo</th>
                </tr>
                <tr ID="itemPlaceholder" runat="server">
                </tr>
            </table>
        </td>
    </tr>
    <tr runat="server">
        <td runat="server" style="text-align: center;background-color: #CCCCCC;font-family: Verdana, Arial, Helvetica, sans-serif;color: #000000;">
            <asp:DataPager ID="DataPager1" runat="server">
                <Fields>
                    <asp:NextPreviousPagerField ButtonType="Button" ShowFirstPageButton="True" ShowLastPageButton="True" />
                </Fields>
            </asp:DataPager>
        </td>
    </tr>
</table>
</LayoutTemplate>
<SelectedItemTemplate>
    <tr style="background-color:#008A8C;font-weight: bold;color: #FFFFFF;">
        <td>
            <asp:Button ID="DeleteButton" runat="server" CommandName="Delete"
                Text="删除" />
            <asp:Button ID="EditButton" runat="server" CommandName="Edit"
                Text="编辑" />
        </td>
        <td>
            <asp:Label ID="NoLabel" runat="server" Text='<%# Eval("No") %>' />
        </td>
        <td>
            <asp:Label ID="NameLabel" runat="server" Text='<%# Eval("Name") %>' />
        </td>
        <td>
            <asp:Label ID="SexLabel" runat="server" Text='<%# Eval("Sex") %>' />
        </td>
        <td>
            <asp:Label ID="BirthLabel" runat="server"
```

```
                    Text='<%# Eval("Birth") %>' />
                </td>
                <td>
                    <asp:Label ID="AddressLabel" runat="server" Text='<%# Eval("Address") %>' />
                </td>
                <td>
                    <asp:Label ID="PhotoLabel" runat="server" Text='<%# Eval("Photo") %>' />
                </td>
            </tr>
        </SelectedItemTemplate>
</asp:ListView>
```

(4) 保存网站，运行程序，结果如图 9-30 所示。ListView 控件将分页显示学生信息，并且能够实现添加、删除和修改操作。完成这些功能时无须编写代码。

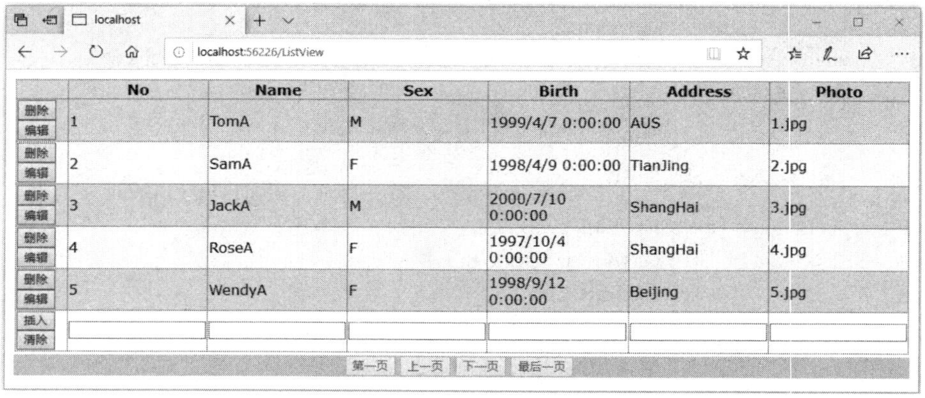

图 9-30 用 ListView 控件显示学生信息

9.4　本章小结

本章介绍了 ASP.NET 中一些重要的数据源控件和数据绑定控件，并描述了 ASP.NET 中的其他数据绑定特性，用实例说明了如何使用数据源控件方便快捷地把数据绑定到数据绑定控件。本章首先介绍的是数据源控件，然后介绍数据绑定技术和数据绑定控件，这里主要介绍了一些复杂的数据绑定控件，例如 GridView、DataList、DetailsView、FormView 和 ListView 等。

9.5　练习

(1) 如果需要创建一个用户界面，使用户显示、筛选、编辑和删除某个 SQL Server 数据库中的数据，可以选择使用哪些数据源控件？

(2) Repeater 控件是如何显示数据源控件获取的数据的？DataList 控件又是如何显示数据的？

(3) 与数据绑定控件(比如 GridView 和 Repeater)相比，ListView 控件的主要优势在哪里？
(4) 请解释 ASP.NET 中的数据绑定与传统数据绑定有什么区别？
(5) 如果需要在 GridView 控件的某列中添加下拉列表框并绑定数据，该如何实现？
(6) 什么是数据绑定技术？
(7) 简述 DataPager 控件的功能？
(8) Eval 方法和 Bind 方法是数据绑定的两个重要方法，谈谈它们的异同。
(9) 新建名为 DataBinding_Exercise 的网站。
① 在该网站中建立用于数据绑定的数据库(可参考本章使用的示例数据库)。
② 添加一个网页，利用 GridView 实现数据的分页显示。
③ 添加一个网页，利用 DataList 实现数据的分页显示。
④ 添加一个网页，利用 FormView 控件实现数据的插入、修改和删除操作。
⑤ 添加一个页面，利用 DetailsView 实现对某条记录的编辑、修改和删除操作。

(10) 在 Visual Studio 2015 中，创建 SQL Server 数据库 Users，其中含有数据表 Users，具体的字段和类型如表 9-13 所示。

表 9-13 Users 表

字段名称	数据类型	大小(单位：字符)	说明
UserNo	文字	6	用户编号
UserName	文字	30	用户姓名
UserPower	文字	4	用户权限
UserPhone	文字	11	用户电话号码
UserClass	文字	10	用户类别

① 创建 ASP.NET 程序，使用 LinqDataSource 控件连接 Users 数据库，使用 GridView 控件显示 Users 表中的数据记录，提供排序和分页显示功能，每页显示 5 条记录。

② 创建 ASP.NET 程序，使用 SqlDataSource 控件连接 Users 数据库，使用 ListView 和 DetailsView 控件实现主控/详细方案，显示 Users 数据表，并且提供数据表的编辑功能。

第 10 章

jQuery

jQuery 能够改变开发人员编写 JavaScript 脚本的方式，降低学习和使用 Web 前端开发的复杂度，提高网页开发效率。无论是对于 JavaScript 初学者，还是对于 Web 开发资深专家，jQuery 都是必备工具。本章主要介绍 jQuery 的基本语法和具体应用。

本章的学习目标：
- 理解什么是 jQuery；
- 掌握 jQuery 的基本语法；
- 如何使用 jQuery 增强页面，包括添加丰富的视觉效果和动画；
- 如何使用 jQuery 扩展 ASP.NET 验证框架。

10.1 jQuery 简介

jQuery 最早由 John Resig 在 2006 年 1 月开发和发布，现在已经成长为备受欢迎的客户端框架。微软也注意到 jQuery 功能强大，并决定在自己的产品中附送这个框架。最初，jQuery 随 ASP.NET MVC 框架一起提供，现在也包含在 Visual Studio 2015 中。

10.1.1 什么是 jQuery

jQuery 是继 Prototype 之后又一个优秀的 JavaScript 框架。jQuery 是轻量级的 JavaScript 库，目前互联网上估计有大约三分之二的网站在使用它。称它为 JavaScript 库，是因为它完全是用 JavaScript 编写的，所以 jQuery 可以在 JavaScript 方法中使用，就像核心 JavaScript 方法那样。jQuery 仅仅是一组可以在 JavaScript 中使用的额外对象和方法，就像 Entity Framework 把单独的功能集添加到.NET 中一样。它兼容 CSS3，还兼容各种浏览器(IE 6.0+、Safari 2.0+、Opera 9.0+)，jQuery 2.0 及后续版本将不再支持 IE6～IE8 浏览器。jQuery 使用户能更方便地处理 HTML 和事件，实现动画效果，并且方便地为网站提供 Ajax 交互。jQuery 还有一个比较大的优势，就是文档说明很全，而且各种应用也说得很详细，同时还有许多成熟的插件可供选择。jQuery 能够使用户的 HTML 页面保持代码和 HTML 内容分离，也就是说，不用再在 HTML 里面插入一堆 JavaScript 代码来调用命令了，只需要定义 id 即可。

10.1.2 包含 jQuery 库

Visual Studio 2015 已经整合了 jQuery 的 1.10.2 版本，并且提供了对 jQuery 的智能感知功能的支持。在使用 Visual Studio 2015 创建 Web 应用程序项目后，可以在 Script 文件夹中看到用于 jQuery 的 JavaScript 脚本文件，如图 10-1 所示。

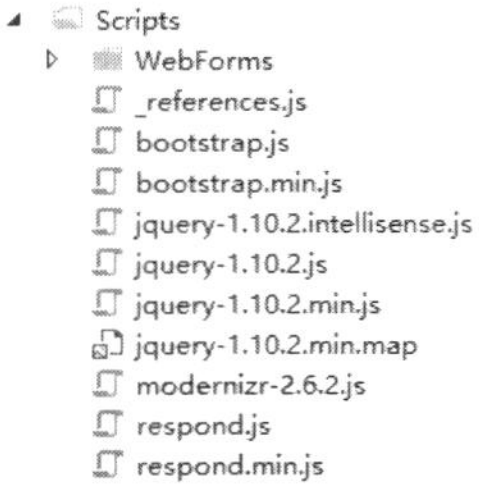

图 10-1 jQuery 脚本库

要使用 jQuery，只需要在页面中添加对 min 压缩版类库的引用即可，代码如下：

```
<script lang="javascript" src="Scripts/jQuery-1.10.2.min.js"></script>
```

添加代码后，在 HTML 中即可使用 jQuery 类库。

10.1.3 第一个 jQuery 程序

为了更好地了解 jQuery，下面先来看一个简单的例子。在本例中，将在当前页面中添加 jQuery 库。通过单击文字，让文字隐藏。

【例 10-1】jQuery 使用示例。

(1) 启动 Visual Studio 2015，选择【文件】|【新建网站】命令，新建网站 WebSite10。

(2) 通过 Visual Studio 2015 创建的网站，默认包含了 Scripts 目录，其中又包含了 jQuery 所需的库文件。创建 HTML 文件 FirstjQuery.html，在<head>标记中添加如下代码即可引入 jQuery 库：

```
<script lang="javascript" src="Scripts/jQuery-1.10.2.min.js"></script>
```

(3) 在<body>中添加如下代码：

```
<h1>第一个 jQuery 程序</h1>
<p>如果点击我，文字将消失</p>
```

(4) 添加 jQuery 效果代码：

```
<script type="text/javascript">
    $(document).ready(function () {
        $("p").click(function () {
            $(this).hide();
        });
    });
</script>
```

和其他许多编程语言一样，jQuery 对缺少引号、大括号和小括号十分敏感，所以一定要完全按照上面的代码进行输入。

(5) 编译并运行程序，在默认浏览器中打开 FirstjQuery.html 页面，效果如图 10-2 和图 10-3

所示，单击文字"如果点击我，文字将消失"，文字将消失。

图 10-2　运行结果

图 10-3　单击后的结果

对于本例，读者只需要了解 jQuery 的实际应用即可，接下来将详细介绍 jQuery 的语法。

10.2　jQuery 的语法

jQuery 的语法是为 HTML 元素的选取编制的，可以对元素执行某些操作。基础语法是：

$(selector).action()

- 美元符号($)用于定义 jQuery。
- 选择符(selector)用于查找 HTML 元素。
- action()用于执行对元素的操作。

根据 jQuery 的基本语法可以知道，要想使用 jQuery，首先需要掌握三方面的基础知识。第一，需要更深入地理解 jQuery 的核心功能，包括前面看到的$函数以及$函数的 ready 方法。第二，需要学习 jQuery 的选择符(selector)和过滤器(filter)语法，这样就可以通过指定的条件在页面中查找元素。当获得指向页面中或多个元素的引用后，就可以对它们应用多种方法，比如 CSS 方法。第三，需要知道关于 jQuery 事件(event)的一些知识，因为它们允许向 HTML 元素可能触发的事件附加行为。接下来将会对以上三个方面进行讨论。

10.2.1　jQuery 的核心功能

大部分 jQuery 代码都是在浏览器完成页面加载后执行的。等到页面完成 DOM 加载后再执行代码十分重要。DOM(Document Object Model，文档对象模型)是 Web 页面的一种分层表示，是一种包含所有 HTML 元素、脚本文件、CSS、图像等内容的树型结构。如果借助编程修改 DOM(例如，使用 jQuery 代码)，那么这种修改将在浏览器显示的页面上反映出来。如果过早执行 jQuery 代码(例如，在页面的最顶端)，那么 DOM 可能还没有加载完脚本中引用的全部元素就产生错误。幸运的是，可以使用 jQuery 中的 ready 方法，将代码的执行推迟到 DOM 就绪。

在例 10-1 中，我们添加了一个标准的<script>块，其中可以包含 JavaScript。在这个块中，添加了一些在浏览器加载完页面后触发的 jQuery 代码。页面就绪后，起始大括号({)和结束大括号(})之间的代码将会执行。下面是"文档就绪函数"的示例：

<script type="text/javascript">

```
        $(document).ready(function() {
           // Remainder of the code skipped
        });
</script>
```

当页面准备就绪，可以执行 DOM 操作时，添加到起始和结束大括号之间的全部代码都将执行。jQuery 还提供了 ready 方法的一种快捷方式，下面的代码段与前面的执行效果相同：

```
$(function() {
   // DOM 就绪后执行此处的代码
});
```

10.2.2　jQuery 选择器

选择器是 jQuery 的根基，在 jQuery 中，事件处理、遍历 DOM 和 Ajax 操作都依赖于选择器。学习 jQuery 选择器就是为了准确地选取用户希望应用效果的元素。jQuery 的元素选择器和属性选择器允许用户通过标签名、属性名或内容对 HTML 元素进行选择。选择器允许用户对 HTML 元素组或单个元素进行操作。在 HTML DOM 术语中，选择器允许用户对 DOM 元素组或单个 DOM 节点进行操作。

1. CSS 选择器

CSS 选择器可用于改变 HTML 元素的 CSS 属性。例如，下面的例子把所有<p>元素的背景颜色更改为红色：

`$("p").css("background-color","red");`

2. id 选择器

每个 HTML 元素都有一个 id 属性，可以根据 id 选取对应的 HTML 元素。例如：

`$("#layer")选取带有 id 为 layer 的元素`

3. 类选择器

使用类选择器可获得与特定的类名匹配的 0 个或多个元素的引用。下面的 jQuery 代码将与类名为 Highlight 匹配的元素的背景色修改为红色，而保持其他元素不变。

`$(".Highlight").css("background-color","red");`

4. 元素选择器

jQuery 使用 CSS 选择器来选取 HTML 元素。使用元素选择器可获得与特定的标记名匹配的 0 个或多个元素的引用。例如：

```
$("p")      选取<p>元素。
$("p.intro")  选取所有 class="intro"的<p>元素。
$("p#demo")  选取所有 id="demo"的<p>元素。
```

5. 属性选择器

jQuery 使用 XPath 表达式来选择带有给定属性的元素。例如：

```
$("[href]")      选取所有 href 属性的元素。
$("[href='#']")  选取所有 href 属性值等于#的元素。
$("[href!='#']") 选取所有 href 属性值不等于#的元素。
$("[href$='.jpg']") 选取所有 href 属性值以.jpg 结尾的元素。
```

6. 通用选择器

和对应的 CSS 选择器一样，通用选择器使用通配符*匹配页面中的全部元素；$方法返回 0 个或多个元素，然后可以使用多种 jQuery 方法操作返回的这些元素。例如，要将页面中每个元素的字体系列设置为 Arial，可以使用下面的代码：

```
$('*').css('font-family', 'Arial');
```

7. 分组和合并选择器

和 CSS 一样，可以分组和合并选择器。下面的分组选择器将修改页面中所有<p>和<h6>元素的文本颜色为蓝色：

```
$("p, h6").css("color", "blue");
```

通过使用合并选择器，可以找出被其他一些元素包含的特定元素。例如，下面的 jQuery 只修改 Content 元素中包含的六级标题，而其他的保持不变：

```
$('#Content h6').css('color', 'red');
```

8. 层次选择器

HTML 元素是有层次的，有些元素包含在其他元素中，层次分别如下。
- ancestor descendant(祖先 后代)选择器：在指定的祖先元素下匹配所有的后代元素。
- parent > child(父>子)选择器：在给定的父元素下匹配所有的子元素。
- prev + next(前+后)选择器：匹配所有紧跟在 prev 元素后的 next 元素。
- prev ~ siblings(前~兄弟)选择器：匹配 prev 元素之后的所有 siblings 元素。

接下来分别举 4 个例子，讲解不同的层次选择器的用法。

【例 10-2】使用 ancestor descendant(祖先 后代)选择器。

(1) 在 WebSite10 站点中创建 HTML 页面 10-2.html。

(2) 在页面 10-2.html 的<head>标记中添加如下代码即可引入 jQuery 库。本章以后的例子将会省略讲解这个步骤，要使用 jQuery，每个例子都要添加以下代码：

```
<script lang="javascript" src="Scripts/jQuery-1.10.2.min.js"></script>
```

(3) 在<body>中添加如下代码：

```
<form>
用户名：     <input name="txtUserName" type="text" value="" />   <br/><br/>
密码：       <span><input name="txtUserPass" type="password" /></span> <br/><br/>
```

```
<span><input type="submit"/></span>
   </form>
```

(4) 添加 jQuery 效果代码：

```
<script>
        $(document).ready(function () {
            $("span input").css("border", "4px dotted green");
        });
</script>
```

(5) 编译并运行程序，在默认浏览器中打开 10-2.html 页面，效果如图 10-4 所示。上下两个文本框明显不同，其中一个没有效果边框，因为 jQuery 程序中使用了 $("span input") 选择器，所以另一个文本框使用了绿色点状边框。

图 10-4　运行结果

【例 10-3】使用 parent > child(父>子)选择器。

(1) 在 WebSite10 站点中创建 HTML 页面 10-3.html。

(2) 在<body>中添加如下代码：

```
<ol class="test">
    <li><a href=" ">项目列表 1</a></li>
    <li><a href=" ">项目列表 2</a></li>
    <li><a href=" ">项目列表 3</a></li>
    <li>项目列表 4</li>
</ol>
<ol>
    <li><a href=" ">项目列表 1.1</a></li>
    <li><a href=" ">项目列表 1.2</a></li>
</ol>
```

(3) 添加 jQuery 效果代码：

```
<script type="text/javascript">
        $(document).ready(function () {
            $(".test>li>a").css('background-color', 'green');
            $(".test>li>a").css('color', 'yellow');
        });
</script>
```

(4) 编译并运行程序，在默认浏览器中打开 10-3.html 页面，效果如图 10-5 所示。因为 jQuery 程序中使用了 $(".test>li>a") 选择器，所以对于第一个有序列表中的前三项，文字是黄色并且有绿色背景。

【例 10-4】使用 prev + next(前+后)选择器。

(1) 在 WebSite 10 站点中创建 HTML 页面 10-4.html。

(2) 在<body>中添加如下代码：

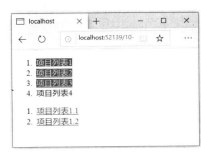

图 10-5　运行结果

```
<form>
    <label>UserName:</label> <input type="text" name="name" /><br /><br />
    PassWord: <input type="text" name="newsletter" />
</form>
```

(3) 添加 jQuery 效果代码：

```
<script type="text/javascript">
        $(document).ready(function () {
            $("label+input").css("border", "2px dotted green");       });
</script>
```

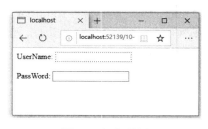

(4) 编译并运行程序，在默认浏览器中打开 10-4.html 页面，效果如图 10-6 所示。因为 jQuery 程序中使用了$("label+input")选择器，所以使用了标签的 UserName 后面的输入文本框呈现出绿色点状效果。

图 10-6 运行结果

【例 10-5】使用 prev ~ siblings(前~兄弟)选择器。

(1) 在 WebSite10 站点中创建 HTML 页面 10-5.html。
(2) 在<body>中添加如下代码：

```
<p>兄弟选择符示例</p>
<h1>唐诗欣赏——绝句</h1>
<p>两个黄鹂鸣翠柳，一行白鹭上青天</p>
<p>窗含西陵千秋雪，门泊东吴万里船</p>
<h3>唐诗欣赏——春思</h3>
<p>燕草如碧丝，秦桑低绿枝。</p>
<p>当君怀归日，是妾断肠时。</p>
<p>春风不相识，何事入罗帏？</p>
```

(3) 添加 jQuery 效果代码：

```
<script type="text/javascript">
        $(document).ready(function () {
            $("h3~p").css("border", "4px dotted green");
        });
</script>
```

(4) 编译并运行程序，在默认浏览器中打开 10-5.html 页面，效果如图 10-7 所示。因为 jQuery 程序中使用了$("h3~p")选择器，所以为<h3>标记之后的所有<p>标记的内容都加了绿色的点状边框。

10.2.3 jQuery 过滤器

在 jQuery 中，过滤器主要通过特定的过滤规则来筛选出所需的 DOM 元素。这就为用户找到特定的元素带来了大量的可能性，比如第一个元素、最后一个

图 10-7 运行结果

元素、所有奇数行元素、所有偶数行元素、所有的标题或特定位置的项。过滤器都以:开头。

按照不同的过滤规则，过滤器又可分为基本过滤器、内容过滤器、可见性过滤器、属性过滤器、子元素过滤器和表单过滤器。表 10-1 所示为基本过滤器。

表 10-1 基本过滤器

过 滤 器	说 明
:first	可以匹配找到第一个元素。例如：$("p:first")选择第一个 p 元素
:last	可以匹配找到最后一个元素。例如：$("tr:last")选择表格中的最后一行元素
:not(selector)	可以去除所有给定选择器匹配的元素。例如：$("input:not(checked)")选择所有没有使用 checked 的 input 元素
:even	可以匹配所有索引值为偶数的元素。注意：索引值从 0 开始计算。例如：$("tr:even")选择表格的奇数行
:odd	可以匹配所有索引值为奇数的元素。注意：索引值从 0 开始计算。例如：$("tr:odd")选择表格的偶数行
:eq(index)	可以匹配索引为 index 的元素。例如：$("tr:eq(0)")选择表格的第一行
:gt(index)	可以匹配索引值大于 index 的元素。例如：$("tr:gt(3)")选择表格第 3 行以后的所有行
:lt(index)	可以匹配索引值小于 index 的元素。例如：$("tr:lt(3)")选择表格的第 1～3 行
:header	可以匹配所有标题，例如 h1、h2、h3 标题等
:animated	选取现在正在执行动画的元素

内容过滤器的过滤规则主要体现在它所包含的子元素和文本内容上，如表 10-2 所示。

表 10-2 内容过滤器

过 滤 器	说 明
:contains()	可以匹配包含指定文本的元素。例如：$("p:contains(use)")选择内容有"use"的 p 元素
:empty()	可以匹配不包含子元素或文本为空的元素。例如：$("td:empty()")选择内容为空的单元格
:has()	可以匹配包含指定子元素的元素。例如：$("div:has(p)")选择包含 p 元素的 div 元素
:parent()	和:empty()的作用相反。例如：$("td:parent()")选择内容不为空的单元格

可见性过滤器根据元素的可见和不可见状态来选择相应的元素。可见性选择器不仅包含样式属性 display 为 none 的元素，也包含文本隐藏域(<input type="hidden">)和 visible:hidden 之类的元素，如表 10-3 所示。

表 10-3 可见性过滤器

过 滤 器	说 明
:hidden	可以匹配所有的不可见元素。例如：$("input:hidden")选择隐藏的 input 元素
:visible	可以匹配所有的可见元素。例如：$("input:visible")选择没有隐藏的 input 元素

属性过滤器通过元素的属性来获取相应的元素，如表 10-4 所示。

表 10-4 属性过滤器

过滤器	说明
[attribute]	基于给定的属性匹配元素。例如：$("div[id]")选择使用了 id 的 div 元素
[attribute=value]	基于属性和属性值匹配元素。例如：$("div[id=id1]")选择所有 id 为 id1 的 div 元素
[attribute!=value]	基于属性和属性值匹配元素。例如：$("div[id!=id1]")选择所有id不等于id1 的div元素
[attribute^=value]	指定属性值从指定值开始的元素。例如：$["input[name^='news']"]选择所有 name 属性值以 news 开始的 input 元素
[attribute$=value]	指定属性值以指定值结尾的元素。例如：$["input[name$='news']"]选择所有 name 属性值以 news 结尾的 input 元素
[attribute*=value]	指定属性值包含指定值的所有元素。例如：$["input[name*='news']"]选择所有 name 属性值包含 news 的 input 元素
复合属性过滤器	可以使用$([selector1][selector2][selectorN])格式的复合属性过滤器匹配满足多个复合属性的元素。例如：$("input[id][name*='news']")选择所有包含 id 属性且 name 属性值包含 news 的 input 元素

使用子元素过滤器可以根据元素的子元素对元素进行过滤，如表 10-5 所示。

表 10-5 子元素过滤器

过滤器	说明
:nth-child(index/even/odd/equation)	:nth-child(even/odd)：选取每个父元素下索引值为偶(奇)数的元素 :nth-child(2)：选取每个父元素下索引值为 2 的元素 :nth-child(3n)：选取每个父元素下索引值是 3 的倍数的元素
:first-child	为每个父元素匹配第一个子元素。例如：$("ul li:first-child")在每个 ul 元素中查找第一个 li 元素
:last-child	为每个父元素匹配最后一个子元素。例如：$("ul li:last-child")在每个 ul 元素中查找最后一个 li 元素
:only-child	如果某个元素是父元素中唯一的子元素，它将会被匹配；如果父元素中含有其他元素，它将不会被匹配。例如：$("ul li:only-child")在 ul 元素中查找是唯一子元素的 li 元素

表单过滤器用于对选择的表单元素进行过滤，如表 10-6 所示。

表 10-6 表单过滤器

过滤器	说明
:enabled	匹配所有可用元素。例如：$("input:enabled")查找所有可用的 input 元素
:disabled	匹配所有不可用元素。例如：$("input:disabled")查找所有不可用的 input 元素
:checked	匹配所有选中的元素(复选框、单选按钮等，不包括下拉列表中的选项)。例如：$("input:checked")查找所有选中的复选框元素
:selected	匹配所有选中的 option 元素。例如：$("select option:selected")查找所有选中的 option 元素

(续表)

过 滤 器	说　　　明
:input :text :password :radio :checkbox :submit :image	这些选择器可以用来匹配特定的客户端 HTML 表单元素。例如，可以使用分组选择器重写"查找"按钮和文本框： $(':button, :text').css('color', 'green'); 可以使用这些过滤器来实现一些特殊的效果。例如，要想编写一些功能来选中表单中的所有复选框，可以使用下面的代码： $(':checkbox').attr('checked', true);
:reset :button :hidden :file	要想取消选中全部复选框，可以传递 false 作为 attr 方法的第二个参数

【例 10-6】使用 jQuery 过滤器。

(1) 在 WebSite10 站点中创建 HTML 页面 10-6.html。

(2) 在<body>中添加如下代码：

```
<div>
    <h2>表单 <span style="font-style: italic; font-weight: bold;">示例</span></h2>
        用户名： <input id="Text1" type="text" /><br />
<br />个人爱好：
<input id="Checkbox1" type="checkbox" />读书
<input id="Checkbox2" type="checkbox" />音乐
<input id="Checkbox3" type="checkbox" />跳舞
<input id="Checkbox4" type="checkbox" />心算<br /><br />
                   
<input id="Checkbox5" type="checkbox" />电影
<input id="Checkbox6" type="checkbox" />游戏
<input id="Checkbox7" type="checkbox" />逛街
<input id="Checkbox8" type="checkbox" />理财
 <br />
<input id="Button2" type="button" value="全部选中" />
<input id="Button3" type="button" value="全部取消选中" />
<h1 title="First Header">学生信息</h1>
<table id="Table1">
   <tr><th>姓名</th><th>学号</th><th>性别</th></tr>
    <tr><td>韩旭</td><td>201482166054</td><td>男</td></tr>
    <tr><td>李贺</td><td>201472059033</td><td>男</td></tr>
     <tr><td>孙乾坤</td><td>2014187982212</td><td>男</td></tr>
      <tr><td>张龙</td><td>201450422312</td><td>男</td></tr>
       <tr><td>张雅歌</td><td>201450422312</td><td>女</td></tr>
</table>
</div>
```

(3) 添加 jQuery 效果代码：

```
<script type="text/javascript">
        $(function () {
            $('#Table1').attr('border', '1');
            $('#Table1').attr('cellpadding', '2');
            $('#Table1').attr('cellspacing', '2');
            $('#Table1 tr:first').css('background-color', 'red');
            $('#Table1 tr:odd').css('background-color', 'green');
            $(':button, :text').css('color', '#ee0033');
            $(':header').css('color', '#800080');
            $(':header:has("span")').css('border-style', 'dashed');
            $('#Button2').click(function () {
                $(':checkbox').attr('checked', true);
            });
            $('#Button3').click(function () {
                $(':checkbox').attr('checked', false);
            });
        });
    </script>
```

(4) 编译并运行程序，在默认浏览器中打开 10-6.html 页面，效果如图 10-8 和图 10-9 所示。

图 10-8　初始页面效果

图 10-9　选中全部复选框后的效果

10.2.4　jQuery 事件

jQuery 可以很方便地使用 Event 对象对触发的元素的事件进行处理，jQuery 支持的事件包括键盘事件、鼠标事件、表单事件、文档加载事件和浏览器事件等。

事件方法会触发匹配元素的事件，或将函数绑定到所有匹配元素的某个事件。

触发实例如下：

```
$("button#demo").click()
```

上面的例子将触发 id="demo"的按钮元素的单击事件。

绑定实例如下：

```
$("button#demo").click(function(){$("img").hide()})
```

Event 对象的属性如表 10-7 所示。

表 10-7 Event 对象的属性

属　　性	说　　明
event.pageX	相对于文档左边缘的鼠标位置
event.pageY	相对于文档上边缘的鼠标位置
event.result	包含由被指定事件触发的事件处理程序返回的最后一个值
event.target	触发事件的 DOM 元素
event.timeStamp	返回从 1970 年 1 月 1 日到事件发生时的毫秒数
event.type	描述事件的类型
event.which	指示按了哪个键或按钮

【例 10-7】使用 Event 对象的属性。

(1) 在 WebSite10 站点中创建 HTML 页面 10-7.html。

(2) 在<body>中添加如下代码：

```
<div id="log"></div>
```

(3) 添加 jQuery 效果代码：

```
<script>$(document).mousemove(function (e) {
    $("#log").text("e.timeStamp:" + e.timeStamp + "\n"+" e.pageX: " + e.pageX + ", e.pageY: " + e.pageY);
}); </script>
```

(4) 编译并运行程序，在默认浏览器中打开 10-7.html 页面，当移动鼠标时，时间和坐标将一直变动，如图 10-10 和图 10-11 所示。

图 10-10 初始运行效果

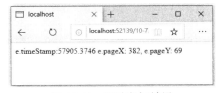

图 10-11 移动鼠标效果

Event 对象的方法如表 10-8 所示。

表 10-8 Event 对象的方法

方　　法	说　　明
bind()	向匹配元素附加一个或多个事件处理程序
blur()	触发或将函数绑定到指定元素的 blur 事件
change()	触发或将函数绑定到指定元素的 change 事件
click()	触发或将函数绑定到指定元素的 click 事件
dblclick()	触发或将函数绑定到指定元素的 double click 事件

(续表)

方法	说明
delegate()	向匹配元素的当前或未来的子元素附加一个或多个事件处理程序
die()	移除所有通过 live() 函数添加的事件处理程序
error()	触发或将函数绑定到指定元素的 error 事件
event.isDefaultPrevented()	返回在 event 对象上是否调用了 event.preventDefault()
event.preventDefault()	阻止事件的默认动作
focus()	触发或将函数绑定到指定元素的 focus 事件
keydown()	触发或将函数绑定到指定元素的 key down 事件
keypress()	触发或将函数绑定到指定元素的 key press 事件
keyup()	触发或将函数绑定到指定元素的 key up 事件
live()	为当前或未来的匹配元素添加一个或多个事件处理程序
load()	触发或将函数绑定到指定元素的 load 事件
mousedown()	触发或将函数绑定到指定元素的 mouse down 事件
mouseenter()	触发或将函数绑定到指定元素的 mouse enter 事件
mouseleave()	触发或将函数绑定到指定元素的 mouse leave 事件
mousemove()	触发或将函数绑定到指定元素的 mouse move 事件
mouseout()	触发或将函数绑定到指定元素的 mouse out 事件
mouseover()	触发或将函数绑定到指定元素的 mouse over 事件
mouseup()	触发或将函数绑定到指定元素的 mouse up 事件
one()	向匹配元素添加事件处理程序,每个元素只能触发一次事件处理程序
ready()	文档就绪事件(当 HTML 文档就绪可用时)
resize()	触发或将函数绑定到指定元素的 resize 事件
scroll()	触发或将函数绑定到指定元素的 scroll 事件
select()	触发或将函数绑定到指定元素的 select 事件
submit()	触发或将函数绑定到指定元素的 submit 事件
toggle()	绑定两个或多个事件处理程序,当发生轮流的 click 事件时执行
trigger()	所有匹配元素的指定事件
triggerHandler()	第一个被匹配元素的指定事件
unbind()	从匹配元素移除一个被添加的事件处理程序
undelegate()	从匹配元素移除一个被添加的事件处理程序,现在或将来
unload()	触发或将函数绑定到指定元素的 unload 事件

【例 10-8】使用 Event 对象的方法。

(1) 在 WebSite10 站点中创建 HTML 页面 10-8.html。

(2) 在<body>中添加如下代码:

```
<div style="width:200px;height:100px;overflow:scroll;">
    <pre>
    请试着滚动 DIV 中的文本
    请试着滚动 DIV 中的文本
    请试着滚动 DIV 中的文本
```

```
    请试着滚动 DIV 中的文本
    请试着滚动 DIV 中的文本
    请试着滚动 DIV 中的文本</pre></div>
<p>滚动了<span>0</span>次。</p>
<button>触发窗口的 scroll 事件</button>
```

(3) 添加 jQuery 效果代码：

```
<script>
    x = 0;
    $(document).ready(function () {
        $("div").scroll(function () {
            $("span").text(x += 1);
        });
        $("button").click(function () {
            $("div").scroll();
        });
    });
</script>
```

(4) 编译并运行程序，在默认浏览器中打开 10-8.html 页面，效果如图 10-12 和图 10-13 所示。当滚动文本域中的内容时，滚动次数会被记录，单击按钮也会改变滚动次数。

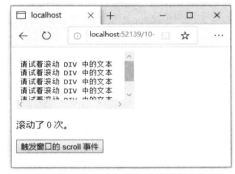

图 10-12　初始运行效果

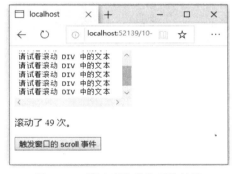

图 10-13　滚动事件发生后的效果

10.3　jQuery 动画

在 jQuery 中，使用动画能让网站看起来更具活力，再加上交互功能，网站就会变得非常友好。这里介绍 jQuery 中的一些常用的动画效果方法，如表 10-9 所示。

表 10-9　常用的动画效果方法

方法	用途
show() hide()	通过递减 height、width 和 opacity(使它们变为透明)来隐藏或显示匹配的元素。这两个方法都允许定义固定的速度(慢、中、快)或动画持续时间(单位为毫秒的数字)。示例如下： $('h1').hide(1000); $('h1').show(1000);

(续表)

方　　法	用　　途
toggle()	toggle()方法在内部使用show()和hide()方法来改变匹配元素的显示方式。可见元素将被隐藏,不可见元素将会显示。示例如下: $('h1').toggle(2000);
slideDown() slideUp(() slideToggle()	类似于hide()和show(),这些方法将隐藏或显示匹配的元素。但是,这是通过将元素的height从当前尺寸调整为0,或者从0调整为初始尺寸来实现的。slideToggle()方法会展开隐藏的元素,卷起可见的元素,从而使用一个动作重复地显示和隐藏元素。示例如下: $('h1').slideUp(1000).slideDown(1000); $('h1').slideToggle(1000);
fadeIn() fadeOut() fadeTo()	这些方法通过修改匹配元素的不透明度来显示或隐藏它们。fadeOut()将不透明度设置为0,使元素完全透明,然后将CSS display 属性设置为none,从而完全隐藏元素。fadeTo()允许指定不透明度(0 到 1 之间的数字),以便决定元素的透明程度。这三个方法都允许定义固定的速度(慢、中、快)或动画持续时间(单位为毫秒的数字)。示例如下: $('h1').fadeOut(1000); $('h1').fadeIn(1000); $('h1').fadeTo(1000, 0.5);
animate()	在内部,animate()用于许多动画方法,例如 show()和 hide()。但是,也可以在外部使用,从而更灵活地以动画方式显示匹配元素,例如下面这个示例: $('h1').animate({ 　　opacity: 0.4, 　　marginLeft: '50px', 　　fontSize: '50px' }, 1500); 这段代码将 h1 元素的字体大小设置为 50 像素,将不透明度设置为0.4 以使元素半透明,并将左页边距设置为 50 像素,从而在 1.5 秒的时间内平滑地进行动画显示。animate()方法的第一个参数是一个对象,它保存一个或多个想要动画显示的属性,属性之间以逗号分隔。注意,需要使用 JavaScript 的 marginLeft 和 fontSize 属性,而不是 CSS 的 margin-left 和 font-size 属性。只能动画显示接收数值的属性。也就是说,可以使用 margin、fontSize、opacity 等属性,但是不能使用 color 或 fontFamily 这样的属性
stop()	停止在指定元素上正在运行的所有动画,如果队列中有等待执行的动画(并且第一个参数不是 true),就马上执行
delay()	设置延时来推迟执行队列中的函数,用于将队列中的函数延时执行。delay()方法既可以推迟动画队列的执行,也可以用于自定义队列。例如,下面的代码将在.slideUp()和.fadeIn()之间延时 1 秒: $('h1').slideUp(1000).delay(1000).fadeIn(1000);

以下将举几个例子,当然,运行结果的截图并不能体现动画的过程,要想直观了解动画效果,还要实际运行。

【例 10-9】使用 animate()动画效果方法。

(1) 在 WebSite10 站点中创建 HTML 页面 10-9.html。

(2) 在<body>中添加如下代码:

```
<button>开始动画</button>
<p>单击按钮,正方形将首先向下向左变大,然后变小恢复大小</p>
<div style="background:#98bf21;height:100px;width:100px;position:absolute;">
```

(3) 添加 jQuery 效果代码:

```
<script>
        $(document).ready(function () {
            $("button").click(function () {
                var div = $("div");
                div.animate({ height: '300px', opacity: '0.4' }, "slow");
                div.animate({ width: '300px', opacity: '0.8' }, "slow");
                div.animate({ height: '100px', opacity: '0.4' }, "slow");
                div.animate({ width: '100px', opacity: '0.8' }, "slow");
            });
        });
</script>
```

(4) 编译并运行程序,在默认浏览器中打开 10-9.html 页面,单击【开始动画】按钮,正方形将首先向下向左变大,然后变小恢复大小,如图 10-14 和图 10-15 所示。

图 10-14　初始运行效果

图 10-15　动画过程中的截图

【例 10-10】使用 hide()和 show()动画效果方法。

(1) 在 WebSite10 站点中创建 HTML 页面 10-10.html。

(2) 在<body>中添加如下代码:

```
<button id="button1" type="button">隐藏</button>  <button id="button2" type="button">显示</button>
    <p>这是一个段落。</p>
    <p>这是另一个段落。</p>
```

(3) 添加 jQuery 效果代码:

```
<script type="text/javascript">
```

```
            $(document).ready(function () {
                $("#button1").click(function () {
                    $("p").hide(1000);
                });
                $("#button2").click(function () {
                    $("p").show(1000);
                });
            });
</script>
```

(4) 编译并运行程序,在默认浏览器中打开 10-10.html 页面。单击【隐藏】按钮,两行文字将慢慢向上收回隐藏;单击【显示】按钮,文字将慢慢向下展开,如图 10-16 和图 10-17 所示。

图 10-16　初始运行效果

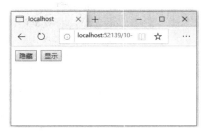

图 10-17　动画过程中的截图

【例 10-11】使用 slideToggle()动画效果方法。

(1) 在 WebSite10 站点中创建 HTML 页面 10-11.html。

(2) 在<body>中添加如下代码:

```
<p class="flip" style="background-color:red">请点击这里</p>
<div class="panel">
<p>展开内容 1</p>
</div>
    <p class="flip1" style="background-color:red">请点击这里</p>
    <div class="panel1">
<p>展开内容 2</p>
</div>
```

(3) 添加 CSS 效果代码:

```
<style type="text/css">
div.panel,p.flip,div.panel1,p.flip1
{
    margin:0px;
    padding:5px;
    text-align:center;
    background:#e5eecc;
    border:solid 1px #c3c3c3;
    width:150px;
}
```

```
div.panel,div.panel1
{
    height:40px;
    display:none;
}
</style>
```

(4) 添加 jQuery 效果代码：

```
<script type="text/javascript">
        $(document).ready(function () {
            $(".flip").click(function () {
                $(".panel").slideToggle("slow");
            });
            $(".flip1").click(function () {
                $(".panel1").slideToggle("slow");
            });
        });
</script>
```

(5) 编译并运行程序，在默认浏览器中打开 10-11.html 页面，单击"请点击这里"，将慢慢展开内容，再次单击会收回内容，如图 10-18 和图 10-19 所示。

图 10-18　初始运行效果

图 10-19　单击后的结果

10.4　jQuery 和有效性验证

jQuery 1.2.6 及其以上版本包含有效性验证功能。要使用 jQuery 的验证功能，需要先将 jQuery 库和相关的验证方法库引用到应用中，引用格式如下：

```
<script src="../js/jquery.js" type="text/javascript"></script>
<script src="../js/jquery.validate.js" type="text/javascript"></script>
```

jQuery 提供了 17 种默认的校验规则，这些规则如下：

(1) required:true，必填字段。
(2) remote:"check.php"，使用 Ajax 方法调用 check.php 以验证输入值。
(3) email:true，必须输入正确格式的电子邮件。
(4) url:true，必须输入正确格式的网址。

(5) date:true，必须输入正确格式的日期。

(6) dateISO:true，必须输入正确格式的日期(ISO)，比如 2009-06-23、1998/01/22。只验证格式，不验证有效性。

(7) number:true，必须输入合法的数字(负数或小数)。

(8) digits:true，必须输入整数。

(9) creditcard，必须输入合法的信用卡号。

(10) equalTo:"#field"，输入值必须和#field 相同。

(11) accept，输入拥有合法后缀名的字符串(上传文件的后缀)。

(12) maxlength:5，输入长度最大为 5 个字符的字符串(汉字算一个字符)。

(13) minlength:10，输入长度最小为 10 个字符的字符串(汉字算一个字符)。

(14) rangelength:[5,10]，输入长度必须介于 5 个字符和 10 个字符之间的字符串(汉字算一个字符)。

(15) range:[5,10]，输入值必须介于 5 和 10 之间。

(16) max:5，输入值不能大于 5。

(17) min:10，输入值不能小于 10。

针对以上验证，jQuery 提供了默认的提示信息。

```
messages: {
    required: "This field is required.",
    remote: "Please fix this field.",
    email: "Please enter a valid email address.",
    url: "Please enter a valid URL.",
    date: "Please enter a valid date.",
    dateISO: "Please enter a valid date (ISO).",
    number: "Please enter a valid number.",
    digits: "Please enter only digits",
    creditcard: "Please enter a valid credit card number.",
    equalTo: "Please enter the same value again.",
    accept: "Please enter a value with a valid extension.",
    maxlength: $.validator.format("Please enter no more than {0} characters."),
    minlength: $.validator.format("Please enter at least {0} characters."),
    rangelength: $.validator.format("Please enter a value between {0} and {1} characters long."),
    range: $.validator.format("Please enter a value between {0} and {1}."),
    max: $.validator.format("Please enter a value less than or equal to {0}."),
    min: $.validator.format("Please enter a value greater than or equal to {0}.")
},
```

如果需要修改这些提示信息，可以在 jQuery 代码中加入以下代码：

```
jQuery.extend(jQuery.validator.messages, {
    required: "必选字段",
    remote: "请修正字段",
    email: "请输入正确格式的电子邮件",
    url: "请输入合法的网址",
    date: "请输入合法的日期",
```

```
    dateISO: "请输入合法的日期(ISO)",
    number: "请输入合法的数字",
    digits: "只能输入整数",
    creditcard: "请输入合法的信用卡号",
    equalTo: "请再次输入相同的值",
    accept: "请输入拥有合法后缀名的字符串",
    maxlength: jQuery.validator.format("请输入一个长度最大是{0}个字符的字符串"),
    minlength: jQuery.validator.format("请输入一个长度最小是{0}个字符的字符串"),
    rangelength: jQuery.validator.format("请输入一个长度介于{0}个字符和{1}个字符之间的字符串"),
    range: jQuery.validator.format("请输入一个介于{0}和{1}之间的值"),
    max: jQuery.validator.format("请输入一个最大为{0}的值"),
    min: jQuery.validator.format("请输入一个最小为{0}的值")
});
```

建议将上述代码放入单独的.js 文件中,比如放入 messages_cn.js 中,然后在页面中引入,引入代码如下:

```
<mce:script src="../js/messages_cn.js" mce_src="js/messages_cn.js" type="text/javascript"></mce:script>
```

在使用 jQuery 的验证功能时,有两种使用方式。

1. 将校验规则写到控件中

示例代码如下:

```
<mce:script src="../js/jquery.js" mce_src="js/jquery.js" type="text/javascript"></mce:script>
<mce:script src="../js/jquery.validate.js" mce_src="js/jquery.validate.js" type="text/javascript"></mce:script>
<mce:script src="../js/jquery.metadata.js" mce_src="js/jquery.metadata.js" type="text/javascript"></mce:script>
$().ready(function() {
 $("#signupForm").validate();
});

<form id="signupForm" method="get" action="">
    <p>
        <label for="firstname">Firstname</label>
        <input id="firstname" name="firstname" class="required" />
    </p>
<p>
  <label for="email">E-Mail</label>
  <input id="email" name="email" class="required email" />
</p>
<p>
  <label for="password">Password</label>
  <input id="password" name="password" type="password" class="{required:true,minlength:5}" />
</p>
<p>
  <label for="confirm_password">确认密码</label>
  <input id="confirm_password" name="confirm_password" type="password"
        class="{required:true,minlength:5,equalTo:'#password'}" />
```

```html
        </p>
        <p>
            <input class="submit" type="submit" value="Submit"/>
        </p>
</form>
```

要想使用 class="{}"的方式，必须引入包 jquery.metadata.js。可以使用如下方法修改提示内容：

```
class="{required:true,minlength:5,messages:{required:'请输入内容'}}"
```

在使用 equalTo 关键字时，后面的内容必须加上引号，如下所示：

```
class="{required:true,minlength:5,equalTo:'#password'}"
```

另外一种方式是使用关键字 meta，代码如下：

```
meta: "validate"
<input id="password" name="password" type="password" class="{validate:{required:true,minlength:5}}" />
```

还有一种方式，代码如下：

```
$.metadata.setType("attr", "validate");
```

这样虽然可以使用 validate="{required:true}"或 class="required"的方式，但 class="{required:true,minlength:5}"将不起作用。

2. 将校验规则写到代码中

示例代码如下：

```javascript
$().ready(function() {
 $("#signupForm").validate({
        rules: {
   firstname: "required",
   email: {
     required: true,
     email: true
   },
   password: {
     required: true,
     minlength: 5
   },
   confirm_password: {
     required: true,
     minlength: 5,
     equalTo: "#password"
   }
  },
  messages: {
   firstname: "请输入姓名",
   email: {
```

```
                required: "请输入 email 地址",
                email: "请输入正确的 email 地址"
            },
            password: {
                required: "请输入密码",
                minlength: jQuery.format("密码不能少于{0}个字符")
            },
            confirm_password: {
                required: "请输入确认密码",
                minlength: "确认密码不能少于 5 个字符",
                equalTo: "两次输入密码不一致"
            }
        }
    });
});
//在 messages 处，如果某个控件没有提供信息，将调用默认的信息

<form id="signupForm" method="get" action="">
    <p>
        <label for="firstname">Firstname</label>
        <input id="firstname" name="firstname" />
    </p>
 <p>
  <label for="email">E-Mail</label>
  <input id="email" name="email" />
 </p>
 <p>
  <label for="password">Password</label>
  <input id="password" name="password" type="password" />
 </p>
 <p>
  <label for="confirm_password">确认密码</label>
  <input id="confirm_password" name="confirm_password" type="password" />
 </p>
    <p>
        <input class="submit" type="submit" value="Submit"/>
    </p>
</form>
```

通过这种方式使用 jQuery 验证功能时，需要注意以下几点：
- required:true 必须有值。
- required:"#aa:checked"表达式的值如果为 true，则需要验证。
- required:function(){}如果返回 true，则需要验证。

10.5 本章小结

本章介绍了 jQuery，这是一种非常流行的开源客户端 JavaScript 框架，可以用来与文档对象模型进行交互。

本章首先介绍了 jQuery 的下载地址以及将 jQuery 添加到 Web 站点中的方法。然后提供了一个 jQuery 示例，之后介绍了可以用来在页面中找到相关元素的 jQuery 选择器和过滤器，以及如何通过事件，在发生某些动作(例如单击按钮或提交表单)时触发代码。

在本章即将结束时，我们介绍了如何使用 jQuery 中的众多动画方法，使页面外观更具吸引力，并且交互性更好，以及如何在 ASP.NET 验证框架中使用 jQuery。

10.6 练习

1. 列举 jQuery 的层次选择器。
2. 常用的内容过滤器有哪些？
3. 简述 ready 和 load 事件的不同。
4. 列举 jQuery 的用于实现滑动效果的方法。
5. 列举 jQuery 的用于实现淡入淡出效果的方法。
6. 编写页面 exc.html，给指定表格加上高亮显示鼠标指针所在行的 jQuery 插件，如图 10-20 和图 10-21 所示。

图 10-20　初始运行效果

图 10-21　高亮显示鼠标指针所在行

第 11 章

ASP.NET AJAX

Ajax 能够提升用户体验，更加方便地与 Web 应用程序进行交互。在传统的 Web 开发中，对页面进行操作往往需要进行回发，从而导致页面刷新，而使用 Ajax 技术无须产生回发，从而实现无刷新效果。

本章的学习目标：
- 理解什么是 Ajax；
- 理解 Ajax 与传统 Web 技术的区别；
- 理解 Ajax 使用的技术；
- 掌握 ASP.NET AJAX 控件的使用方法。

11.1 Ajax 简介

Ajax 是 Asynchronous JavaScript+XML(异步 JavaScript 和 XML)的简写形式，是一种新的、综合了异步通信、JavaScript 以及 XML 等多种网络技术的编程方式。如果从用户看到的实际效果看，也可以形象地称为无页面刷新。这一技术已经出现多年，但直到 2005 年才引起人们的注意。Ajax 背后的思想虽然比较简单，但却实现了以不同的方式观察和构建 Web 交互。对于使用某种 Web 交互的人来说，这种方式丰富了他们的 Web 体验。

在传统的 Web 交互中，客户端向服务器发送消息的方式要么是通过单击超链接，要么是将表单提交给服务器。单击超链接或提交表单之后，客户端必须等待，直到服务器用新文档做出响应，然后用新文档取代整个浏览器的显示页面。对于复杂的文档，要从服务器传送到客户端，需要花费大量时间，而浏览器显示它们则需要花费更多的时间。

网景和微软公司在它们的浏览器中引入了 iframe 元素，从而使采用 Ajax 方式成为可能。Web 程序员发现，只要简单地将 iframe 元素的宽度和高度设置为 0，就可以使 iframe 元素不可见，iframe 元素可用来向服务器发送异步请求。虽然可以这么做，但是这种方法很不理想。微软对与 XmlDocument 和 XMLHttpRequest 对象绑定在一起的 DOM 和 JavaScript 做了两个非标准扩展，它们最初在 IE5 中是作为 ActiveX 组件存在的。它们支持到服务器的异步请求，因而允许在后台从服务器读取数据。现在它们已经得到大多数浏览器的支持。

Ajax Web 应用程序与传统的 Web 应用程序相比发生了两点变化：首先，从浏览器到服务器的通信是异步的，也就是说，浏览器不需要等待服务器响应，当服务器查找并传送请求文档以及浏览器呈现新文档时，用户可以继续正在做的事情；其次，服务器提供的文档通常只是被显示文档的一小部分，因此，传送和呈现所花的时间都比较少。这两点变化使得浏览器和服务器之间的交互速度快了许多。

  Ajax 的目的，是使基于 Web 的应用程序在交互速度上得到提高，进而在用户体验方面更接近于客户端的桌面应用程序。

  Ajax 的优势比较明显。首先，支持 Ajax 的技术已经驻留在几乎所有的 Web 浏览器和服务器中。其次，使用 Ajax 不需要学习新的工具或语言，只需要以一种新的思维方式观察 Web 交互即可。Ajax 使用 JavaScript 作为主要编程语言，Ajax 中的 x 表示 XML，这是因为在大多数情况下，服务器是以 XML 文档的形式来提供数据的，以此提供要放置在显示文档中的数据。Ajax 中使用的其他技术还有 DOM 和 CSS。因此，不需要学习新技术就可以使用 Ajax。

  虽然在 2005 年之前也有一些开发人员在使用 Ajax，但他们对这一新技术并没有多大的热情。有两件事情促使开发人员在 2005 年和 2006 年迅速转向 Ajax。首先，很多用户开始体验由 Google 和 Gmail 提供的快速浏览器/服务器交互，它们是一些使用 Ajax 的早期 Web 应用程序。例如，Google Maps 可以使用发往服务器的异步请求来快速替换被显示地图的一小部分，使人们体验到这种 Web 应用程序的强大交互功能。其次，Jesse James Garrett 在 2005 年早期将这一技术命名为 Ajax，使人们对使用这一新技术的兴趣大大提高。

11.1.1 Ajax 与传统 Web 技术的区别

  与传统的 Web 技术不同，Ajax 采用的是异步交互处理技术。Ajax 的异步处理可以将用户提交的数据在后台进行处理，这样，数据在更改时就可以不用重新加载整个页面而只是刷新页面的局部。

  传统的 Web 工作模式的流程是这样的：当客户端(浏览器)向服务器发出浏览网页的 HTTP 请求后，服务器接收 HTTP 请求，查找要浏览的动态网页文件；然后执行动态网页中的程序代码，并将动态网页转换为标准的静态网页；最后，将生成的 HTML 页面返回给客户端。在这种模式下，当服务器处理数据时，用户一直处于等待状态。

  为了解决这一问题，可以在客户端和服务器之间设计一个中间层——Ajax 层，Ajax 改变了传统的 Web 交互中客户端和服务器的"请求-等待-请求-等待"模式，通过使用 Ajax，应用向服务器发送和接收需要的数据，从而不会产生页面的刷新。

  Ajax 的工作原理如下：

(1) 客户端(浏览器)在运行时首先加载 Ajax 引擎(Ajax 引擎由 JavaScript 编写)。
(2) Ajax 引擎创建一个异步调用的对象，向 Web 服务器发出 HTTP 请求。
(3) 服务器处理 HTTP 请求，并将处理结果以 XML 的形式返回。
(4) Ajax 引擎接收返回的结果，并通过 JavaScript 语句显示在浏览器上。

  传统的 Web 应用模型和 Ajax Web 应用模型如图 11-1 所示。

  Ajax Web 应用无须安装任何插件，也无须在 Web 服务器中安装应用程序。随着 Ajax 的发展和浏览器的发展，几乎所有的浏览器都支持 Ajax。

第 11 章 ASP.NET AJAX

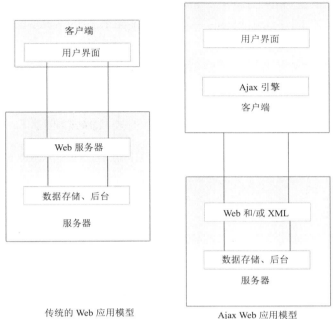

图 11-1 传统的 Web 应用模型和 Ajax Web 应用模型

11.1.2 Ajax 的优点

归纳起来，Ajax 风格的 Web 应用程序具有以下优点：

(1) 减轻了服务器负担。因为 Ajax 的根本理念是"按需获取数据"，所以最大限度减少了冗余请求和响应对服务器造成的负担。

(2) 不对整个页面进行刷新。首先，"按需获取数据"的模式减少了数据的实际读取量；其次，即使要读取比较大的数据，也不会让用户看到"白屏"现象。由于 Ajax 是用 XMLHttpRequest 发送请求得到服务器的应答数据，在不重新载入整个页面的情况下用 JavaScript 操作 DOM 实现局部更新的，因此在读取数据的过程中，用户面对的不是白屏，而是原来的页面状态(或是正在更新的信息提示状态)，只有当接收到全部数据后才更新相应部分的内容，而这种更新也是瞬间的，用户几乎感觉不到。

(3) 把以前一些由服务器承担的工作转移到客户端处理，这样可以充分利用客户端闲置的处理能力，从而减轻服务器和带宽的负担。

(4) 基于标准化的并被广泛支持的技术，不需要插件，也不需要下载小程序。

(5) 使界面与应用分离，也可以说使数据与呈现分离。

11.1.3 Ajax 使用的技术

Ajax 技术看似非常复杂，其实并不是新技术，Ajax 只是一些老技术的混合体，主要包括如下技术：

(1) 使用 XHTML+CSS 表示信息。

(2) 使用 JavaScript 操作 DOM。

(3) 使用 XML 和 XSLT(Extensible Stylesheet Language Transformations)进行数据交换及相关操作。

(4) 使用 XmlHttpRequest 对象与 Web 服务器进行异步数据交互。

(5) 使用 JavaScript 将各部分内容绑定在一起。

在 Ajax 中,最重要的就是 XMLHttpRequest 对象,XMLHttpRequest 对象是 JavaScript 对象。正是 XMLHttpRequest 对象,在服务器和浏览器之间通过 JavaScript 创建了一个中间层,从而实现了异步通信,如图 11-2 所示。

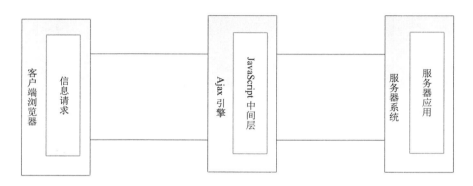

图 11-2 XMLHttpRequest 对象的实现过程

Ajax 通过使用 XMLHttpRequest 对象实现异步通信。使用 Ajax 技术后,当用户提交表单时,数据并不是直接从客户端发送到服务器,而是通过客户端发送到一个中间层,这个中间层被称为 Ajax 引擎。

开发人员无须知道 Ajax 引擎是如何将数据发送到服务器的。当 Ajax 引擎将数据发送到服务器时,服务器同样也不会直接将数据返回给客户端浏览器,而是通过 JavaScript 中间层将数据返回给客户端浏览器。XMLHttpRequest 对象使用 JavaScript 代码可以自行与服务器进行交互。

11.1.4 ASP.NET AJAX

直到 2007 年 1 月,微软公司才真正推出了具有 Ajax 风格的异步编程模型,这就是 ASP.NET AJAX。同时为了与其他 Ajax 技术区分,微软公司用大写的 AJAX 来标记。

ASP.NET AJAX 可以提供 ASP.NET 无法提供的几个功能,或者弥补 ASP.NET 做得不够好的以下几个方面:

- 改善用户的操作体验,不会动不动就因为回发整页重新加载而造成闪动。
- 部分网页更新,不需要整页更新。
- 异步取回服务器数据,用户不会因受限制而处于等待状态。
- ASP.NET AJAX 的 JavaScript 是跨浏览器的,并非只有 IE 浏览器才支持。
- ASP.NET AJAX提供JavaScript 脚本函数库,开发人员可以直接引用,或者根据声明自动产生脚本。

在 ASP.NET 4.5.1 中,AJAX 已经成为.NET 框架的原生功能。创建 ASP.NET 4.5.1 Web 应

用程序后就能够直接使用 AJAX 功能，如图 11-3 所示。

图 11-3　ASP.NET AJAX 控件

11.1.5　ASP.NET AJAX 简单示例

虽然 AJAX 背后的原理听上去非常复杂，但是 AJAX 的使用非常方便。ASP.NET 4.5.1 提供了 AJAX 控件，以便开发人员能够快速进行 AJAX 应用程序的开发。在进行 AJAX 开发时，首先需要使用脚本管理员(ScriptManager)控件，示例代码如下：

```
<asp:ScriptManager ID="ScriptManager1" runat="server">
</asp:ScriptManager>
```

开发人员无须对 ScriptManager 控件进行配置，只要保证 ScriptManager 控件在 UpdatePanel 控件之前即可。使用了 ScriptManager 控件之后，可以使用 UpdatePanel 控件来确定需要进行局部更新的控件。创建 ScriptManager.aspx 页面，示例代码如下：

```
<form id="form1" runat="server">
<asp:Label ID="Label2" runat="server" ></asp:Label>
<asp:ScriptManager ID="ScriptManager1" runat="server">
</asp:ScriptManager>
<asp:UpdatePanel ID="UpdatePanel1" runat="server">
        <ContentTemplate>
            <asp:TextBox ID="TextBox1" runat="server" AutoPostBack="True" ></asp:TextBox>
 <asp:Button ID="Button1" runat="server" Onclick="Button1_Click1" Text="Button" />
        </ContentTemplate>
</asp:UpdatePanel>
</form>
```

上述代码使用 UpdatePanel 控件对服务器控件进行绑定，当浏览者操作 UpdatePanel 控件中的控件以实现某种特定功能时，页面只会对 UpdatePanel 控件之间的控件进行刷新操作，而不会进行整个页面的刷新。为控件编写事件的操作代码如下：

```
protected void Page_Load(object sender, EventArgs e)
{
    Label2.Text = DateTime.Now.ToString();              //获取当前时间
}
protected void Button1_Click1(object sender, EventArgs e)
{
    TextBox1.Text = DateTime.Now.ToString();            //获取当前时间
}
```

当用户单击 Button 控件时，TextBox 控件将获得当前时间并呈现到 TextBox 控件中；当

TextBox 控件失去焦点时，则统计 TextBox 控件中字符的个数。在传统的 Web 开发中，无论是单击按钮还是使用 AutoPostBack 属性，都需要向服务器发送请求，服务器收到请求后，执行请求，请求执行完毕后生成新的 Web 页面呈现给客户端。

当 Web 页面再次呈现到客户端时，用户能够很明显地感觉到页面被刷新。而使用 UpdatePanel 控件后，页面只会针对 UpdatePanel 控件中的内容进行更新，而不会影响 UpdatePanel 控件外的控件，运行效果如图 11-4 和图 11-5 所示。

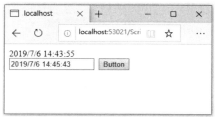
图 11-4　单击按钮获取时间

图 11-5　再次获取时间

当应用程序运行之后，单击 Button 控件将获取当前时间，再次单击 Button 控件之后，当前时间同样能够被获取并呈现在 TextBox 中，但是页面并没有再次被更新。在执行过程中，第一次获取的时间为 2019/7/6 14:45:43。当再次获取时间时，Label 控件显示的时间还是 2019/7/6 14:43:55，但 TextBox 中的时间变了，这说明除 UpdatePanel 控件外的页面元素没有再更新。

11.2　ASP.NET AJAX 控件

ASP.NET 4.5.1 提供了 AJAX 控件，以便开发人员能够在 ASP.NET 4.5.1 中进行 AJAX 应用程序的开发。通过使用 AJAX 控件能够减少大量代码的编写，为开发人员提供搭建 AJAX 应用程序的绝佳环境。

11.2.1　ScriptManger(脚本管理员)控件

ScriptManager 控件是 ASP.NET AJAX 功能的核心，该控件可以管理一个页面上的所有 ASP.NET AJAX 资源。ScriptManager 控件用于处理页面上的局部更新，同时生成相关的代理脚本，以便能够通过 JavaScript 访问 Web 服务。

ScriptManager 控件用来进行页面的全局管理。ScriptManager 只能在页面中使用一次，并且必须出现在所有 ASP.NET AJAX 控件之前。创建 ScriptManager 控件的代码如下：

```
<asp:ScriptManager  ID="ScriptManager1"  runat="server">
</asp:ScriptManager>
```

ScriptManager 控件的常用属性如下。

- AllowCustomErrorRedirect：获取或设置一个值，以确定异步回发出现错误时是否使用 web.config 文件的自定义错误部分。
- AsyncPostBackTimeout：指定异步回发的超时时间，默认为 90 秒。

- AsyncPostBackErrorMessage：获取或设置异步回发期间发生未处理的服务器异常时发送到客户端的错误消息。
- EnablePartialRendering：指定当前网页是否允许部分更新，默认值为 True。因此，默认情况下，当向页面添加 ScriptManager 控件时，将启用部分页更新。

在 AJAX 应用中，ScriptManager 控件基本上不需要配置就能使用，因为 ScriptManager 控件通常需要同其他 AJAX 控件搭配使用。在 AJAX 应用程序中，ScriptManager 控件相当于总指挥官，只进行指挥，而不进行实际的操作。

1. 使用 ScriptManager 控件

如果需要使用 ASP.NET AJAX 的其他控件，就必须先创建一个 ScriptManager 控件，并且页面中只能包含一个 ScriptManger 控件。

【例 11-1】创建一个 ScriptManager 控件和一个 UpdatePanel 控件用于 ASP.NET AJAX 应用开发。在 UpdatePanel 控件中，包含一个 Label 标签和一个 TextBox 文本框。当文本框的内容被更改时，就会触发 TextBox1_TextChanged 事件。具体代码如下：

```
<script language="c#" runat="server">
    protected void TextBox1_TextChanged(object sender, EventArgs e)
    {
        try
        {
            Label1.Font.Size = FontUnit.Point(Convert.ToInt32(TextBox1.Text));    //改变字体大小
        }
        catch
        {
            Response.Write("错误");                //抛出异常
        }
    }
</script>
<html>
<head>
<title>ScriptManager 使用示例</title>
</head>
  <body>
    <form id="form1" runat="server">
      <div>
        <asp:ScriptManager ID="ScriptManager1" runat="server">
        </asp:ScriptManager>
        <asp:UpdatePanel ID="UpdatePanel1" runat="server">
          <ContentTemplate>
            <asp:Label ID="Label1" runat="server" Text="这是一串字符"
                Font-Size="12px"></asp:Label><br /><br />
            <asp:TextBox ID="TextBox1" runat="server" AutoPostBack="True"
                Ontextchanged="TextBox1_TextChanged"></asp:TextBox>
            字符的大小(px)
```

```
                </ContentTemplate>
            </asp:UpdatePanel>
        </div>
    </form>
</body>
</html>
```

将上述代码保存为 Example.aspx，运行结果如图 11-6 和图 11-7 所示。

图 11-6　输入字符大小

图 11-7　调整字体大小后的效果

2. 捕获异常

当页面回传发生异常时，则会触发 AsyncPostBackError 事件，示例代码如下：

```
protected void ScriptManager1_AsyncPostBackError(object sender, AsyncPostBackErrorEventArgs e)
{
    ScriptManager1.AsyncPostBackErrorMessage = "回传发生异常：" + e.Exception.Message;
}
```

AsyncPostBackError事件的触发依赖于AllowCustomErrorsRedirect、AsyncPostBack ErrorMessage 属性和web.config中的<customErrors>配置节点。其中，AllowCustomErrorsRedirect属性指明在异步回发过程中是否进行自定义错误重定向，而AsyncPostBackErrorMessage属性则指明当服务器上发生未处理异常时要发送到客户端的错误消息。

11.2.2　Timer(时间)控件

在 C/S(客户端/服务器)应用程序开发中，Timer 控件是最常用的控件之一，通过它可以进行时间控制。Timer 控件被广泛应用在 WinForms 应用程序开发中。Timer 控件能够在一定的时间间隔内触发某个事件，例如每隔 5 秒就执行一次某个事件。

但是在 Web 应用开发中，由于 Web 应用是无状态的，开发人员很难通过编程的方法来实现 Timer 控件。虽然 Timer 控件可以通过 JavaScript 实现，但却是以复杂的编程为代价的，这就造成 Timer 控件的使用十分困难。而在 ASP.NET AJAX 中，Timer 控件用于按定义的时间间隔执行回发。如果将 Timer 控件用于 UpdatePanel 控件，则可以按定义的时间间隔启用部分页更新。

设置 Interval 属性可以指定回发的发生频率，设置 Enabled 属性可以打开或关闭 Timer 控件。Interval 属性是以毫秒为单位的，默认值为 60 000 毫秒(60 秒)。

Timer 控件会将一个 JavaScript 组件嵌入网页中。当经过 Interval 属性定义的时间间隔后，该 JavaScript 组件将从浏览器启动回发。

如果回发是由 Timer 控件启动的，那么 Timer 控件将在服务器上引发 Tick 事件。当页面发送到服务器时，可以创建 Tick 事件的事件处理程序来执行一些操作。

【例 11-2】创建页面 Example2.aspx，在页面上创建一个 UpdatePanel 控件，该控件用于控制页面的局部更新。在 UpdatePanel 控件中，包括一个 Label 控件和一个 Timer 控件。Label 控件用于显示时间，Timer 控件用于控制每 1000 毫秒执行一次 Timer1_Tick 事件。示例代码如下：

```
<script language="c#" runat="server">
protected void Page_Load(object sender, EventArgs e)        //页面打开时执行
  {
    Label1.Text = DateTime.Now.ToString();                  //获取当前时间
  }
    protected void Timer1_Tick(object sender, EventArgs e)  //Timer 控件计数
  {
Label1.Text = DateTime.Now.ToString();                      //遍历获取时间
  }
</script>
<html>
<body>
    <form id="form1" runat="server">
    <div>
        <asp:ScriptManager ID="ScriptManager1" runat="server">
        </asp:ScriptManager>
        <asp:UpdatePanel ID="UpdatePanel1" runat="server">
            <ContentTemplate>
                当前时间：<br /><asp:Label ID="Label1" runat="server" Text="Label"></asp:Label>
                <asp:Timer ID="Timer1" runat="server" Interval="1000" Ontick="Timer1_Tick">
                </asp:Timer>
            </ContentTemplate>
        </asp:UpdatePanel>
    </div>
    </form>
</body>
</html>
```

上述代码在页面被呈现时，将当前时间呈现到 Label 控件中。Timer 控件用于每隔一秒进行一次刷新，并将当前时间传递并呈现在 Label 控件中，这样就形成了可以自动计数的时间。如图 11-8 所示，每隔一秒会自动显示新的时间。

Timer 控件能够通过简单的方法让开发人员无须通过复杂的 JavaScript 编程就能实现时间控制。但是从另一方面讲，Timer 控件会占用大量的服务器资源，如果不停地进行客户端和服务器间的信息通信操作，很容易造成服务器负载过大。

图 11-8 初始运行页面

11.2.3 UpdatePanel(区域更新)控件

使用 UpdatePanel 控件可以生成功能丰富的、以客户端为中心的 Web 应用程序。通过使用

UpdatePanel 控件，可以刷新页面的选定部分，而不是使用回发刷新整个页面，这称为"部分页更新"。包含一个 ScriptManager 控件和一个或多个 UpdatePanel 控件的 ASP.NET 网页可以自动参与部分页更新，而无须自定义客户端脚本。

在 UpdatePanel 控件中，发出的回发都会自动以 AJAX 技术通过异步方式传送到 Web 服务器，待 Web 服务器将结果传回后再以"部分更新"的方式显示在网页中。因此，当用户浏览网页时，不会有画面闪动的不适感，取而代之的是感觉像在浏览器中立即产生了更新效果。不用将所有内容都放进 UpdatePanel，只需要将准备更新的内容放进 UpdatePanel 控件即可。

UpdatePanel 控件的属性主要有如下三个。

- RenderMode：获取或设置一个值，该值指示 UpdatePanel 控件的内容是否包含在<div>或<span>元素内。如果是 Inline，UpdatePanel 控件的内容将呈现在<span>元素内；如果是 Block，这些内容将呈现在<div>元素内。
- ChildrenAsTriggers：指明来自 UpdatePanel 控件的子控件的回发是否导致 UpdatePanel 控件的更新，默认值为 True。
- Triggers：获取已经为 UpdatePanel 控件定义的所有触发器的集合。可以通过使用 UpdatePanel 控件的<Triggers>元素以声明的方式定义触发器。集合中包含 AsyncPostBackTrigger 和 PostBackTrigger 对象。

UpdatePanel 控件包含 ContentTemplate 标记。在 ContentTemplate 标记中，开发人员可以放置任何 ASP.NET 控件，这些控件能够实现页面无刷新的更新操作。示例代码如下：

```
<asp:UpdatePanel ID="UpdatePanel1" runat="server">
    <ContentTemplate>
        <asp:TextBox ID="TextBox1" runat="server"></asp:TextBox>
        <asp:Button ID="Button1" runat="server" Text="Button" />
    </ContentTemplate>
</asp:UpdatePanel>
```

上述代码在 ContentTemplate 标记中加入了 TextBox1 和 Button1 控件，当这两个控件产生回发事件时，并不会对页面中的其他元素进行更新，只会对 UpdatePanel 控件中的内容进行更新，如图 11-9 所示。

UpdatePanel 控件还包含 Triggers 标记。Triggers 标记包括两个对象，分别为 AsyncPostBackTrigger 和 PostBackTrigger。AsyncPostBackTrigger 用于使控件成为 UpdatePanel 控件的触发器。AsyncPostBackTrigger 需要配置控件的 ID 和控件产生的事件名。示例代码如下：

```
<asp:UpdatePanel ID="UpdatePanel1" runat="server">
    <ContentTemplate>
        <asp:TextBox ID="TextBox1" runat="server"></asp:TextBox>
        <asp:Button ID="Button1" runat="server" Text="Button" />
    </ContentTemplate>
    <Triggers>
        <asp:AsyncPostBackTrigger ControlID="TextBox1" EventName="TextChanged" />
    </Triggers>
</asp:UpdatePanel>
```

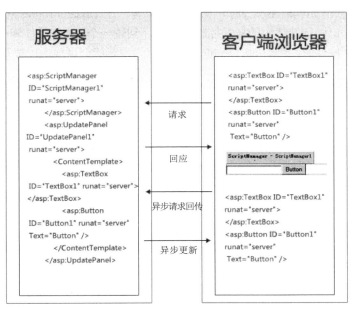

图 11-9　UpdatePanel 控件的异步请求示意图

PostBackTrigger用来指定UpdatePanel中的某个控件，并将产生的事件以传统的回发方式进行回发。使用 PostBackTrigger可以使UpdatePanel内部的控件导致回发，而不是执行异步回发。

注意：
如果同时将控件设置为 PostBackTrigger 和 AsyncPostBackTrigger，则会引发异常。

UpdatePanel 控件在 ASP.NET AJAX 中是非常重要的，用于进行局部更新。当 UpdatePanel 控件中的服务器控件产生事件并需要动态更新时，服务器只会更新 UpdatePanel 控件中的事件而不会影响其他的事件。

11.2.4　UpdateProgress(进度更新)控件

使用 ASP.NET AJAX 常常会让用户产生疑惑。例如，当用户进行评论或留言时，页面并没有刷新，而是进行局部刷新，这时用户很可能不清楚到底发生了什么，以至于用户可能会产生重复操作，甚至非法操作。

UpdateProgress 控件就用于解决这个问题，当服务器与客户端进行异步通信时，可以使用 UpdateProgress 控件告诉用户现在正在执行。例如，当用户进行评论时，单击按钮提交表单，系统应该提示"正在提交中，请稍后"，这就使得用户知道应用程序正在运行。这种方法不仅能能减少错误操作，也能够提升用户体验的友好度。UpdateProgress 控件的 HTML 代码如下：

```
<asp:UpdateProgress ID="UpdateProgress1" runat="server">
    <ProgressTemplate>
        正在操作中，请稍后……<br />
    </ProgressTemplate>
</asp:UpdateProgress>
```

【例 11-3】创建 Example3.aspx 页面，在页面上创建一个 UpdateProgress 控件，并通过使用 ProgressTemplate 标记进行等待中的样式控制。另外，创建一个 Label 控件和一个 Button 控件，当用户单击 Button 控件时，ProgressTemplate 标记中的内容就会呈现，以提示用户应用程序正在运行。代码如下：

```
<script language="c#" runat="server">
    protected void Button1_Click(object sender, EventArgs e)
    {
        System.Threading.Thread.Sleep(3000);                //挂起 3 秒
        Label1.Text = DateTime.Now.ToString();              //获取时间
    }
</script>
<html>
<head>
<body>
    <form id="form1" runat="server">
    <div>
    <asp:ScriptManager ID="ScriptManager1" runat="server">
    </asp:ScriptManager>
    <asp:UpdatePanel ID="UpdatePanel1" runat="server">
        <ContentTemplate>
        <asp:UpdateProgress ID="UpdateProgress1" runat="server">
            <ProgressTemplate>
                正在操作中，请稍后……<br />
            </ProgressTemplate>
        </asp:UpdateProgress>
            <asp:Label ID="Label1" runat="server" Text="Label"></asp:Label>
            <asp:Button ID="Button1" runat="server" Text="Button" Onclick="Button1_Click" />
        </ContentTemplate>
    </asp:UpdatePanel>
    </div>
    </form>
</body>
</html>
```

上述代码使用 System.Threading.Thread.Sleep 方法指定系统线程挂起的时间，这里设置为 3000 毫秒。也就是说，当用户进行操作后，在 3 秒的时间内会呈现"正在操作中，请稍后……"的字样，3000 毫秒过后，就会执行下面的方法，运行效果如图 11-10 和图 11-11 所示。

图 11-10　正在操作中

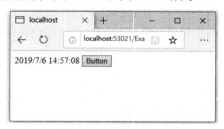

图 11-11　操作完毕后

在用户单击按钮提交后，如果服务器和客户端之间的通信需要较长时间的更新，则会提示"正在操作中，请稍后……"。如果服务器和客户端之间交互的时间很短，则基本上看不到 UpdateProgress 控件的显示。UpdateProgress 控件在大量的数据访问和数据操作中能够提高用户友好度，并避免错误的发生。

ASP.NET AJAX 包含的内容还有很多，在此无法一一介绍。ASP.NET AJAX 的服务器和客户端部分可能是最大的、使用最多的功能，其他的功能也都比较实用。例如，ASP.NET AJAX 控件工具箱是一个非常好的扩展控件工具包，带有日历扩展器以及能自动完成的文本框这样的功能，还包括 40 多个免费的扩展控件，而且一直都在增加，可以在网站 http://www.asp.net/ajax/AjaxControlToolkit/Samples 上查看和下载 ASP.NET AJAX 控件工具箱。

11.3 本章小结

本章介绍了 Ajax 的基础知识以及 ASP.NET AJAX 的一些控件和特性。在 Web 应用程序开发中，使用一定的 ASP.NET AJAX 技术能够提高应用程序的健壮性和用户体验的友好度。使用 ASP.NET AJAX 技术能够实现无刷新页面和异步数据处理，让页面中的其他元素不会随着客户端与服务器的通信再次刷新，这样不仅能够减少客户端与服务器之间的带宽，也能够提高 Web 应用的运行速度。

11.4 练习

1. Ajax 和 ASP.NET AJAX 有什么相同点和不同点？
2. ASP.NET AJAX 网页一定都要添加且放在最前面的控件是什么？
3. 要刷新页面的选定部分，而不是使用回发刷新整个页面，可以在网页上添加什么控件？
4. UpdateProgress 控件的作用是什么？
5. 新建名为 AJAX_Exercise 的网站。

(1) 添加一个网页，当单击 Button 控件时，局部更新 Image 控件中的图片，同时利用 UpdateProgress 控件提示更新信息。

(2) 建立母版页和内容页，要求在内容页中每隔 2 秒局部更新 Label 控件显示的当前时间。

(3) 添加一个网页，在两个 UpdatePanel 控件中分别放置一个显示时间的 Label 控件。当单击 UpdatePanel 控件外面的 Button 控件时，只刷新其中一个 UpdatePanel 控件。

(4) 页面的初始运行效果如图 11-12 所示，要求不刷新整个页面。当用户在【用户名】文本框中输入用户名，然后离开该文本框时，系统自动检测用户名是否为 abc，并在该文本框的右边显示刚才输入的用户名是否可用。如果用户名为 abc，提示"该用户名已经存在"，否则提示"该用户名可用"。 当用户单击【注册】按钮时，如果用户名已经存在或者用户名为空，则弹出一个对话框，提示信息为"用户名不合法！"。

图 11-12 页面的初始运行效果

第 12 章

在ASP.NET中使用XML

XML 被称为可扩展标记语言(eXtensible Markup Language),是一种保存数据的格式,数据可以通过这种格式很容易地在不同的应用程序之间实现共享。

XML是专为Web设计的,.NET也把XML作为在应用程序之间传递数据的一种主要方法。本章将简单介绍XML的基本概念,以及XML在ASP.NET中的使用。

本章的学习目标
- 了解 XML 的基本概念;
- 掌握如何利用 ADO.NET 访问 XML;
- 掌握如何利用 XML 类访问 XML;
- 了解 XmlDataSource 控件。

12.1 XML 概述

XML 是一种可以用来创建标记的标记语言,由万维网协会(W3C)创建,用来克服 HTML 的局限。和 HTML 一样, XML 也基于标准通用标记语言(Standard Generalized Markup Language,SGML)。

XML 虽然是一种类似于 HTML 的标记语言,但 XML 不是 HTML 的替代品, XML 和 HTML 是两种不同用途的语言,其中最主要的区别是: XML 专门用来描述文本的结构,而不是用来描述如何显示文本,HTML 则用来描述如何显示文本。

XML 不像 HTML 那样提供一组事先定义好的标记,而是提供一个标准。利用这个标准,可以根据需要定义新的标记。准确地说, XML 是元标记语言,允许开发人员根据规则,制定各种各样的标记语言。

XML 是用来存放数据的,换句话说,可以作为微型数据库,这是最常见的数据型应用之一。可以利用相关的 XML API 对 XML 进行存取和查询。

总之, XML 是一种抽象的语言,不如传统的程序语言那么具体。要想深入地认识 XML,应该从应用入手,选择一种需要的用途,再学习如何使用。

12.1.1 XML 的应用

作为新的互联网技术, XML的应用非常广泛,可以说, XML已经渗透到互联网的各个角落。

1. 数据交换

利用 XML 在应用程序之间进行数据交换已不是什么秘密了，毫无疑问应被列为第一位。那么，为什么 XML 在这个领域里的地位这么重要呢？原因就是 XML 使用元素和属性来描述数据。在数据传送过程中，XML 始终保留了父子关系这样的数据结构。几个应用程序可以共享和解析同一个 XML 文件，不必使用传统的字符串解析或拆解过程。

相反，普通文件不对每个数据段做描述，也不保留数据关系结构。使用 XML 做数据交换可以使应用程序更具有弹性，因为可以用位置(与普通文件一样)或元素(从数据库)存取 XML 数据。

2. Web 服务

Web 服务是最令人激动的革新之一，它让使用不同系统和不同编程语言的人们能够相互交流和分享数据。其基础在于 Web 服务器用 XML 在系统之间交换数据。交换数据通常用 XML 标记，能使协议取得规范一致，比如在简单对象处理协议(Simple Object Access Protocol，SOAP)上。

SOAP 可以在用不同编程语言构造的对象之间传递消息。这意味着一个 C#对象能够与一个 Java 对象进行通信。这种通信甚至可以发生在运行于不同操作系统中的对象之间。DCOM、CORBA 或 Java RMI 只能在紧密耦合的对象之间传递消息，SOAP 则可在松耦合的对象之间传递消息。

3. 内容管理

XML 只用元素和属性来描述数据，而不提供数据的显示方法。

使用 XSLT 这样的语言能够轻易地将 XML 文件转换成各种文件格式，如 HTML、WML、PDF、EDI 等。XML 具有的能够运行于不同系统之间以及转换成不同格式目标文件的能力，使得 XML 成为内容管理应用系统的优秀选择。

4. Web 集成

现在，越来越多的设备支持 XML，这使得 Web 厂商可以在个人电子助理和浏览器之间用 XML 传递数据。

为什么将 XML 文本直接送进这样的设备呢？这样做的目的是让用户更多地自己掌握数据显示方式，更能体验到实践的乐趣。传统的客户端/服务器(C/S)方式为了获得数据排序或更换显示格式，必须向服务器发出申请；而 XML 则可以直接处理数据，不必经过向服务器申请查询、返回结果这样的双向"旅程"，同时设备也不需要配制数据库，甚至还可以对设备上的 XML 文件进行修改并将结果返回给服务器。

5. 配置文件

许多应用都将配置数据存储在各种文件里，如.ini 文件。虽然这样的文件格式已经使用多年并一直很好用，但 XML 还是以更为优秀的方式为应用程序标记配置数据。使用.NET 里的类，如 XmlDocument 和 XmlTextReader，将配置数据标记为 XML 格式，能使其更具可读性，并能方便地集成到应用系统中。使用 XML 配置文件的应用程序能够方便地处理所需数据，不用像其他应用那样经过重新编译才能修改和维护应用系统。

12.1.2 XML 的基本结构

下面创建一个 XML 文档，用于保存学生信息。

【例 12-1】创建用于存放学生信息的 XML 文档。

(1) 新建名为 WebSite12 的网站，在【解决方案资源管理器】中，右击网站名，选择【添加】|【添加新项】命令，在弹出的对话框中选择【XML 文件】模板，更改名称为 studentinfo.xml，创建 XML 文档，如图 12-1 所示。

图 12-1 创建 XML 文档

(2) 在 studentinfo.xml 中输入如下内容：

```
<?xml version="1.0" standalone="yes" ?>
<!--下面存放的是学生信息-->
<students>
  <student>
    <No>11</No>
    <Name>张婧</Name>
    <Sex>女</Sex>
    <birthday>1992-8-12</birthday>
    <address telephone="022-82982222">天津</address>
  </student>
  <student>
    <No>12</No>
    <Name>陈东</Name>
    <Sex>男</Sex>
    <birthday>1993-3-19</birthday>
    <address telephone="020-63944000">广州</address>
  </student>
```

```
    <student>
        <No>13</No>
        <Name>李铭</Name>
        <Sex>男</Sex>
        <birthday>1992-7-10</birthday>
        <address telephone="0871-63944000">昆明</address>
        <?xml-stylesheet href="StyleSheet.css" type="text/css" ?>
    </student>
</students>
```

第一行是 XML 版本说明，作用是告诉浏览器或其他处理程序：这是 XML 文档。其中：version 表示文档遵守的 XML 规范的版本，如本例中的 version 是 1.0；standalone 表示文档内部包含文档类型定义(DTD)。

注意：

版本说明必须位于 XML 文档的第一行。

第二行是 XML 注释，语法与 HTML 注释一样。这并不是一种巧合，因为 XML 和 HTML 都是从 SGML 派生而来的。XML 注释不是强制性的，可以任意删除。

从第三行的<students>标记一直到最后的</students>标记，表示 XML 文档包含的数据内容。可以看出，XML 文档使用自定义的各种标记来表示数据的含义。

12.1.3 标记、元素以及元素属性

标记是左尖括号(<)和右尖括号(>)之间的文本，分为开始标记(如<name>)和结束标记(如</name>)。

元素是开始标记、结束标记以及二者之间的所有内容。在例 12-1 中，<student> 元素包含 5 个子元素：<no>、<name>、< sex>、<birth >和<address>。

属性是元素的开始标记中的名称-值对。在上面的示例中，telephone 是<address>元素的属性。

为了使 XML 文档结构完整，XML 必须遵守一定的规则。常见的 XML 文档规则如下：

(1) 文档必须以 XML 版本声明开始。

(2) 含有数据的元素必须有开始标记和结束标记。每个开始标记必须以相应的结束标记结束。如果 XML 文档未能结束一个标记，浏览器将报告错误信息，并且不会以任何形式显示任何 XML 文档的内容。

(3) 不含数据并且仅使用一个标记的元素必须以/>结束。

(4) XML 文档只能包含一个能够包含全部其他元素的根元素，如<students>元素。

(5) 元素只能嵌套不能重叠。

(6) 属性值必须加引号。例如，<address telephone="0871-63944000">中 telephone 属性的值不能写成< address telephone=0871-63944000>。

12.1.4 XML 数据的显示

单独使用 XML 是不能像页面那样显示数据的，必须使用某种格式化技术，如 CSS 或 XSL，才能显示 XML 标记创建的文档。

XML 文档本身不知道如何显示数据，必须借助辅助文件来实现。因为 XML 取消了所有标识，包括 font、color 和 p 等风格样式的定义标识，因此 XML 全部采用类似 DHTML 中 CSS 的方法来定义文档样式。

XML 中用来设定风格样式的文件类型通常有 XSL 和 CSS 两种。

1. 使用 XSL 显示 XML

XSL 的全称为 eXtensible Stylesheet Language(可扩展样式表语言)，是用来设计 XML 文档显示样式的主要文件类型。XSL 本身也是基于 XML 语言的。XSL 可以灵活地设置文档显示样式，还可以将 XML 转换为其他文档，如 HTML 文档，这样就可以在浏览器中显示了。

下面使用一个简单的 XSL 样式表来说明如何显示 XML 文档。限于篇幅，本书无法详述 XSL，有兴趣的读者可以参考其他书籍。

【例 12-2】使用 XSL 样式表显示 XML 文档。

(1) 打开网站 WebSite12，在【解决方案资源管理器】中，右击网站名，选择【添加】|【添加新项】命令，在弹出的对话框中选择【XSLT 文件】模板，新建 XSL 样式表，默认名称为 XSLTFile.xslt。

(2) 在 XSLTFile.xslt 文档中添加如下内容：

```xml
<?xml version="1.0" encoding="utf-8"?>
<xsl:stylesheet version="1.0" xmlns:xsl="http://www.w3.org/1999/XSL/Transform"
    xmlns:msxsl="urn:schemas-microsoft-com:xslt" exclude-result-prefixes="msxsl">
    <xsl:template match="/">
      <html>
        <body>
          <h2>学生信息</h2>
          <table border="1">
            <tr bgcolor="#ff6ec7">
              <th align="left">学号</th>
              <th align="left">姓名</th>
              <th align="left">性别</th>
              <th align="left">年龄</th>
              <th align="left">住址</th>
            </tr>
            <xsl:for-each select="students/student">
              <tr>
                <td>   <xsl:value-of select="no" />   </td>
                <td>   <xsl:value-of select="name" /> </td>
                <td>   <xsl:value-of select="sex" />  </td>
                <td>   <xsl:value-of select="birth" />   </td>
                <td>   <xsl:value-of select="address" />   </td>
              </tr>
```

```
            </xsl:for-each>
          </table>
        </body>
      </html>
    </xsl:template>
</xsl:stylesheet>
```

以上代码中，前三行代码由系统自动生成，包括版本说明和命名空间引用等。<template>元素定义了一个 HTML 表格，其中的单元格将用于 XML 文档数据的显示。

(3) 新建并打开 show.aspx 网页，在页面上添加一个 XML 控件，该控件在【工具箱】的【标准】控件组中。

(4) 设置 XML 控件的 DocumentSource 和 TransformSource 属性，让 DocumentSource 指向 studentinfo.xml 文档，让 TransformSource 指向 XSLTFile.xslt 文档。结果如下：

```
<asp:Xml ID="Xml1" runat="server" DocumentSource="~/studentinfo.xml"
         TransformSource="~/XSLTFile.xslt"></asp:Xml>eXtensible
```

(5) 保存并按 Ctrl+F5 组合键运行页面，studentinfo.xml 中的内容以表格的形式呈现在浏览器中，如图 12-2 所示。

图 12-2 studentinfo.xml 的显示效果

2. 使用 CSS 显示 XML

CSS 大家很熟悉了，它是目前用来在浏览器中显示 XML 文档的主要方法。

【例 12-3】用 CSS 样式表显示 XML 文档。

(1) 打开网站 WebSite12，在【解决方案资源管理器】中，右击网站名，选择【添加】|【样式表】命令，新建 CSS 样式表 StyleSheet.css。

(2) 在 StyleSheet.css 样式表中添加如下代码：

```
name
{
    font-family: 黑体, Arial, Helvetica, sans-serif;
    font-size: large;
}
```

```
no,sex, birth, address
{
    font-family: 黑体, Arial, Helvetica, sans-serif;
    font-size: small;
}
```

(3) 打开 studentinfo.xml 文档，添加一行代码，建立与 StyleSheet.css 样式表的关联：

…
<?xml-stylesheet href="StyleSheet.css" type="text/css" ?>
<students>
…

(4) 在浏览器中打开 studentinfo.xml，效果如图 12-3 所示。

图 12-3　studentinfo.xml 的显示效果

12.2　使用 ADO.NET 访问 XML 文档

前面已经讨论了如何使用 ADO.NET 访问数据库。数据库是进行数据存储和管理的一种习惯方式。现在，XML 已逐步成为数据存储的一种新方式，因此可以考虑将数据保存在 XML 文档中，并采用一定的方法对它们进行管理。ADO.NET 提供了 XML 数据访问功能。

下面介绍如何使用 ADO.NET 访问 XML 数据。

12.2.1　将数据库数据转换成 XML 文档

为了将数据库数据转换成 XML 文档，需要使用 DataSet 的 WriteXml 方法。只要指明要保存的 XML 文档的路径和文件名，WriteXml 方法就可以将 DataSet 中的数据以 XML 的形式保存到 XML 文档中。

【例 12-4】将数据库数据转换成 XML 文档。

(1) 打开网站 WebSite12，在【解决方案资源管理器】中，右击网站名，选择【添加】|【添加新项】命令，在弹出的对话框中选择【SQL Server 数据库】模板，更改名称为 Database.mdf，创建数据库。

(2) 在 MyDatabase.mdf 数据库中创建 student 表，并输入模拟数据。student 表的关系模式如下：

student(No,Name,Sex,Birthday,Address)

(3) 在 web.config 配置文件中，修改<connectionStrings/>标记，如下所示：

```
<connectionStrings>
<add name="ConnectionString" connectionString="Data Source=
        (LocalDB)\MSSQLLocalDB;AttachDbFilename=|DataDirectory|\Database.mdf;Integrated
        Security=True"/></connectionStrings>
```

(4) 新建网页 xml_write.aspx，在页面上添加一个 Label 控件。

(5) 给 xml_write.aspx 添加如下后台代码：

```csharp
//引用命名空间
using System;
using System.Configuration;
using System.Data;
using System.Data.SqlClient;
public partial class xml_write : System.Web.UI.Page
{
    protected void Page_Load(object sender, EventArgs e)
    {
        //从 web.config 中取出数据库连接串
        string sqlconnstr = ConfigurationManager.ConnectionStrings["ConnectionString"].ConnectionString;
        //创建连接对象
        SqlConnection sqlconn = new SqlConnection(sqlconnstr);
        //创建 DataSet 对象
        DataSet ds = new DataSet();
        //打开连接
        sqlconn.Open();
        //创建适配器对象
        SqlDataAdapter sqld = new SqlDataAdapter("select no,name,sex, CONVERT(char(10), birthday,20) as birthday,address from student", sqlconn);
        //利用适配器方法给 DataSet 添加数据
        sqld.Fill(ds, "student");
        //将 DataSet 数据写成 XML 文本
        ds.WriteXml(Server.MapPath("students.xml"));
        sqlconn.Close();
        Label1.Text = "写入成功";
    }
}
```

(6) 运行程序，打开保存的 students.xml 文件，内容如下：

```xml
<?xml version="1.0" standalone="yes"?>
<NewDataSet>
  <student>
    <no>1</no>
    <name>夏静          </name>
    <sex>女</sex>
    <birthday>19912-1-3</birthday>
    <address>Beijing</address>
  </student>
```

```
        <student>
            <no>2</no>
            <name>林明          </name>
            <sex>男             </sex>
            <birthday>2001-1-9  </birthday>
            <address>Tianjing   </address>
        </student>
</NewDataSet>
```

可以看出，这个文档保存了 student 表中的所有数据。其中，<NewDataSet>作为根节点标记，<student>作为每条记录的标记(student 是 sqld.Fill(ds, "student")语句中使用的表名)。另外，将每个字段的名字作为数据元素的标记名。

12.2.2 读取 XML 文档

使用 DataSet 的 ReadXml 方法可以读取所有的 XML 文档数据。下面通过例 12-5 介绍读取 XML 文档的方法。

【例 12-5】读取 XML 文档。

(1) 打开网站 WebSite12，新建网页 xml_read.aspx，在页面上添加一个 GridView 控件。

(2) 给 xml_read.aspx 添加如下后台代码：

```
using System.Data;
…
protected void Page_Load(object sender, EventArgs e)
{
    DataSet ds = new DataSet();
    //读取 XML 文本数据到 DataSet 数据集
    ds.ReadXml(Server.MapPath("students.xml"));
    //绑定数据源
    GridView1.DataSource = ds.Tables[0].DefaultView;
    GridView1.DataBind();
}
```

(3) 页面的运行效果如图 12-4 所示。

图 12-4 xml_read.aspx 的运行效果

12.2.3 编辑 XML 文档

编辑 XML 文档的方法也很简单，只要使用 DataSet 的 ReadXml 方法把 XML 数据读到

DataSet 中之后，修改相应的记录，再使用 DataSet 的 WriteXml 方法保存 XML 文档就可以了。

【例 12-6】编辑 XML 文档。

(1) 打开网站 WebSite12，新建网页 xml_edit.aspx，在页面上添加一个 GridView 控件。

(2) 给 xml_edit.aspx 添加如下后台代码：

```csharp
using System;
using System.Collections.Generic;
using System.Data;
using System.Linq;
using System.Web;
using System.Web.UI;
using System.Web.UI.WebControls;

public partial class xml_edit : System.Web.UI.Page
{
    protected void Page_Load(object sender, EventArgs e)
    {
        //建立 DataSet 对象
        DataSet ds = new DataSet();
        ds.ReadXml(Server.MapPath("students.xml"));
        //建立 DataTable 对象
        DataTable dtable;
        //建立 DataRowCollection 对象
        DataRowCollection coldrow;
        //建立 DataRow 对象
        DataRow drow;
        //将表 tabstudent 的数据复制到 DataTable 对象
        dtable = ds.Tables[0];
        //用 DataRowCollection 对象获取这个数据表的所有数据行
        coldrow = dtable.Rows;
        //修改操作，逐行遍历，取出各行数据
        for (int inti = 0; inti < coldrow.Count; inti++)
        {
            drow = coldrow[inti];
            //在每位学生的姓名后加上字母 A
            drow[1] = drow[1] + "A";
        }
        //将 DataSet 数据写成 XML 文本
        ds.WriteXml(Server.MapPath("students.xml"));
        //绑定数据源
        GridView1.DataSource = ds.Tables[0].DefaultView;
        GridView1.DataBind();
    }
}
```

(3) 页面的运行效果如图 12-5 所示。

第 12 章 在 ASP.NET 中使用 XML

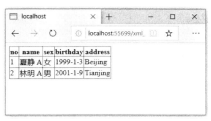

图 12-5 xml_edit.aspx 的运行效果

经过修改后,为每个学生的姓名增加了大写字母 A。可以看到,使用 ADO.NET 编辑 XML 文档,实际上就是对 DataSet 数据集中的数据进行编辑,非常简单。

12.2.4 将 XML 数据写入数据库

将 XML 数据写入数据库与将数据库数据转换为 XML 文档是相反的过程,需要用到 DataAdapter 的 Update 方法。下面举一个简单的例子,将 studentinfo.xml 文档中的学生数据写入数据库的 student 表中。

【例 12-7】将 XML 数据写入数据库。

(1) 打开网站 WebSite12,新建网页 xml_table.aspx,在页面上添加一个 GridView 控件。
(2) 给 xml_table.aspx 添加如下后台代码:

```
//引用命名空间
using System.Data.SqlClient;
using System.Data;
using System.Configuration;
……
protected void Page_Load(object sender, EventArgs e)
{
    //从 web.config 中取出数据库连接串
    string sqlconnstr = ConfigurationManager.ConnectionStrings["ConnectionString"].ConnectionString;
    //创建连接对象
    SqlConnection sqlconn = new SqlConnection(sqlconnstr);
    //创建 DataSet 对象
    DataSet ds = new DataSet();
    //打开连接
    sqlconn.Open();
    //创建适配器对象
    SqlDataAdapter sqld = new SqlDataAdapter("select * from student", sqlconn);
    //利用适配器方法给 DataSet 添加数据
    sqld.Fill(ds, "student");
    DataTable dt = ds.Tables["student"];
    //读取 XML
    dt.ReadXml(Server.MapPath("studentinfo.xml"));
    //自动生成提交语句
    SqlCommandBuilder objcb = new SqlCommandBuilder(sqld);
    //提交数据库
```

```
sqld.Update(ds, "student");
//绑定数据源
GridView1.DataSource = ds.Tables["student"].DefaultView;
GridView1.DataBind();
}
```

(3) 按 Ctrl+F5 组合键执行页面，观看运行效果。可以看到，新增了三位学生，如图 12-6 所示。

图 12-6 xml_table.aspx 的运行效果

注意：

XML 文档中的标记一定要和数据表中的属性拼写完全一样，包括大小写都要一样。

12.2.5 将 XML 数据转换为字符串

前面讲到的所有方法都是使用 DataSet 来进行数据处理的。在实际工作中，如果希望进行 XML 数据传输，可以把 XML 数据读出之后形成字符串，把数据当成字符串进行处理。例如，可以把数据写到普通的 e-mail 中发送给其他用户，对方就可以采用普通字符串的处理方法得到数据。为了能够完成上述功能，DataSet 还提供了将 XML 数据转换为字符串的方法 GetXml。

【例12-8】将 XML 数据转换为字符串。

(1) 打开网站 WebSite12，新建网页 Trans_xml.aspx，在页面上添加一个 Label 控件。

(2) 给 Trans_xml.aspx 添加如下后台代码：

```
using System.Data;
…
protected void Page_Load(object sender, EventArgs e)
{
    DataSet ds = new DataSet();
    //读取 XML 数据到 DataSet 数据集
    ds.ReadXml(Server.MapPath("students.xml"));
    //将 DataSet 数据转换为字符串
    Label1.Text = ds.GetXml();
}
```

(3) 页面的运行效果如图 12-7 所示。

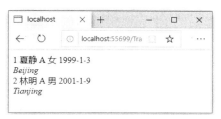

图 12-7　Trans_xml.aspx 的运行效果

12.3　使用 .NET 的 XML 类访问 XML

ASP.NET 通过 System.Xml 命名空间为开发人员提供了操作 XML 的所有功能。该命名空间包括许多类，常用类如表 12-1 所示。

表 12-1　System.Xml 命名空间中的常用类

类	说　明
XmlReader	抽象的读取器，提供快速、没有缓存的 XML 数据。XmlReader 是只向前的，类似于 SAX 分析器
XmlWriter	抽象的写入器，以流或文件的格式提供快速、没有缓存的 XML 数据
XmlTextReader	扩展了 XmlReader，提供访问 XML 数据的快速只向前的 XML 流
XmlTextWriter	扩展了 XmlWriter，快速生成只向前的 XML 流
XmlNode	抽象类，表示 XML 文档中的节点
XmlDocument	扩展了 XmlNode，用于给出 XML 文档在内存中的树型表示，可以浏览和编辑它们
XmlDataDocument	扩展了 XmlDocument，表示从 XML 数据中加载的文档，或从 ADO.NET DataSet 的关系数据中加载的文档，允许把 XML 和关系数据混合在同一个视图中
XmlResolver	抽象类，用于分析基于 XML 的外部资源，如 DTD 和模式引用
XmlUrlResolver	扩展了 XmlResolver，使用 URI(Uniform Resource Identifier)解析外部资源

【例 12-9】将 student 表中男生的数据保存到 XML 文档中。

(1) 打开网站 WebSite12，新建网页 write_xml2.aspx，在页面上添加一个 Label 控件。

(2) 给 write_xml2.aspx 添加如下后台代码：

```
//引用命名空间
using System.Data.SqlClient;
using System.Xml;
using System.Configuration;
using System.Data;
…
protected void Page_Load(object sender, EventArgs e)
{
    //从 web.config 中取出数据库连接串
    string sqlconnstr = ConfigurationManager.ConnectionStrings["ConnectionString"].ConnectionString;
    //创建连接对象
```

```csharp
SqlConnection sqlconn = new SqlConnection(sqlconnstr);
//创建 DataSet 对象
DataSet ds = new DataSet();
//打开连接
sqlconn.Open();
//创建适配器对象
SqlDataAdapter sqld = new SqlDataAdapter("select * from student", sqlconn);
//利用适配器方法给 DataSet 添加数据
sqld.Fill(ds, "student");
DataTable dt = ds.Tables["student"];
//创建 XML 文档
XmlDocument xmldoc = new XmlDocument();
//写入版本说明
XmlDeclaration xmldecl = xmldoc.CreateXmlDeclaration("1.0", "utf-8", "yes");
xmldoc.AppendChild(xmldecl);
//写入根节点
XmlElement students = xmldoc.CreateElement("students");
xmldoc.AppendChild(students);
//循环每一行
for (int i = 0; i < dt.Rows.Count; i++)
{
    if (dt.Rows[i][2].ToString()=="男")
    {
        XmlElement student = xmldoc.CreateElement("student");
        //循环每一列
        for (int j = 0; j < dt.Columns.Count; j++)
        {
            XmlElement colname = xmldoc.CreateElement(dt.Columns[j].ColumnName);
            colname.InnerText = dt.Rows[i][j].ToString();
            student.AppendChild(colname);
        }
        students.AppendChild(student);
    }
}
//将数据写成 XML 文本
xmldoc.Save(Server.MapPath("student_men.xml"));
sqlconn.Close();
Label1.Text = "写入成功";
}
```

(3) 运行程序，打开 student_men.xml 文件，可以看出 XML 文档中只保存了男生的数据。

【例 12-10】 将 studentinfo.xml 文档中的男生数据写到 student 表中。

(1) 打开网站 WebSite12，新建网页 xml_table2.aspx，在页面上添加一个 GridView 控件。

(2) 给 xml_table2 .aspx 添加如下后台代码：

```csharp
//引用命名空间
using System.Data.SqlClient;
```

```csharp
using System.Xml;
…
protected void Page_Load(object sender, EventArgs e)
{
    //从 web.config 中取出数据库连接串
    string sqlconnstr = ConfigurationManager.ConnectionStrings["ConnectionString"].ConnectionString;
    //创建连接对象
    SqlConnection sqlconn = new SqlConnection(sqlconnstr);
    //创建 DataSet 对象
    DataSet ds = new DataSet();
    //打开连接
    sqlconn.Open();
    //创建适配器对象
    SqlDataAdapter sqld = new SqlDataAdapter("select * from student", sqlconn);
    //利用适配器方法给 DataSet 添加数据
    sqld.Fill(ds, "student");
    DataTable dt = ds.Tables["student"];
    //创建 XML 文档
    XmlDocument xmldoc = new XmlDocument();
    //读取 XML 文档
    xmldoc.Load(Server.MapPath("studentinfo.xml"));
    //得到整个元素
    XmlElement xmle = xmldoc.DocumentElement;
    //遍历每个元素
    for (int i = 0; i < xmle.ChildNodes.Count; i++)
    {
        XmlNode xmln = xmle.ChildNodes[i];
        if (xmln.ChildNodes[2].InnerText == "男")
        {
            DataRow newrow = dt.NewRow();
            newrow["no"] = xmln.ChildNodes[0].InnerText;
            newrow["name"] = xmln.ChildNodes[1].InnerText;
            newrow["sex"] = xmln.ChildNodes[2].InnerText;
            newrow["birthday"] = xmln.ChildNodes[3].InnerText;
            newrow["address"] = xmln.ChildNodes[4].InnerText;
            dt.Rows.Add(newrow);
        }
    }
    //自动生成提交语句
    SqlCommandBuilder objcb = new SqlCommandBuilder(sqld);
    //提交数据库
    sqld.Update(ds, "student");
    //绑定数据
    GridView1.DataSource = ds.Tables["student"].DefaultView;
    GridView1.DataBind();
}
```

(3) 按 Ctrl+F5 组合键运行程序,可以看到 studentinfo.xml 文档中的男生数据被写到数据库的 student 表中,如图 12-8 所示。

图 12-8　xml_table2.aspx 的运行效果

12.4　XmlDataSource 控件

XmlDataSource 控件使得 XML 数据可用于数据绑定控件。可以使用 XmlDataSource 控件同时显示分层数据和表格数据。在只读情况下,XmlDataSource 控件常用于显示分层的 XML 数据。由于 XmlDataSource 控件不支持 Delete、Insert 和 Update 等方法,因此不能用于读/写 XML 数据存储的 Web 应用程序。

XmlDataSource 控件的主要属性如表 12-2 所示。

表 12-2　XmlDataSource 控件的主要属性

属　　性	描　　述
Data	包含数据源控件要绑定的 XML 文本
DataFile	指示包含要显示数据的文件的路径
EnableCaching	启用或禁用缓存支持
Transform	包含将用来转换绑定到 XML 数据的 XSLT 文本
TransformArgumentList	应用于源 XML 的 XSLT 转换的输入参数列表
TransformFile	指示的 .xsl 文件定义了在源 XML 数据上执行的 XSLT 转换
XPath	指示应用于 XML 数据的 XPath 查询

XmlDataSource 控件的 DataFile 属性用于指定 XML 文件以加载 XML 数据,也可以使用 Data 属性的字符串加载 XML 数据。如果同时设置了这两个属性,那么 DataFile 属性的优先级比 Data 属性高。当 XmlDataSource 控件的 EnableCaching 属性默认设置为 true 时,XmlDataSource 控件自动缓存数据。另外,缓存期限默认设置为 0,表示数据无限期保留。换句话说,数据源将一直缓存数据,直到依赖的 XML 文件发生变化为止。

XmlDataSource 控件还可以使用 XSLT(eXtensible Stylesheet Language Transformations,扩展样式表语言转换)来转换数据。通过使用 TransformFile 属性,或者通过将 XSLT 内容赋给 Transform 属性,可以设置转换文件。使用 TransformArgumentList 属性,还可以把参数传递给 XSLT 转换期间使用的样式表。当 XSLT 文档的结构与处理 XML 数据所需的结构不匹配时,通常使用 XSL 转换。注意,一旦数据被转换,XmlDataSource 将变成只读的,数据不能修改,也不能回存到原始文档中。XmlDataSource 控件还提供了 XPath 查询属性，以选择某个数据子集。

XmlDataSource 控件提供了许多专用的事件。Transforming 事件在应用 Transform 或 TransformFile 属性指定的 XSLT 转换之前触发，可以为转换过程提供定制参数。

XmlDataSource 控件通常被绑定到一个层次性控件，比如 TreeView 或 Menu 控件。

【例 12-11】绑定到 XML 数据，用 TreeView 控件显示 XML 文件的分层信息。

(1) 在【解决方案资源管理器】中，右击 App_Data，从弹出的快捷菜单中选择【添加新项】命令，在弹出的对话框中选择【XML 文件】，命名为 Book.xml。

(2) 在 Book.xml 文件中输入如下内容，然后保存文件并关闭文件编辑窗口。

```xml
<bookstore>
  <major tech="网站设计与开发">
    <book ISBN="10-000000-001"
          title="《ASP.NET 动态网站开发基础教程》"
          price="35.00">
      <comments>
        <userComment rating="4"
          comment="理论与实践相结合，结构清晰，概念清楚，通俗易懂。" />
        <userComment rating="2"
          comment="适合动态网站开发人员参考" />
      </comments>
    </book>
    <book ISBN="10-000000-999"
          title="《ASP.NET 实用教程》"
          price="28.00">
      <comments>
        <userComment rating="4"
          comment="内容翔实、结构清晰、实例丰富、可操作性强、理论结合实际。" />
        <userComment rating="3"
          comment="培训用参考书或自学教材。" />
      </comments>
    </book>
    <book ISBN="11-000000-002"
          title="《ASP.NET 程序设计教程与实践》"
          price="35.00" >
      <comments>
        <userComment rating="3"
          comment="适合作为高等职业院校实训教材或自学参考书" />
      </comments>
    </book>
    <book ISBN="11-000000-003"
          title="《ASP.NET 动态网站开发教程》"
          price="33.00" >
      <comments>
        <userComment rating="4"
```

```
                comment="适合作为高校网站建设相关专业教材" />
            </comments>
        </book>
        <book ISBN="11-000000-004"
            title="《ASP.NET 开发基础》"
            price="29.00" >
        </book>
    </major>
    <major tech="计算机软件">
        <book ISBN="11-000000-404"
            title="《数据结构》"
            price="28.00" >
        </book>
    </major>
    <major tech="计算机应用">
        <book ISBN="11-000100-104"
            title="《计算机组成原理》"
            price="31.00" >
        </book>
    </major>
</bookstore>
```

- Book.xml 文件包含为学生选课提供的书籍信息。

(3) 创建一个页面，名为 XmlDataSource.aspx。

(4) 在 XmlDataSource.aspx 的【设计】视图中添加一个 XmlDataSource 控件，ID 默认为 XmlDataSource1，外观如图 12-9 所示。在【XmlDataSource 任务】中配置数据源，在【数据文件】文本框中输入~/App_Data/Book.xml，如图 12-10 所示。生成的代码如下：

```
<asp:XmlDataSource ID="XmlDataSource1" runat="server" DataFile="~/App_Data/Book.xml">
</asp:XmlDataSource>
```

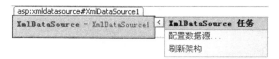

图 12-9　Web 窗体中的 XmlDataSource 控件

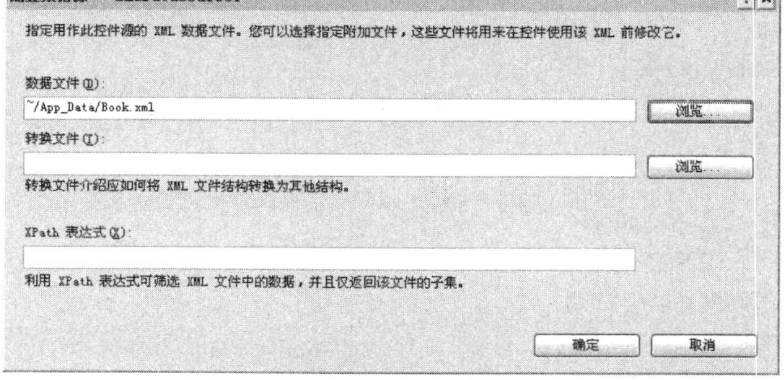

图 12-10　XmlDataSource 控件的【配置数据源】对话框

(5) 在 XmlDataSource.aspx 页面的【设计】视图中插入一个 TreeView 控件(在【工具箱】的【导航】控件组中)。TreeView 控件旨在以分层结构将数据显示给用户。用户可以打开单独的节点，这些节点进而可以包含子节点。TreeView 控件适合于显示 XML 数据，也可用于任何可在层次结构中表示的数据。在 TreeView 任务的【选择数据源】下拉列表中选择 XmlDataSource1，如图 12-11 所示。在【TreeView 任务】中单击【编辑 TreeNode 数据绑定】，打开【TreeView DataBindings 编辑器】对话框，如图 12-12 所示，在其中配置节点的数据绑定属性。

图 12-11　选择数据源

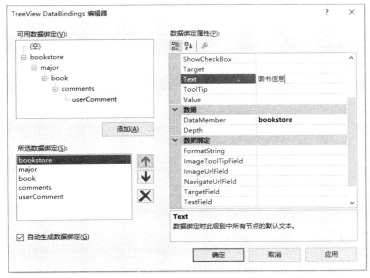

图 12-12　【TreeView DataBindings 编辑器】对话框

单击【添加】按钮，创建第一个绑定，在【数据绑定属性】中，将 DataMember 属性设置为 bookstore，并将 Text 属性设置为"图书信息"。这是一个静态值，因为 bookstore 节点是 XML 文件中最顶部的节点，在 TreeView 控件中只能出现一次。

单击【添加】按钮，创建第二个绑定，在【数据绑定属性】中，将 DataMember 属性设置为 major，并将 TextField 属性设置为 tech。

单击【添加】按钮，创建第三个绑定，在【数据绑定属性】中，将 DataMember 属性设置为 book，并将 TextField 设置为 title。

单击【添加】按钮，创建第四个绑定，在【数据绑定属性】中，将 DataMember 属性设置为 comments，并将 TextField 属性设置为#value。

单击【添加】按钮，创建第五个绑定，在【数据绑定属性】中，将 DataMember 属性设置为 usercomment，并将 TextField 属性设置为 comment，单击【确定】按钮.

生成的代码如下：

```
<asp:TreeView ID="TreeView1" runat="server" DataSourceID="XmlDataSource1"
    AutoGenerateDataBindings="False">
    <DataBindings>
    <asp:TreeNodeBinding DataMember="bookstore" Text="选书信息" Value="选书信息" />
    <asp:TreeNodeBinding DataMember="major" Text="专业" TextField="tech" Value="专业" />
    <asp:TreeNodeBinding DataMember="book" TextField="title" />
    <asp:TreeNodeBinding DataMember="comments" Text="评论" TextField="#Value" />
    <asp:TreeNodeBinding DataMember="userComment" TextField="comment" />
    </DataBindings>
</TreeView>
```

TreeView 控件的<DataBindings>节点允许开发人员控制树型节点的布局和内容。<TreeNodeBinding>节点指出由哪些属性决定要为树型控件中的节点显示文本以及与这些节点关联的值。如果需要显示节点的主体，可以把 TextField 属性设置为要绑定的属性的名称或#innertext。

(6) 运行效果如图 12-13 所示。

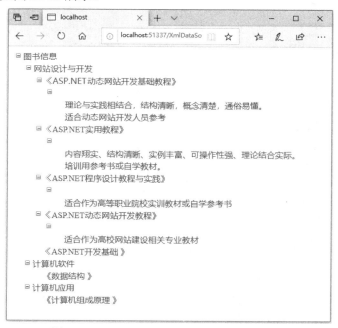

图 12-13　XmlDataSource.aspx 页面的运行效果

XmlDataSource 控件一般用于只读数据方案。也可以使用 XmlDataSource 编辑 XML 数据。注意，使用其他数据源控件的自动更新、插入和删除操作不会正常工作。必须使用 XmlDataSource 控件编写自定义代码才能对数据进行修改。

如果要编辑 XML 数据，可以首先调用 GetXmlDocument 方法来检索 XmlDocument 对象，该对象是 XML 数据在内存中的表示形式。然后，可以使用 XmlDocument 对象和 XmlNode 对象公开的对象模型，或者使用 XPath 表达式来操作文档中的数据。当对内存中的 XML 数据进行更改之后，可以通过调用 Save 方法将这些数据保存到磁盘，这样会覆盖磁盘上的整个 XML 文件。

12.5 本章小结

本章全面介绍了 XML 技术在 ASP.NET 应用程序中的使用方法。首先介绍了 XML 的基本概念，包括 XML 的基本结构，标记、元素及元素属性，以及通过 XSL 和 CSS 显示 XML 文件内容的方法；然后介绍了使用 ADO.NET 访问 XML 文件的方法，内容包括将数据库数据转换成 XML 文档、读取 XML 文档、编辑 XML 文档、将 XML 数据写入数据库、将 XML 数据转换为字符串等；接着介绍了使用.NET 的 XML 类访问 XML 文档；最后介绍了 XmlDataSource 控件。

12.6 练习

1. XML 文档的结构如何？
2. XML 文档的规则有哪些？
3. XML 文档的内容有哪几种呈现方法？
4. 如何通过 ADO.NET 访问 XML？

第 13 章 电子商务网站

在网络经济与电子商务迅猛发展的今天，越来越多的企业认识到建立网站的必要性。网站是展示自己产品和提升企业形象的网络平台。但是，如何有效地发布产品信息、服务信息和企业信息，在各种资源调配上做到管理有序，是企业网络平台面临的重大挑战。

本章将介绍一个典型的电子商务网站。通过本章的学习，读者将会对前面所学的知识有个系统认识。在此基础上，调研企业自身的需求，制作实用的企业网站。

本章的学习目标：
- 进一步熟悉 ASP.NET 编程技术；
- 掌握 Web 控件的使用方法；
- 让 ADO.NET 编程更加简洁；
- 熟悉网站的制作过程。

13.1 系统设计

结合中小企业的实际，在需求分析的基础上，给出如下设计：概念结构设计、数据库设计和功能设计。

13.1.1 需求分析

企业网站的栏目和功能各不相同。通过对中小企业所做的调查分析，开发小组认为中小企业网站的主要栏目和功能应该包括：企业简介，让用户了解企业文化、理念、历史和规模；联系方式，让用户可以及时与企业沟通；企业新闻，让用户了解企业最新的活动、发展动态和优惠措施等；产品和服务，介绍产品的图片、规格、型号、价格、功能等信息，介绍企业提供的各项服务；同时提供网站后台管理功能。

13.1.2 概念结构设计

系统的 E-R 图，如图 13-1 所示，每个实体及其属性如下。
- 新闻：流水号、新闻标题、新闻内容、新闻类别、添加时间、阅读次数。
- 新闻类别：流水号、新闻类别。

- 产品:流水号、产品名称、产品价格、产品图片、产品类别、产品介绍。
- 产品类别:流水号、产品类别。
- 用户:用户名、密码、真实姓名、电话、地址、邮编。

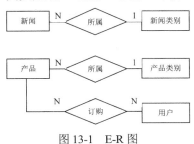

图 13-1　E-R 图

13.1.3　数据库设计

在图 13-1 所示的 E-R 图中,有五个实体、一个多对多关系和两个一对多关系。由于每个实体可以用一张表表示,每个多对多关系可以用一张表表示,而一对多关系不需要创建新表,因此,把 E-R 图转换成数据库的六张表即可。

这六张表分别是新闻信息表、新闻类别表、产品表、产品类别表、用户表和订单表。表的结构如表 13-1～表 13-6 所示。

表 13-1　新闻信息表

列名	数据类型	长度	说明
流水号	bigint	8	主键(设置自动增加)
新闻标题	nvarchar	50	
新闻内容	ntext	16	
新闻类别	nvarchar	10	外键
添加时间	smalldatetime	4	
阅读次数	int	4	默认为 0

表 13-2　新闻类别表

列名	数据类型	长度	说明
流水号	bigint	8	主键(设置自动增加)
新闻类别	nvarchar	50	

表 13-3　产品表

列名	数据类型	长度	说明
流水号	bigint	8	主键(设置自动增加)
产品名称	nvarchar	50	
产品价格	int	4	
产品图片	varchar	50	图片文件名
产品类别	varchar	10	外键
产品介绍	ntext	16	

表 13-4　产品类别表

列名	数据类型	长度	说明
流水号	bigint	8	主键(设置自动增加)
产品类别	nvarchar	10	

表 13-5　用户表

列名	数据类型	长度	说明
用户名	nvarchar	20	主键
密码	nvarchar	10	
真实姓名	nvarchar	50	
电话	nvarchar	50	
地址	nvarchar	50	
邮编	nvarchar	6	
管理员标志	bit	1	默认为0,表示一般用户

表 13-6　订单表

列名	数据类型	长度	说明
流水号	bigint	8	主键(设置自动增加)
产品流水号	bigint	8	
订购数量	int	4	
用户名	nvarchar	20	
订购日期	datetime	8	
处理标志	bit	1	默认为0,表示未处理

将各个表的流水号设置成主键并且自动增加，单击列属性，打开属性设置界面，如图 13-2 和图 13-3 所示。或者直接在脚本中添加语句，例如，订单表的脚本语句如下：

```
CREATE TABLE [dbo].[订单] (
    [流水号]      BIGINT           IDENTITY (1, 1) NOT NULL,
    [产品流水号] BIGINT            NULL,
    [订购数量]    INT              NULL,
    [用户名]      NVARCHAR(20)     NULL,
    [订购日期]    DATETIME         NULL,
    [处理标志]    BIT              DEFAULT ((0)) NULL,
    PRIMARY KEY CLUSTERED ([流水号] ASC)
);
```

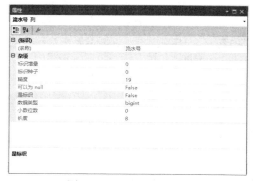

图 13-2　设置之前的参数

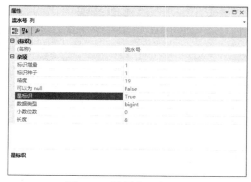

图 13-3　设置之后的参数

13.1.4 功能设计

网站功能包括：用户登录、用户注册、修改注册信息产品列表、新闻列表、订购产品、产品管理、产品添加、新闻管理、新闻添加、订单管理、用户管理等，如图13-4所示。

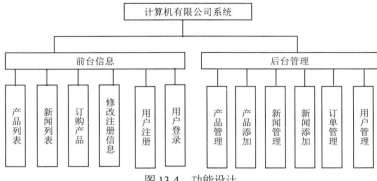

图 13-4　功能设计

13.2 系统实现

首先启动 Visual Studio 2015，新建网站。然后在【解决方案资源管理器】中，右击网站名，选择【添加新项】命令，在弹出的对话框中选择【SQL Server 数据库】模板，创建名为 Database.mdf 的数据库。最后，在 Database.mdf 数据库中建立表 13-1～表 13-6 所示的数据表。

13.2.1 设置数据库连接信息

web.config 是 Web 应用程序或网站的配置文件。web.config 虽是文本文件，但却和网页有所不同，用户不能用浏览器浏览 web.config 文件。

每个访问数据库的网页都需要与数据库建立连接，如果把数据库连接信息放到网页上，那么修改数据库连接信息将非常烦琐。因此，通常把数据库连接信息放到 web.config 配置文件中。

在 web.config 配置文件中设置数据库连接信息的方法如下：

```
<connectionStrings>
    <add name="ConnectionString" connectionString="Data Source=(LocalDB)\MSSQLLocalDB;
        AttachDbFilename=|DataDirectory|\Database.mdf;Integrated Security=True"/>
</connectionStrings>
```

13.2.2 访问数据库公共类

下面编写 BaseClass 类，该类负责数据库数据的操作。

在【解决方案资源管理器】中，右击网站名，选择【添加新项】命令，在弹出的对话框中选择【类】模板，更改默认名称为 BaseClass.cs。

下面编写 BaseClass 类的主要代码并进行解释。

(1) BaseClass 类被包含在 GROUP.Manage 命名空间中，以后需要使用 BaseClass 类的页面，

必须在页面开头使用 using GROUP.Manage 语句进行引用。代码如下：

```
namespace GROUP.Manage
{//命名空间开始
    public class BaseClass: System.Web.UI.Page
    {//类定义开始
        String strConn;         //类变量
        public BaseClass()      //构造函数
        {
        //在构造函数中，获取数据库连接串
        strConn = ConfigurationManager.ConnectionStrings["ConnectionString"].ConnectionString;
        }
        …//几个方法的定义
    }//类定义结束
}//命名空间结束
```

（2）方法 public DataTable ReadTable(String strSql)用来从数据库读取数据，并返回一个 DataTable。代码如下：

```
public DataTable ReadTable(String strSql)
{
    //创建一个 DataTable
    DataTable dt=new DataTable();
    //定义新的数据连接控件并初始化
    SqlConnection Conn = new SqlConnection(strConn);
    //打开连接
    Conn.Open();
    //定义并初始化数据适配器
    SqlDataAdapter Cmd = new SqlDataAdapter(strSql, Conn);
    //将数据适配器中的数据填充到 DataTable 中
    Cmd.Fill(dt);
    //关闭连接
    Conn.Close();
    //返回一个 DataTable
    return dt;
}
```

（3）方法 public DataSet ReadDataSet(String strSql)也用来从数据库读取数据，不同的是返回一个 DataSet。代码如下：

```
public DataSet ReadDataSet(String strSql)
{
    //创建一个 DataSet
    DataSet ds=new DataSet();
    //定义新的数据连接控件并初始化
    SqlConnection Conn = new SqlConnection(strConn);
    //打开连接
    Conn.Open();
```

```
//定义并初始化数据适配器
SqlDataAdapter Cmd = new SqlDataAdapter(strSql, Conn);
//将数据填充到 DataSet 中
Cmd.Fill(ds);
//关闭连接
Conn.Close();
//返回一个 DataSet
return ds;
}
```

(4) 方法 public DataSet GetDataSet(String strSql, String tableName)和方法 ReadDataSet 几乎完全相同，只是多了 tableName 参数。代码如下：

```
public DataSet GetDataSet(String strSql, String tableName)
{
    //创建一个 DataSet
    DataSet ds = new DataSet();
    //定义新的数据连接控件并初始化
    SqlConnection Conn = new SqlConnection(strConn);
    //打开连接
    Conn.Open();
    //定义并初始化数据适配器
    SqlDataAdapter Cmd = new SqlDataAdapter(strSql, Conn);
    //将数据填充到 DataSet 中
    Cmd.Fill(ds, tableName);
    //关闭连接
    Conn.Close();
    //返回一个 DataSet
    return ds;
}
```

(5) 方法 public SqlDataReader readrow(String sql)执行 SQL 查询，并返回一个 Reader。代码如下：

```
public SqlDataReader readrow(String sql)
{
    //连接数据库
    SqlConnection Conn = new SqlConnection(strConn);
    Conn.Open();
    //定义并初始化 Command 控件
    SqlCommand Comm = new SqlCommand(sql, Conn);
    //创建 Reader 控件并添加数据记录
    SqlDataReader Reader = Comm.ExecuteReader();
    //如果 Reader 不为空，返回 Reader，否则返回 null
    if (Reader.Read())
    {
        Comm.Dispose();
        return Reader;
```

```
        }
        else
        {
            Comm.Dispose();
            return null;
        }
    }
```

(6) 方法 public string Readstr(String strSql, int flag)返回查询结果的第一行中某一字段的值。代码如下：

```
public string Readstr(String strSql, int flag)
{
    //创建一个 DataSet
    DataSet ds=new DataSet();
    String str;
    //定义新的数据连接控件并初始化
    SqlConnection Conn = new SqlConnection(strConn);
    //打开连接
    Conn.Open();
    //定义并初始化数据适配器
    SqlDataAdapter Cmd = new SqlDataAdapter(strSql, Conn);
    //将数据填充到 DataSet 中
    Cmd.Fill(ds);
    // 取出 DataSet 的第一行中第 flag 列的数据
    str=ds.Tables[0].Rows[0].ItemArray[flag].ToString();
    //关闭连接
    Conn.Close();
    //返回数据
    return str;
}
```

(7) 方法 public void execsql(String strSql)用来执行 SQL 更新语句。代码如下：

```
public void execsql(String strSql)
{
    //定义新的数据连接控件并初始化
    SqlConnection Conn = new SqlConnection(strConn);
    //定义并初始化 Command 控件
    SqlCommand Comm = new SqlCommand(strSql, Conn);
    //打开连接
    Conn.Open();
    //执行命令
    Comm.ExecuteNonQuery();
    //关闭连接
    Conn.Close();
}
```

13.2.3 添加母版页

添加母版页，名为 MasterPage.master。在母版页中添加一个 ScriptManager 控件，这是很重要的，因为很多页面要用到 ASP.NET AJAX 无页面刷新技术。直接把 ScriptManger 控件放到母版页中，其他用到母版页的页面就不需要单独添加 ScriptManager 控件了。

母版页上有几个主要的 div 元素，分别用于设置标题图片、导航、内容和底部信息。新建一个样式文件 StyleSheet.css，用于定义网站的主要样式。母版页的最终设计效果如图 13-5 所示。

图 13-5 母版页的设计效果

部分 HTML 代码如下：

```
<%@Master Language="C#" AutoEventWireup="true" CodeFile="MasterPage.master.cs" Inherits="MasterPage" %>
<%@ Register Src="head.ascx" TagName="head" TagPrefix="uc1" %>
<!DOCTYPE html PUBLIC "-//W3C//DTD XHTML 1.0 Transitional//EN"
"http://www.w3.org/TR/xhtml1/DTD/xhtml1-transitional.dtd">
<html xmlns="http://www.w3.org/1999/xhtml" >
<head runat="server">
    <title>计算机有限公司</title>
    <link href="StyleSheet.css" rel="stylesheet" type="text/css" />
    <meta http-equiv="Content-Type" content="text/html; charset=gb2312"/>
</head>
<body>
    <form id="form1" runat="server">
    <asp:ScriptManager ID="ScriptManager1" runat="server">
    </asp:ScriptManager>
    <div id="maindiv">
        <div id="HeadDiv">
            <br /><br /> <br /> <br />
            您是第<strong style="font-size: 14pt; color: #ffcc66;">
<%=Application["counter"]%></strong>位访问者！    <br />
        </div>
        <div id="MenuDiv"> |  
            <asp:HyperLink ID="HyperLink2" runat="server" NavigateUrl="~/Default.aspx">首页</asp:HyperLink>   |  
            <asp:HyperLink ID="HyperLink4" runat="server" NavigateUrl="~/shownews.aspx?id=%">新闻</asp:HyperLink>
              |  
            <asp:HyperLink ID="HyperLink5" runat="server" NavigateUrl="~/showpros.aspx?id=%">产品介绍</asp:HyperLink>
```

```
                  |  
                <asp:HyperLink ID="HyperLink3" runat="server" NavigateUrl="~/about.aspx">关于公司
</asp:HyperLink>
                  |  
                <asp:HyperLink ID="HyperLink6" runat="server" NavigateUrl="~/address.aspx">联系我
们</asp:HyperLink>
                  |       
            </div>
            <div id="ContentDiv" style="background-color: #ffffff;">
                <asp:ContentPlaceHolder ID="ContentPlaceHolder1" runat="server"> <br />
<br /> <br />
                </asp:ContentPlaceHolder>
            </div>
            <div id="EndimageDiv">
            </div>
            <div id="EndDiv">
                <asp:HyperLink ID="HyperLink1" runat="server" NavigateUrl="~/admin_default.aspx"
                    Target="_blank">管理入口</asp:HyperLink><br />
                CopyRight &copy; 2019-2020 xingkongsoft All Right Reserved.<br />
                ASP.NET 版权所有 E-mail:***@163.com
            </div>
        </div>
    </form>
</body>
```

在实际工作中，可以根据需要为不同的栏目设计各自的母版页，以展现不同的栏目个性。

13.2.4　前台信息模块

前台信息模块包括用户登录、用户注册、新闻列表、产品列表、订购产品等相关功能，接下来将详细介绍这些功能是如何实现的。

1. 前台默认主页

该电子商务网站的默认主页为 Default.aspx，如图 13-6 所示。

Default.aspx 页面的主要控件包括：用于显示行业和企业新闻的两个 GridView 控件，一个展现企业产品的 DataList 控件，还有用于用户登录和注册的用户控件。主要代码如下：

```
<%@Page Language="C#" MasterPageFile="~/MasterPage.master" AutoEventWireup="true"
        CodeFile="Default.aspx.cs" Inherits="Default1" Title="Untitled Page" %>
<%@ Register Src="Userlogin.ascx" TagName="Userlogin" TagPrefix="uc1" %>
<asp:Content ID="Content1" ContentPlaceHolderID="ContentPlaceHolder1" Runat="Server">
        <div style="width: 100%; background-color: #ffffff; height: 475px;">
            <table cellpadding="0" cellspacing="0" style="height: 300px; width: 100%;">
                <tr>
                <td   colspan="2" style="width:740px; height: 175px;" >
                    <img src="image/banner_1.jpg" style="width:740px;height:175px;" alt=""/>
```

图 13-6　前台默认主页

```
                </td>
            </tr>
            <tr>
                <td style="width: 200px; height: 300px; text-align: center;" valign="top">
                     <uc1:Userlogin id="Userlogin1_1" runat="server"></uc1:Userlogin>
                    <br />   <br />
                <asp:Image ID="Image1" runat="server" ImageUrl="~/image/th.jpg" style="width:150px"/></td>
                <td style="width: 540px;   height: 300px;
                    <div class="divtabletop" style="width:532px; height: 19px" >::最新产品
                        <asp:HyperLink ID="HyperLink1" runat="server"
NavigateUrl="showpros.aspx?id=%">More>></asp:HyperLink>
                    </div>
                    <div class="divtablebody" style="width:532px;height: 265px" >
                        <asp:DataList ID="DataList1" runat="server" Height="248px" RepeatColumns="2"
RepeatDirection="Horizontal" Width="512px" Font-Names="宋体" Font-Size="12px">
                            <ItemTemplate>
                <table border="0" cellpadding="0" cellspacing="0" style="font-size: 12px; font-family: 宋体" >
                                    <tr>
                                    <td align="center" rowspan="2" valign="middle" >
                <a href='showpro.aspx?id=<%# DataBinder.Eval(Container.DataItem, "流水号")%>'>
```

```
                    <img height="60" src='image/<%# DataBinder.Eval(Container.DataItem, "产品图片")%>'
width="100" style="border-top-style: none; border-right-style: none; border-left-style: none;
border-bottom-style: none" alt="a" /></a></td>
                        <td valign="middle" style="width: 150px; height: 22px;" align="left">
                <img height="15" src="image/dot_1.gif" style="width: 25px" alt="d" /><a href='showpro.aspx?id=<%#
DataBinder.Eval(Container.DataItem, "流水号")%> '><strong><%# DataBinder.Eval(Container.DataItem,
"产品名称")%></strong></a></td>
                                </tr>
                                <tr>
                        <td style="width: 150px; height: 53px" align="left">
                <img height="11" src="image/dot_1.gif" width="24" alt="b" />价格:
￥<%# DataBinder.Eval(Container.DataItem, "产品价格")%>元<br />
                                <br />
                        <img height="11" src="image/dot_1.gif" width="24" alt="c" />类别:
<a href='showpros.aspx?id=<%# DataBinder.Eval(Container.DataItem, "产品类别")%>'>
                        <%# DataBinder.Eval(Container.DataItem, "产品类别")%>
                                </a>
                                </td>
                                </tr>
                                </table>
                                </ItemTemplate>
                                </asp:DataList> 
                                </div>
                        </td>
                </tr>
        </table>
</div>
<div style="width: 100%; height: 300px;background-color: #ffffff; ">
        <table cellpadding="0" cellspacing="0" style="height: 175px; width: 100%; ">
            <tr >
                <td   colspan="2" style="width:740px;" >
                        <img src="image/recri_banner.jpg" style="width:740px;" alt=""/>
                </td>
            </tr>
            <tr>
                <td style="width: 370px; height: 175px;" >
                <div class="divtabletop" style="width: 362px;height: 19px" >   ::企业新闻
<asp:HyperLink ID="HyperLink3" runat="server"
NavigateUrl="shownews.aspx?id=Company-News">More>>
</asp:HyperLink></div>
                                <div class="divtablebody"   style="width: 362px; height: 135px">
                <asp:GridView ID="GridView1" runat="server" Height="131px" PageSize="8" ShowHeader="False"
            Width="336px" GridLines="None" AutoGenerateColumns="False" Font-Overline="False"
CssClass="font" Font-Italic="False" CellPadding="4" ForeColor="#333333">
                                <AlternatingRowStyle BackColor="White" />
                                <Columns>
```

```
<asp:HyperLinkField DataNavigateUrlFields="流水号"
DataNavigateUrlFormatString="shownew.aspx?id=Company-News"
DataTextField="新闻标题" DataTextFormatString="&#183;{0}">
                <ItemStyle Font-Overline="False" HorizontalAlign="Left" />
                     </asp:HyperLinkField>
                        <asp:BoundField DataField="添加时间" DataFormatString="{0:d}" />
                    </Columns>
                    <EditRowStyle BackColor="#2461BF" />
                <FooterStyle BackColor="#507CD1" Font-Bold="True" ForeColor="White" />
                <HeaderStyle BackColor="#507CD1" Font-Bold="True" ForeColor="White" />
            <PagerStyle BackColor="#2461BF" ForeColor="White" HorizontalAlign="Center" />
                    <RowStyle BackColor="#EFF3FB" />
        <SelectedRowStyle BackColor="#D1DDF1" Font-Bold="True" ForeColor="#333333" />
                <SortedAscendingCellStyle BackColor="#F5F7FB" />
                <SortedAscendingHeaderStyle BackColor="#6D95E1" />
                <SortedDescendingCellStyle BackColor="#E9EBEF" />
                <SortedDescendingHeaderStyle BackColor="#4870BE" />
            </asp:GridView>
        </div>
    </td>
    <td style="width: 370px; height:175px;" >
        <div class="divtabletop" style="width: 364px;height:19px" >
            ::行业新闻
            <asp:HyperLink ID="HyperLink2" runat="server"
NavigateUrl="shownews.aspx?id=Industry-News">More></asp:HyperLink>
                        </div>
        <div class="divtablebody"   style="width: 364px;height:135px" >
<asp:GridView ID="GridView2" runat="server" Height="131px" PageSize="6" ShowHeader="False"
            Width="336px" GridLines="None" AutoGenerateColumns="False"
            CssClass="font" CellPadding="4" ForeColor="#333333">
                <AlternatingRowStyle BackColor="White" />
                <Columns>
                    <asp:HyperLinkField DataNavigateUrlFields="流水号"
                        DataNavigateUrlFormatString="shownew.aspx?id={0}"
                        DataTextField="新闻标题" DataTextFormatString="&#183;{0}">
                        <ItemStyle Font-Overline="False" HorizontalAlign="Left" />
                    </asp:HyperLinkField>
                    <asp:BoundField DataField="添加时间" DataFormatString="{0:d}" />
                </Columns>
                <EditRowStyle BackColor="#2461BF" />
                <FooterStyle BackColor="#507CD1" Font-Bold="True" ForeColor="White" />
                <HeaderStyle BackColor="#507CD1" Font-Bold="True" ForeColor="White" />
                <PagerStyle BackColor="#2461BF" ForeColor="White"
                    HorizontalAlign="Center" />
                <RowStyle BackColor="#EFF3FB" />
                <SelectedRowStyle BackColor="#D1DDF1" Font-Bold="True"
```

```
                                    ForeColor="#333333" />
                        <SortedAscendingCellStyle BackColor="#F5F7FB" />
                        <SortedAscendingHeaderStyle BackColor="#6D95E1" />
                        <SortedDescendingCellStyle BackColor="#E9EBEF" />
                        <SortedDescendingHeaderStyle BackColor="#4870BE" />
                    </asp:GridView>
                </div>
            </td>
        </tr>
        <tr >
            <td    colspan="2" style="width:740px;" >
                <img src="image/news_banner.jpg" style="width:740px;" alt=""/>
            </td>
        </tr>
    </table>
</div>
</asp:Content>
```

Default.aspx.cs 的主要代码及说明如下：

(1) 创建公共类 BaseClass 的对象，目的是使用操作数据库的方法。代码如下：

```
BaseClass BaseClass1 = new BaseClass();
```

(2) 每次加载时显示企业新闻、业内新闻和产品信息。代码如下：

```
protected void Page_Load(object sender, EventArgs e)
{
    string strsql;
    //定义查询企业新闻的 SQL 语句，返回前 6 条记录
    strsql = "Select top 6  流水号,新闻标题,添加时间   from  新闻信息
     where  新闻类别='Company-News' order by  流水号  desc ";
    //把结果返回到 DataTable 中
    DataTable dt = BaseClass1.ReadTable(strsql);
    //指定 GridView 数据源
    GridView1.DataSource = dt;
    // 使用 GridView 显示数据
    GridView1.DataBind();
    //定义查询业内新闻的 SQL 语句，返回前 6 条记录
    strsql = "select top 6  流水号,新闻标题,添加时间   from  新闻信息
     where  新闻类别='Industry-News' order by  流水号  desc ";
    //把结果返回到 DataTable 中
    dt = BaseClass1.ReadTable(strsql);
    //指定 GridView 数据源
    GridView2.DataSource = dt;
    // 使用 GridView 显示数据
    GridView2.DataBind();
    //定义查询产品信息的 SQL 语句，返回前 4 条记录
    strsql = "select top 4 * from  产品  order by  流水号  ";
```

```
//把结果返回到 DataTable 中
dt = BaseClass1.ReadTable(strsql);
//指定 GridView 数据源
DataList1.DataSource = dt;
// 使用 GridView 显示数据
DataList1.DataBind();
}
```

2. 用户登录功能

为方便起见,将用户登录对话框做成了用户控件 Userlogin.ascx,如图 13-7 所示。用户登录后出现右边的信息,系统为注册用户提供了订单管理等功能。

图 13-7 用户登录对话框

Userlogin.ascx 用户控件采用了上下两层 div,分别存放如图 13-7 所示的左右两侧信息,可通过 div 元素的 Visible 属性控制显示的内容。主要代码如下:

```
<div id="div1" runat="server" style="width: 100%; height: 100px;">
<table style="font-size: 13px; font-family: 宋体;">
    <tr> <td colspan="2" style="width: 180px; height: 21px;" align="center"> ::用户登录::</td> </tr>
    <tr> <td style="width: 80px" align="right"> 用户名:</td>
        <td style="width: 83px"> <asp:TextBox ID="TextBox1" runat="server"
         width="90"></asp:TextBox></td> </tr>
    <tr> <td style="width: 80px" align="right"> 密码:</td>
        <td style="width: 83px"> <asp:TextBox ID="TextBox2" runat="server" Width="90"
         TextMode="Password"></asp:TextBox></td> </tr>
    <tr> <td style="width: 180px" colspan="2" align="center">
        <asp:Button ID="Button1" runat="server" Text="登录" width="53px" OnClick="Button1_Click" />
        <asp:Button ID="Button2" runat="server" Text="注册" width="56px" OnClick="Button2_Click" />
</td> </tr>
</table>
</div>
<div id="div2" runat="server" style="width: 100%; height: 130px; ">
<table style="width: 100% ;font-size: 13px; font-family: 宋体;">
    <tr> <td style="width: 180px" align="center"> ::用户中心::</td>   </tr>
```

```html
<tr> <td style="width: 180px; height: 55px;" align="center"> 欢迎您: <asp:Label ID="Label1"
        runat="server">Label</asp:Label><br /> <br /> 您可以进行以下操作: </td>   </tr>
<tr> <td style="width: 130px; height: 89px; text-align: center; " align="center">
    <table style="font-size: 13px; font-family: 宋体;">
        <tr> <td style="width: 130px" align="left"> 》 <a href="useredit.aspx">修改注册资料</a></td>
        </tr>
        <tr> <td style="width: 130px; height: 20px;" align="left"> 》 <a href="userorder.aspx">我的订单</a></td> </tr>
        <tr> <td style="width: 130px; height: 20px;" align="left"> 》 <a href="exit.aspx">退出</a></td>
        </tr> </table>
    </td> </tr>
    </table>
    </div>
```

Userlogin.ascx.cs 的主要代码及说明如下:

(1) 创建公共类 BaseClass 的对象,目的是使用操作数据库的方法。代码如下:

```csharp
BaseClass BaseClass1 = new BaseClass();
```

(2) 判断用户是否登录,以决定显示图 13-7 所示左边或右边的信息。代码如下:

```csharp
protected void Page_Load(object sender, EventArgs e)
{
    div1.Visible = false;
    div2.Visible = false;
    if (Session["name"] != null)
    {
        Label1.Text = Session["name"].ToString();
        div2.Visible = true;
    }
    else
    {
        div1.Visible = true;
    }
}
```

(3) 单击【登录】按钮,触发 Button1_Click 事件。代码如下:

```csharp
protected void Button1_Click(object sender, EventArgs e)
{
    //管理员标志=0,表示普通用户。管理员标志=1,表示管理员。
    string strsql = "select * from 用户 where 管理员标志=0 and 用户名='" + TextBox1.Text + "' and 密码='" + TextBox2.Text + "'";
    DataSet ds = new DataSet();
    ds = BaseClass1.GetDataSet(strsql, "username");
    if (ds.Tables["username"].Rows.Count == 0)
    {
        string scriptString = "alert('" + "用户名不存在或密码错误,请确认后再登录!" + "');";
        Page.ClientScript.RegisterClientScriptBlock(this.GetType(), "warning", scriptString, true);
```

```
        }
        else
        {
            Session["name"] = TextBox1.Text;
            Label1.Text = "<b>" + Session["name"].ToString() + "</b>";
            div1.Visible = false;
            div2.Visible = true;
        }
    }
```

(4) 单击【注册】按钮，触发 Button2_Click 事件。代码如下：

```
protected void Button2_Click(object sender, EventArgs e)
{
    Response.Write("<script>window.location='userreg.aspx';</script>");
}
```

3. 用户注册页面

单击图 13-7 所示用户登录对话框的【注册】按钮，进入用户注册页面 Userlogin.ascx，如图 13-8 所示。

图 13-8 用户注册页面

Userlogin.ascx 页面使用了三个验证控件：RequiredFieldValidator、CustomValidator 和 CompareValidator。RequiredFieldValidator 和 CustomValidator 验证控件控制用户名不能为空，并且不能已经存在。CompareValidator 验证控件用来比较第一次输入的密码和确认密码是否一致。用户注册页面的 HTML 代码如下：

```
<table style="width: 413px">
    <tr> <td style="width: 100px; height: 36px;"> </td>
        <td style="width: 369px; font-size: 20px; height: 36px;" align="left">客户信息</td> </tr>
    <tr> <td style="width: 100px" align="right">  用户名：</td>
        <td style="width: 369px" align="left">
            <asp:TextBox ID="TextBox1" runat="server" width="139px"></asp:TextBox>
            <asp:CustomValidator ID="CustomValidator1" runat="server" ControlToValidate="TextBox1"
                ErrorMessage="用户名已经使用" OnServerValidate="CustomValidator1_ServerValidate"
                ValidateEmptyText="True" Display="Dynamic" Width="86px"></asp:CustomValidator>
            <asp:RequiredFieldValidator ID="RequiredFieldValidator1" runat="server" ErrorMessage="必须输入用户名" ControlToValidate="TextBox1"></asp:RequiredFieldValidator></td> </tr>
```

```
<tr> <td style="width: 100px" align="right"> 密码：</td>
    <td style="width: 369px" align="left">
    <asp:TextBox ID="TextBox2" runat="server" TextMode="Password"></asp:TextBox></td> </tr>
<tr> <td style="width: 100px" align="right">  密码再次确认：</td>
    <td style="width: 369px" align="left">
        <asp:TextBox ID="TextBox3" runat="server" TextMode="Password"></asp:TextBox>
        <asp:CompareValidator ID="CompareValidator1" runat="server" ControlToCompare="TextBox2"
ControlToValidate="TextBox3" ErrorMessage="密码不一致"></asp:CompareValidator></td></tr>
<tr> <td style="width: 100px; height: 26px;" align="right"> 用户全称：</td>
    <td style="width: 369px; height: 26px;" align="left">
       <asp:TextBox ID="TextBox4" runat="server" width="139px"></asp:TextBox></td> </tr>
<tr> <td style="width: 100px" align="right">电话：</td>
    <td style="width: 369px" align="left">
       <asp:TextBox ID="TextBox5" runat="server" width="139px"></asp:TextBox></td> </tr>
<tr> <td style="width: 100px; height: 21px" align="right">  地址：</td>
    <td style="width: 369px; height: 21px" align="left">
       <asp:TextBox ID="TextBox6" runat="server" width="139px"></asp:TextBox></td> </tr>
<tr> <td style="width: 100px" align="right"> 邮政编码：</td>
    <td style="width: 369px" align="left">
       <asp:TextBox ID="TextBox7" runat="server" width="139px"></asp:TextBox></td> </tr>
<tr> <td style="width: 100px"> </td>
    <td style="width: 369px" align="left">
<asp:Button ID="Button1" runat="server" OnClick="Button1_Click" Text="提交" width="87px" /></td> </tr>
</table>
```

Userlogin.ascx.cs 的主要代码及说明如下：

(1) 创建公共类 BaseClass 的对象，目的是使用操作数据库的方法。代码如下：

```
BaseClass BaseClass1 = new BaseClass();
```

(2) 验证用户名是否已经使用，触发 CustomValidator1_ServerValidate 事件。代码如下：

```
protected void CustomValidator1_ServerValidate(object source, ServerValidateEventArgs args)
{
    //args.Value 为需要验证的用户名
    string strsql = "select * from 用户 where 用户名 ='" + args.Value.ToString() + "'";
    DataSet ds = new DataSet();
    ds = BaseClass1.GetDataSet(strsql, "username");
    // args.IsValid 为是否通过验证的返回值
    if (ds.Tables["username"].Rows.Count > 0)
    {
        args.IsValid = false;
    }
    else
    {
        args.IsValid = true;
    }
}
```

(3) 单击【提交】按钮,触发 Button1_Click 事件。代码如下:

```
protected void Button1_Click(object sender, EventArgs e)
{
    if (CustomValidator1.IsValid == true)
    {
        string strsql;
        strsql = "insert into 用户(用户名,密码,真实姓名,电话,地址,邮编) values ('" + TextBox1.Text + "','" +
TextBox2.Text + "','" + TextBox4.Text + "','" + TextBox5.Text + "','" + TextBox6.Text + "','" + TextBox7.Text + "')";
        BaseClass1.execsql(strsql);
        Response.Write("<script>alert(\"注册成功!\");</script>");
        Session["name"] = TextBox1.Text;
        Response.Redirect("Default.aspx");
    }
}
```

4. 新闻列表

单击图 13-6 所示页面中的企业新闻或业内新闻的 More>>链接,将进入 shownews.aspx 页面,显示全部的企业新闻或业内新闻,效果如图 13-9 所示。

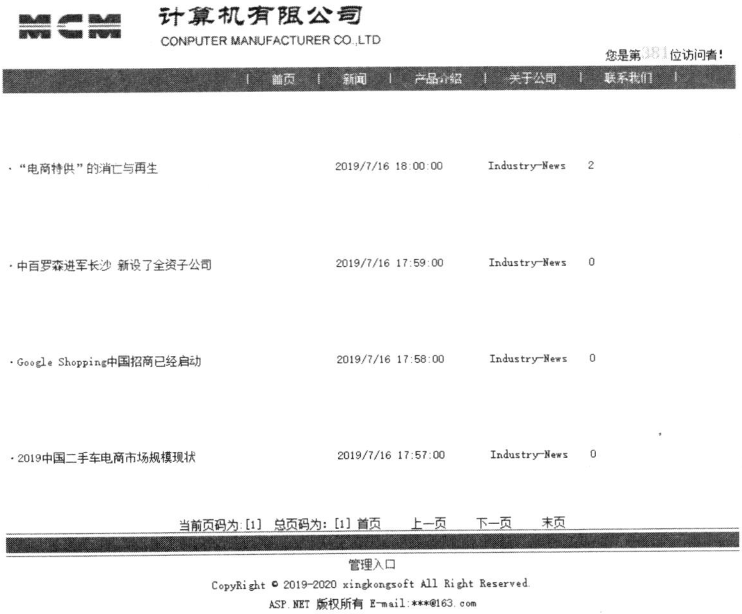

图 13-9 新闻列表

shownews.aspx 页面使用 GridView 控件显示新闻列表。代码如下:

```
<asp:GridView ID="GridView1" runat="server" AutoGenerateColumns="False" GridLines="None"
            Height="131px" PageSize="6" ShowHeader="False" Width="452px">
<Columns>
    <asp:HyperLinkField DataNavigateUrlFields="流水号"
```

```
            DataNavigateUrlFormatString="shownew.aspx?id={0}"
            DataTextField="新闻标题" DataTextFormatString="&#183;{0}" HeaderText="新闻标题">
              <ItemStyle Font-Overline="False" HorizontalAlign="Left" />
        </asp:HyperLinkField>
        <asp:BoundField DataField="添加时间" HeaderText="添加时间" />
        <asp:BoundField DataField="新闻类别" HeaderText="新闻类别" />
        <asp:BoundField DataField="阅读次数" HeaderText="阅读次数" />
    </Columns>
</asp:GridView> <br />
当前页码为:[<asp:Label ID="LabelPage" runat="server" Text="1"></asp:Label>] 总页码为：[<asp:Label ID="LabelTotalPage" runat="server" Text=""></asp:Label>]
    <asp:LinkButton ID="LinkButtonFirst" runat="server" OnClick="LinkButtonFirst_Click">首页</asp:LinkButton>  
    <asp:LinkButton ID="LinkButtonPrev" runat="server" OnClick="LinkButtonPrev_Click">上一页</asp:LinkButton>  
    <asp:LinkButton ID="LinkButtonNext" runat="server" OnClick="LinkButtonNext_Click">下一页</asp:LinkButton>  
    <asp:LinkButton ID="LinkButtonLast" runat="server" OnClick="LinkButtonLast_Click">末页</asp:LinkButton>
```

shownews.aspx.cs 的主要代码如下：

```
//创建公共类 BaseClass 的对象，目的是使用操作数据库的方法。
BaseClass BaseClass1 = new BaseClass();
//每次加载时显示新闻。
protected void Page_Load(object sender, EventArgs e)
{
    if (!Page.IsPostBack) getGoods();
}
private void getGoods()
{
    //获取数据，入口参数 Request.Params["id"].ToString()为%表示全部新闻，为"业内新闻"表示行业新闻，为"企业新闻"表示企业新闻
    string strsql = "select * from 新闻信息 where 新闻类别 like '" + Request.Params["id"].ToString() + "' order by 流水号 desc";
    DataTable dt = BaseClass1.ReadTable(strsql);
    //实现分页
    PagedDataSource objPds = new PagedDataSource();
    objPds.DataSource = dt.DefaultView;
    objPds.AllowPaging = true;
    objPds.PageSize = 13;
    int CurPage = Convert.ToInt32(this.LabelPage.Text);
    objPds.CurrentPageIndex = CurPage - 1;
    if (objPds.CurrentPageIndex < 0)
    {
        objPds.CurrentPageIndex = 0;
    }
```

```csharp
    //只有一页时禁用上一页、下一页按钮
    if (objPds.PageCount == 1)
    {
        LinkButtonPrev.Enabled = false;
        LinkButtonNext.Enabled = false;
    }
    else    //多页时
    {
        //为第一页时
        if (CurPage == 1)
        {
            LinkButtonPrev.Enabled = false;
            LinkButtonNext.Enabled = true;
        }
        //为最后一页时
        if (CurPage == objPds.PageCount)
        {
            LinkButtonPrev.Enabled = true;
            LinkButtonNext.Enabled = false;
        }
    }
    this.LabelTotalPage.Text = Convert.ToString(objPds.PageCount);
    GridView1.DataSource = objPds;
    GridView1.DataBind();
}
//首页
protected void LinkButtonFirst_Click(object sender, EventArgs e)
{
    this.LabelPage.Text = "1";
    getGoods();
}
//上一页
protected void LinkButtonPrev_Click(object sender, EventArgs e)
{
    this.LabelPage.Text = Convert.ToString(int.Parse(this.LabelPage.Text) - 1);
    getGoods();
}
//下一页
protected void LinkButtonNext_Click(object sender, EventArgs e)
{
    this.LabelPage.Text = Convert.ToString(int.Parse(this.LabelPage.Text) + 1); ;
    getGoods();
}
//末页
protected void LinkButtonLast_Click(object sender, EventArgs e)
{
```

```
            this.LabelPage.Text = this.LabelTotalPage.Text;
            getGoods();
}
```

5. 产品列表

单击图 13-6 所示页面中企业产品栏目的 More>>链接,将进入 showpros.aspx 页面,显示产品列表,效果如图 13-10 所示。

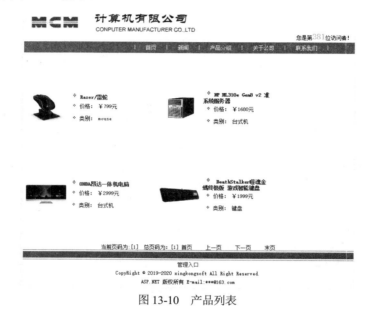

图 13-10 产品列表

showpros.aspx 页面使用 DataList 控件显示产品列表。代码如下:

```
<asp:DataList ID="DataList1" runat="server" Height="200px"
            OnSelectedIndexChanged="DataList1_SelectedIndexChanged1"
            RepeatColumns="2" RepeatDirection="Horizontal" Width="532px">
<ItemTemplate>
<table border="0" cellpadding="0" cellspacing="0">
    <tr> <td align="center" rowspan="2" valign="middle">
        <a href='showpro.aspx?id=<%# DataBinder.Eval(Container.DataItem, "流水号")%>'>
            <img alt="a" height="60" src='image/<%# DataBinder.Eval(Container.DataItem, "产品图片")%>'
style="border-top-style: none; border-right-style: none; border-left-style: none;   border-bottom-style: none"
width="100" /></a></td>
        <td align="left" style="width: 150px; height: 22px;" valign="middle">
            <img alt="d" height="15" src="image/dot_1.gif" style="width: 25px" /><a href='showpro.aspx?id=<%#
DataBinder.Eval(Container.DataItem, "流水号")%>'><strong><%# DataBinder.Eval(Container.DataItem, "产品名称
")%></strong></a></td>  </tr>
    <tr> <td align="left" style="width: 150px; height: 53px">
        <img alt="b" height="11" src="image/dot_1.gif" width="24" />价格:    ¥<%#
DataBinder.Eval(Container.DataItem, "产品价格")%>元<br />
        <img alt="c" height="11" src="image/dot_1.gif" width="24" />类别:
```

```
        <a href='showpros.aspx?id=<%# DataBinder.Eval(Container.DataItem, "产品类别")%>'>
            <%# DataBinder.Eval(Container.DataItem, "产品类别")%> </a> </td> </tr>
    </table>
    </ItemTemplate>
    </asp:DataList><br />
    当前页码为:[<asp:Label ID="LabelPage" runat="server" Text="1"></asp:Label>] 总页码为：[<asp:Label ID="LabelTotalPage" runat="server" Text=""></asp:Label>]
    <asp:LinkButton   ID="LinkButtonFirst" runat="server" OnClick="LinkButtonFirst_Click">首页</asp:LinkButton>  
    <asp:LinkButton   ID="LinkButtonPrev" runat="server" OnClick="LinkButtonPrev_Click">上一页</asp:LinkButton>  
    <asp:LinkButton   ID="LinkButtonNext" runat="server" OnClick="LinkButtonNext_Click">下一页</asp:LinkButton>  
    <asp:LinkButton   ID="LinkButtonLast" runat="server" OnClick="LinkButtonLast_Click">末页</asp:LinkButton>
```

showpros.aspx.cs 的主要代码如下：

```
//创建公共类 BaseClass 的对象，目的是使用操作数据库的方法。
BaseClass BaseClass1 = new BaseClass();
//每次加载时显示新闻。
protected void Page_Load(object sender, EventArgs e)
{
    if (!Page.IsPostBack) getGoods();
}
private void getGoods()
{
    //获取数据，入口参数 Request.Params["id"].ToString()为%表示全部产品，否则表示具体类型
    string strsql = "select   * from 产品 where 产品类别 like '" + Request.Params["id"].ToString() + "' order by 流水号";
    DataTable dt = BaseClass1.ReadTable(strsql);
    //实现分页
    PagedDataSource objPds = new PagedDataSource();
    objPds.DataSource = dt.DefaultView;
    objPds.AllowPaging = true;
    objPds.PageSize =8;
    int CurPage = Convert.ToInt32(this.LabelPage.Text);
    objPds.CurrentPageIndex = CurPage - 1;
    if (objPds.CurrentPageIndex < 0)
    {
        objPds.CurrentPageIndex = 0;
    }
    //只有一页时禁用上一页、下一页按钮
    if (objPds.PageCount == 1)
    {
        LinkButtonPrev.Enabled = false;
        LinkButtonNext.Enabled = false;
```

```csharp
        }
        else    //多页时
        {
            //为第一页时
            if (CurPage == 1)
            {
                LinkButtonPrev.Enabled = false;
                LinkButtonNext.Enabled = true;
            }
            //为最后一页时
            if (CurPage == objPds.PageCount)
            {
                LinkButtonPrev.Enabled = true;
                LinkButtonNext.Enabled = false;
            }
        }
        this.LabelTotalPage.Text = Convert.ToString(objPds.PageCount);
        DataList1.DataSource = objPds;
        DataList1.DataBind();
    }
    //首页
    protected void LinkButtonFirst_Click(object sender, EventArgs e)
    {
        this.LabelPage.Text = "1";
        getGoods();
    }
    //上一页
    protected void LinkButtonPrev_Click(object sender, EventArgs e)
    {
        this.LabelPage.Text = Convert.ToString(int.Parse(this.LabelPage.Text) - 1);
        getGoods();
    }
    //下一页
    protected void LinkButtonNext_Click(object sender, EventArgs e)
    {
        this.LabelPage.Text = Convert.ToString(int.Parse(this.LabelPage.Text) + 1); ;
        getGoods();
    }
    //末页
    protected void LinkButtonLast_Click(object sender, EventArgs e)
    {
        this.LabelPage.Text = this.LabelTotalPage.Text;
        getGoods();
    }
```

6. 产品订单

当单击图 13-10 所示页面中的产品标题或产品图片时，将显示如图 13-11 所示的产品详细信息。如果用户已经登录，单击图 13-11 中的【订购>>】链接时，将打开产品订单页面 order.aspx，如图 13-12 所示。提交订单后，可在【我的订单】中查看订单情况，如图 13-13 所示。

图 13-11　查看产品的详细信息

图 13-12　产品订单页面

图 13-13　查看订单

order.aspx 页面的主要 HTML 代码如下：

```
<table>
<tr> <td style="width: 134px; height: 36px"> </td>
    <td align="left" style="width: 220px; height: 36px"> 订购信息</td> </tr>
<tr> <td align="right" style="width: 134px; height: 33px"> 产品名称：</td>
    <td align="left" style="width: 220px; height: 33px">
    <asp:Label ID="Label1" runat="server" Text="Label"></asp:Label></td> </tr>
<tr> <td align="right" style="width: 134px; height: 30px"> 单价：</td>
    <td style="width: 220px; height: 30px" align="left">
    <asp:Label ID="Label2" runat="server" Text="Label"></asp:Label></td> </tr>
<tr> <td align="right" style="width: 134px; height: 36px"> 订购数量：</td>
    <td style="width: 220px; height: 36px" align="left">
    <asp:TextBox ID="TextBox1" runat="server"></asp:TextBox></td> </tr>
<tr> <td style="width: 134px; height: 38px"></td>
    <td align="left" style="width: 220px; height: 38px">
<asp:Button ID="Button1" runat="server" Text="提交订单" OnClick="Button1_Click" /></td> </tr>
</table>
```

order.aspx.cs 的主要代码及说明如下：

(1) 创建公共类 BaseClass 的对象，目的是使用操作数据库的方法。代码如下：

BaseClass BaseClass1 = new BaseClass();

(2) 如果用户已登录，输入订货数量，否则提示用户登录。代码如下：

protected void Page_Load(object sender, EventArgs e)
　{
　　// 判断用户是否登录

```
        if (Session["name"] == null)
        {
            Response.Write("<script>alert(\"请登录！\");</script>");
            Response.Redirect("default.aspx");
        }
        // 首次加载初始化
        if (!Page.IsPostBack)
        {
            // Request.QueryString["id"]为页面入口参数，表示所订产品
            string strsql = "select 产品名称,产品价格 from 产品 where 流水号 =" + Request.QueryString["id"];
            DataTable dt = new DataTable();
            dt = BaseClass1.ReadTable(strsql);
            Label1.Text = dt.Rows[0].ItemArray[0].ToString();
            Label2.Text = dt.Rows[0].ItemArray[1].ToString();
            TextBox1.Text = "1";
        }
    }
```

(3) 单击【提交订单】按钮时，触发 Button1_Click 事件。代码如下：

```
protected void Button1_Click(object sender, EventArgs e)
{
    string strsql;
    strsql = "insert into 订单(产品流水号,订购数量,用户名,订购日期) values(" + Request.QueryString["id"] + "," + TextBox1.Text + ",'" + Session["name"].ToString() + "',convert(datetime,'" + DateTime.Today.ToShortDateString() + "',130))";
    BaseClass1.execsql(strsql);
    Response.Write("<script>alert(\"提交成功，您还可以选购其他商品！\");</script>");
    Response.Redirect("showpros.aspx?id=%");
}
```

13.2.5　后台管理模块

后台管理模块包括管理员登录、后台管理主页面、新闻管理、产品添加、订单管理、用户管理等功能，接下来将详细介绍这些功能是如何实现的。

1. 管理员登录页面

各个页面的底部几乎都有【管理入口】链接，单击即可进入管理员登录页面 login.aspx，如图 13-14 所示。

图 13-14　管理员登录页面

login.aspx 页面中的登录对话框实际上就是一个 Login 控件，通过调整控件属性可达到满意的效果。代码如下：

```
<asp:Login ID="Login1" runat="server" BackColor="#EFF3FB" BorderColor="#B5C7DE"
    BorderPadding="4" BorderStyle="Solid" BorderWidth="1px" Font-Names="Verdana"
    Font-Size="0.8em" ForeColor="#333333" Height="180px" Width="275px"
    OnAuthenticate="Login1_Authenticate1">
    <TitleTextStyle BackColor="#507CD1" Font-Bold="True" Font-Size="0.9em" ForeColor="White" />
    <InstructionTextStyle Font-Italic="True" ForeColor="Black" />
    <TextBoxStyle Font-Size="0.8em" />
    <LoginButtonStyle BackColor="White" BorderColor="#507CD1" BorderStyle="Solid" BorderWidth="1px"
        Font-Names="Verdana" Font-Size="0.8em" ForeColor="#284E98" />
</asp:Login>
```

login.aspx.cs 的主要代码比较简单，只在用户登录的时候触发 Login1_Authenticate1 事件，此事件用来判断用户是否合法。默认的管理员名称及密码均为 admin。代码如下：

```
protected void Login1_Authenticate1(object sender, AuthenticateEventArgs e)
{
    //定义 SQL 查询语句
    string strsql = "select * from 用户 where 用户名 = '" + Login1.UserName.ToString() + "' and 密码 = '" + Login1.Password.ToString() + "' ";
    //创建 DataTable
    DataTable dt = new DataTable();
    //调用 ReadTable 方法以获取查询结果
    dt = BaseClass1.ReadTable(strsql);
    //判断是否有符合条件的记录
    if (dt.Rows.Count > 0)
    {
        //将合法的用户名放到 Session 对象中，表示用户已经登录
        Session["admin"] = Login1.UserName.ToString();
        //跳转到后台管理主页面 admin_default.aspx
        Response.Redirect("admin_default.aspx");
    }
}
```

2. 后台管理主页面

管理员登录成功后，将进入如图 13-15 所示的后台管理主页面。该页面提供了新闻管理、新闻添加、产品管理、产品添加和订单管理等功能。

admin_default.aspx 页面中有一个 TreeView 控件和一个框架集。其中，TreeView 控件显示管理功能，框架集用于相应管理页面的显示。代码如下：

```
<asp:TreeView ID="TreeView1" runat="server" Height="264px"
    OnSelectedNodeChanged="TreeView1_SelectedNodeChanged"  width="60px">
    <Nodes>
        <asp:TreeNode Text="后台管理" Value="后台管理">
        <asp:TreeNode Text="新闻管理" Value="新闻管理">
```

图 13-15 后台管理主页面

```
            <asp:TreeNode Text="新闻管理" Value="新闻管理"></asp:TreeNode>
            <asp:TreeNode Text="新闻添加" Value="新闻添加"></asp:TreeNode> </asp:TreeNode>
            <asp:TreeNode Text="产品管理" Value="产品管理">
            <asp:TreeNode Text="产品管理" Value="产品管理"></asp:TreeNode>
            <asp:TreeNode Text="产品添加" Value="产品添加"></asp:TreeNode> </asp:TreeNode>
            <asp:TreeNode Text="订单管理" Value="订单管理">
            <asp:TreeNode Text="订单管理" Value="订单管理"></asp:TreeNode></asp:TreeNode>
            <asp:TreeNode Text="用户管理" Value="用户管理">
            <asp:TreeNode Text="用户管理" Value="用户管理"></asp:TreeNode>
            </asp:TreeNode> </asp:TreeNode>
        </Nodes>
</asp:TreeView>
<iframe style="width: 100%; height: 100%;" id="iframe1" runat="server" frameborder="0">
</iframe>
```

每次后台管理主页面加载时检查管理员是否登录，如果没有登录，就跳转到管理员登录页面。admin_default.aspx.cs 的主要代码如下：

```
protected void Page_Load(object sender, EventArgs e)
{
    //判断是否登录？
    if (Session["admin"] == null)
    {
        //跳转到管理员登录页面
        Response.Redirect("login.aspx");
    }
}
```

3. 新闻管理页面

单击图 13-15 中的【新闻管理】链接，进入新闻管理页面 delnews.aspx，如图 13-16 所示。

新闻标题	新闻类别	阅读次数	添加时间	
·出口电商卖家建站之前，需要先考虑这5个影响转化的因素	[Company-News]	[0]	2019/7/16 17:55:00	删除
·数据共享 电商不得阻碍买卖方自由选择快递服务	[Company-News]	[0]	2019/7/16 17:57:00	删除
·2019中国二手车电商市场规模现状	[Industry-News]	[0]	2019/7/16 17:57:00	删除
·Google Shopping中国招商已经启动	[Industry-News]	[0]	2019/7/16 17:58:00	删除
·中百罗森进军长沙 新设了全资子公司	[Industry-News]	[0]	2019/7/16 17:59:00	删除
·"电商特供"的消亡与再生	[Industry-News]	[2]	2019/7/16 18:00:00	删除
·京东周伯文：公司已经有了新定位	[Company-News]	[0]	2019/7/16 18:10:00	删除

图 13-16 新闻管理页面

delnews.aspx 页面中使用了 GridView 控件，该控件增加了"删除"列，用于删除过期的新闻。代码如下：

```
<asp:GridView ID="GridView1" runat="server" AutoGenerateColumns="False" BackColor="White">
…
<Columns>
<asp:HyperLinkField DataNavigateUrlFields="流水号"
    DataNavigateUrlFormatString="showpro.aspx?id={0}"
    DataTextField="产品名称" DataTextFormatString="&#183;{0}" HeaderText="产品名称" Target="main">
    <ItemStyle HorizontalAlign="Left" />
</asp:HyperLinkField>
<asp:BoundField DataField="产品类别" DataFormatString="[{0}]" HeaderText="产品类别" />
<asp:BoundField DataField="产品价格" DataFormatString="{0}元" HeaderText="产品价格" />
<asp:BoundField DataField="产品图片" HeaderText="产品图片" />
<asp:CommandField ShowCancelButton="False" ShowDeleteButton="True" />
</Columns>
…
</asp:GridView>
```

delnews.aspx.cs 的主要代码及说明如下：

(1) 加载时判断用户是否已经登录，代码如下：

```
protected void Page_Load(object sender, EventArgs e)
{
    if (Session["admin"] == null)
    {
        // 跳转到登录页面
        Response.Redirect("login.aspx");
    }
    //显示所有新闻
    bindgrig();
}
```

(2) 单击【删除】按钮时，触发 GridView1_RowDeleting 事件，处理程序如下：

```
protected void GridView1_RowDeleting(object sender, GridViewDeleteEventArgs e)
{
```

```
        //定义删除语句
String strsql = "delete from 新闻信息 where 流水号=" + GridView1.DataKeys[e.RowIndex].Value.ToString() + "";
    //执行 SQL 命令
    BaseClass1.execsql(strsql);
    //重新显示新闻
    bindgrig();
}
```

(3) bindgrig()是自定义函数,用于检索新闻并显示到 GridView 控件中,代码如下:

```
void bindgrig()
{
    //定义 SQL 检索语句
    string strsql = "select * from 新闻信息 order by 流水号";
    //创建 DataTable 并返回数据
    DataTable dt = BaseClass1.ReadTable(strsql);
    //设置 GridView 数据源
    GridView1.DataSource = dt;
    //显示数据
    GridView1.DataBind();
}
```

(4) 单击【上一页】【下一页】按钮时,触发 GridView1_PageIndexChanging 事件,代码如下:

```
protected void GridView1_PageIndexChanging(object sender, GridViewPageEventArgs e)
{
    GridView1.PageIndex = e.NewPageIndex;
    bindgrig();
}
```

4. 产品添加页面

单击图 13-15 中的【产品添加】链接,进入产品添加页面 addpro.aspx,如图 13-17 所示。

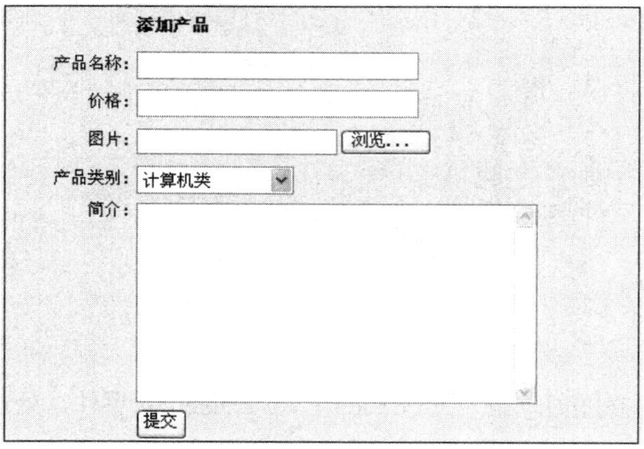

图 13-17 产品添加页面

addpro.aspx 页面中的主要控件包括 TextBox、FileUpload 和 DropDownList 等，代码如下：

```
<strong>添加产品</strong>
...
产品名称 <asp:TextBox ID="TextBox1" runat="server" width="209px"></asp:TextBox>
...
价格 <asp:TextBox ID="TextBox3" runat="server" width="209px"></asp:TextBox></td></tr>
图片 <asp:FileUpload ID="FileUpload1" runat="server" />
产品类别 <asp:DropDownList ID="DropDownList1" runat="server" width="130px">
        </asp:DropDownList>
简介 <asp:TextBox ID="TextBox2" runat="server" Height="150px" TextMode="MultiLine" width="300px"></asp:TextBox>
<asp:Button ID="Button1" runat="server" Text="提交" OnClick="Button1_Click" /></td> </tr>
```

addpro.aspx.cs 的主要代码及说明如下：

(1) 每次加载时判断用户是否已经登录，第一次加载时会初始化产品类别下拉列表，代码如下：

```
protected void Page_Load(object sender, System.EventArgs e)
{
    if (Session["admin"] == null)
    {
        Response.Redirect("login.aspx");
    }
    // 判断是否第一次加载
    if (!Page.IsPostBack)
    {
        // 第一次加载时初始化产品类别下拉列表
        DataTable dt = new DataTable();
        string strsql = "select * from 产品类别";
        dt = BaseClass1.ReadTable(strsql);
        DropDownList1.DataSource = dt;
        DropDownList1.DataTextField = "产品类别";
        DropDownList1.DataValueField = "产品类别";
        DropDownList1.DataBind();
    }
}
```

(2) 单击【提交】按钮时，触发 Button1_Click 事件，代码如下：

```
protected void Button1_Click(object sender, EventArgs e)
{
    string strsql;
    //定义 SQL 插入语句
    strsql = "insert into 产品(产品名称,产品价格,产品图片,产品类别,产品介绍) values ('" + TextBox1.Text + "','" + TextBox3.Text + "','" + FileUpload1.FileName + "','" + DropDownList1.SelectedValue + "','" + TextBox2.Text + "')";
    //执行 SQL 插入语句
    BaseClass1.execsql(strsql);
```

```
        //上传产品图片
        if (FileUpload1.HasFile == true)
        {
            FileUpload1.SaveAs(Server.MapPath(("~/image/") + FileUpload1.FileName));
        }
        //提示提交成功
        Response.Write("<script>alert(\"产品添加成功！\");</script>");
        //清空产品名称、价格、图片和简介
        TextBox1.Text = "";
        TextBox2.Text = "";
        TextBox3.Text = "";
}
```

5. 订单管理页面

单击图 13-15 中的【订单管理】链接，进入订单管理页面 delorder.aspx，如图 13-18 所示。订单管理页面提供了两个功能：一个是删除过期订单，另一个是编辑订单的处理标志。

产品号	用户名	订购数量	订购日期			
4	user	2	2019/7/17 0:00:00	☑ 是否处理	更新 取消	
1	user	1	2019/7/17 0:00:00	☐ 是否处理	编辑	删除

图 13-18　订单管理页面

delorder.aspx 页面采用了 GridView 控件。代码如下：

```
<asp:GridView ID="GridView1" runat="server" AllowPaging="True" AutoGenerateColumns="False"
  …
  <Columns>
    <asp:BoundField DataField="产品流水号" HeaderText="产品号" ReadOnly="True" />
    <asp:BoundField DataField="用户名" HeaderText="用户名" ReadOnly="True" />
    <asp:BoundField DataField="订购数量" HeaderText="订购数量" ReadOnly="True" />
    <asp:BoundField DataField="订购日期" HeaderText="订购日期" ReadOnly="True" />
    <asp:CheckBoxField DataField="处理标志" Text="是否处理" />
    <asp:CommandField ShowEditButton="True" />
    <asp:CommandField ShowCancelButton="False" ShowDeleteButton="True" />
    …
</asp:GridView>
```

delorder.aspx.cs 的主要代码及说明如下：

(1) 加载时判断管理员是否已经登录，代码如下：

```
protected void Page_Load(object sender, EventArgs e)
{
  if (Session["admin"] == null)
  {
        Response.Redirect("login.aspx");
  }
  if (!Page.IsPostBack)
```

```
    {
        bindgrig();
    }
}
```

(2) 单击【删除】按钮时，将触发 GridView1_RowDeleting 事件，代码如下：

```
protected void GridView1_RowDeleting(object sender, GridViewDeleteEventArgs e)
{
    string strsql = "delete from  订单  where  流水号=" +
                    GridView1.DataKeys[e.RowIndex].Value.ToString() + "";
    BaseClass1.execsql(strsql);
    bindgrig();
}
```

(3) 在编辑状态下，单击【更新】按钮时，将触发 GridView1_ RowUpdating 事件，代码如下：

```
protected void GridView1_RowUpdating(object sender, GridViewUpdateEventArgs e)
{
    string str;
    CheckBox ck = (CheckBox)GridView1.Rows[e.RowIndex].Cells[4].Controls[0];
    if (ck.Checked == true)
    {
        str = "1";
    }
    else
    {
        str = "0";
    }
    string strsql = "update   订单  set  处理标志=" + str + " where  流水号=" +
                    GridView1.DataKeys[e.RowIndex].Value.ToString() + "";
    BaseClass1.execsql(strsql);
    GridView1.EditIndex = -1;
    bindgrig();
}
```

(4) 在编辑状态下，单击【取消】按钮时，将触发 GridView1_RowCancelingEdit 事件，代码如下：

```
protected void GridView1_RowCancelingEdit(object sender, GridViewCancelEditEventArgs e)
{
    GridView1.EditIndex = -1;
    bindgrig();
}
```

(5) bindgrig()是自定义函数，用于将订单显示到 GridView 控件中，代码如下：

```
void bindgrig()
{
```

```csharp
string strsql = "select * from 订单 order by 流水号 desc";
DataTable dt = BaseClass1.ReadTable(strsql);
GridView1.DataSource = dt;
GridView1.DataBind();
}
```

(6) 单击【上一页】【下一页】按钮时，将触发 GridView1_PageIndexChanging 事件，代码如下：

```csharp
protected void GridView1_PageIndexChanging(object sender, GridViewPageEventArgs e)
{
    GridView1.PageIndex = e.NewPageIndex;
    bindgrig();
}
```

(7) 单击【编辑】按钮时，将触发 GridView1_RowEditing 事件，代码如下：

```csharp
protected void GridView1_RowEditing(object sender, GridViewEditEventArgs e)
{
    GridView1.EditIndex = e.NewEditIndex;
    bindgrig();
}
```

6. 用户管理页面

单击图 13-15 中的【用户管理】链接，将进入用户管理页面 delusers.aspx，如图 13-19 所示。

用户名	真实姓名	电话	地址	邮编	
a	试验				删除
北京科技	北京科技	010-22222222	北京市	100001	删除
北京制药	北京制药	010-2233299	北京市	100001	删除
科技公司	科技公司				删除
制造厂	制造厂	010-22222233	北京市	100001	删除

图 13-19 用户管理页面

delusers.aspx 页面中使用了 GridView 控件，该控件增加了【删除】列，用于删除不需要的用户，代码如下：

```aspx
<asp:GridView ID="GridView1" runat="server" AutoGenerateColumns="False"
    ...
    <Columns>
        <asp:BoundField DataField="用户名" HeaderText="用户名" ReadOnly="True" />
        <asp:BoundField DataField="真实姓名" HeaderText="真实姓名" ReadOnly="True" />
        <asp:BoundField DataField="电话" HeaderText="电话" ReadOnly="True" />
        <asp:BoundField DataField="地址" HeaderText="地址" ReadOnly="True" />
        <asp:BoundField DataField="邮编" HeaderText="邮编" />
        <asp:CommandField ShowCancelButton="False" ShowDeleteButton="True" />
    </Columns>
    ...
</asp:GridView>
```

delusers.aspx.cs 的主要代码及说明如下。

(1) 每次加载时判断管理员是否已经登录，代码如下：

```
protected void Page_Load(object sender, EventArgs e)
{
    if (Session["admin"] == null)
    {
        Response.Redirect("login.aspx");
    }
    bindgrig();
}
```

(2) bindgrig()自定义函数负责显示用户信息，代码如下：

```
void bindgrig()
{
    string strsql = "select 用户名,真实姓名,电话,地址,邮编 from 用户 where 管理员标志=0";
    DataTable dt = BaseClass1.ReadTable(strsql);
    GridView1.DataSource = dt;
    GridView1.DataBind();
}
```

(3) 单击【删除】链接时，将触发 GridView1_RowDeleting 事件，代码如下：

```
protected void GridView1_RowDeleting(object sender, GridViewDeleteEventArgs e)
{
    //删除行
    string strsql = "delete from 用户 where 用户名='" +
                    GridView1.DataKeys[e.RowIndex].Value.ToString() + "'";
    BaseClass1.execsql(strsql);
    bindgrig();
}
```

13.3 本章小结

本章通过一个综合案例将有关的知识贯穿在一起,详细分析了网站的构架设计以及数据层、应用层的实现，让读者有实际项目的开发体验，从而能够深刻地了解本书前面介绍的知识并提升实践能力。

13.4 练习

系统复习本书各章的内容，掌握网站或 Web 应用程序的设计及开发方法，提高开发水平。
根据自己的兴趣设计并开发一个网站，网站内容不限，可以是中小企业网站、班级网站、网上商店、网上书店、网上花店，也可以是展示自己的个人网站。无论选择什么样的内容，要求做到以下几点：

(1) 必须使用母版页。

(2) 应用 ASP.NET AJAX 无页面刷新技术。

(3) 使用数据库。

(4) 利用 GridView、DataList 控件，并具备分页功能。

(5) 具有上传、下载文件的功能。

(6) 具有用户注册、登录的功能。

(7) 网页布局美观、色彩协调。

参考文献

[1] 耿超.ASP.NET 4.5 网站开发实力教程[M]. 北京：清华大学出版社，2015.

[2] 绍良杉，刘好增，马海军等. ASP.NET(C#) 4.0 程序开发基础教程与实验指导[M]. 北京：清华大学出版社，2012.

[3] 丁士峰. ASP.NET 项目开发案例导航[M]. 北京：电子工业出版社，2012.

[4] Scott Mittchell 著. 陈武，袁国忠 译. ASP.NET 4 入门经典[M]. 北京：人民邮电出版社，2011.

[5] 陈华. Ajax 从入门到精通[M]. 北京：清华大学出版社，2008.

[6] 胡静，韩英杰，陶永才. ASP.NET 动态网站开发教程[M]. 北京：清华大学出版社，2009.

[7] G.Andrew Duthie. Microsoft ASP.NET 程序设计[M]. 北京：清华大学出版社，2002.

[8] 前沿科技. 精通 CSS+DIV 网页样式布局[M]. 北京：人民邮电出版社，2007.

[9] 林邦杰. 深入浅出 C#程序设计[M]. 北京：中国铁道出版社，2005.

[10] 刘振岩. 基于.NET 的 Web 程序设计——ASP.NET 标准教程[M]. 北京：电子工业出版社，2006.

[11] Christian Nagel 等著. 李铭 译. C#高级编程(第 6 版)[M]. 北京：清华大学出版社，2008.

[12] Watson，K.等著. 齐立波 译. C#入门经典(第 4 版)[M]. 北京：清华大学出版社，2008.

[13] 谯谊，张军，王佩楷等. ASP 动态网站设计经典案例[M]. 北京：机械工业出版社，2005.

[14] Dave Crane, Bear Bibeault, Jord Sonneveld 著；贺师俊 译. Ajax 实战：实例详解[M]. 北京：人民邮电出版社，2008.

[15] Daniel Solis 著. 苏林，朱晔 译. C#图解教程[M]. 北京：人民邮电出版社，2009.

[16] 尚俊杰. ASP.NET 程序设计[M]. 北京：清华大学出版社，2004.

[17] 李容. 完全手册：Visual C# 2008 开发技术详解[M]. 北京：电子工业出版社，2008.

[18] Imar Spaanjaars 著. 杨浩 译. ASP.NET 3.5 高级编程(第 5 版)[M]. 北京：清华大学出版社，2008.

[19] 罗江华，朱永光. .NET Web 高级开发[M]. 北京：电子工业出版社，2008.

[20] 博思工作室. ASP.NET 3.5 高级程序设计(第 2 版)[M]. 北京：人民邮电出版社，2008.

[21] Michaelis, M 著. 周靖 译. C#本质论[M]. 北京：人民邮电出版社，2008.

[22] 郑淑芬，赵敏翔. ASP.NET 3.5 最佳实践——使用 Visual C#[M]. 北京：电子工业出版社，2009.

[23] Robert W. Sebesta. Web 程序设计(第 4 版)[M]. 北京：清华大学出版社，2008.

[24] 马骏，党兰学，杜莹等. ASP.NET 网页设计与网站开发[M]. 北京：人民邮电出版社，2007.

[25] 韩颖，卫琳，谢琦. ASP.NET 4.5 动态网站开发基础教程[M]. 北京：清华大学出版社，2014.

[26] Imar Spaanjaars 著. 刘楠，陈晓宇 译. ASP.NET 4.5 入门经典(第 7 版)[M]. 北京：清华大学出版社，2013.